Peter Wohlleben

Die letzten wilden Wälder

in Deutschland, Österreich und der Schweiz

Bassermann

1. Auflage
ISBN: 978-3-8094-3035-3

Projektleitung: Herta Winkler, München
Autor und Herausgeber: Peter Wohlleben, Hümmel, Eifel
Co-Autoren: Petra Lindner, Kescheid, Westerwald; Ewald Lindner, Limburg/Lahn
Konzeption und Gesamtproducing: JUNG MEDIENPARTNER GmbH, Limburg/Lahn
Layout: Gabriele Kiesewetter, Beselich

Umschlaggestaltung: JUNG MEDIENPARTNER GmbH, Limburg
Herstellung: Sonja Storz, München

FSC® www.fsc.org
MIX
Papier aus verantwortungsvollen Quellen
FSC® C012536

Verlagsgruppe Random House FSC® N001967
Das für dieses Buch verwendete FSC®-zertifizierte Papier *Profisilk* liefert Sappi, Alfeld.

Druck und Bindung: Theiss GmbH, St. Stefan im Lavanttal

Printed in Austria

Inhalt

Vorwort

„Auf, in die wilden Wälder!“

Die Landesgebiete Deutschlands, Österreichs und der Schweiz gehören zu den Regionen mit den höchsten Einwohnerdichten der Welt. Auf jedem Quadratkilometer Landfläche drängen sich in Deutschland 229, in Österreich 100 und in der Schweiz 184 Menschen. Was nicht mit Siedlungen, Verkehrswegen, Industrie und Landwirtschaft verplant ist, wird der Holzerzeugung gewidmet. Bei dieser Urproduktion ist für echte Natur kaum noch Raum. In meinem Selbstverständnis als Förster war das für mich früher so in Ordnung. Sind nicht unsere vorbildlich bewirtschafteten Wälder weltweit Sinnbild für Nachhaltigkeit und für die sanfte Kombination von Nutzung und Schutz auf gleicher Fläche?

In den letzten Jahren wuchsen meine Zweifel an dieser Sichtweise. Große Nadelbaumplantagen, zerpflügt von schwersten Maschinen, immer höhere Holznutzungen und ein Jagdsystem, welches die Tierwelt massiv aus dem Takt gebracht hat – das Ökosystem Wald hat bereits jetzt großflächig seine Seele ausgehaucht. Wo bleibt da unsere Vorbildfunktion, wie wollen wir global mitdiskutieren, wenn es etwa um den Schutz der Regenwälder geht? Was antworten wir Brasilianern und Indonesiern auf die Frage, welchen Beitrag wir zum Erhalt der eigenen ursprünglichen Ökosysteme leisten?

Ich habe mich sehr gefreut, als der Bassermann Verlag mich fragte, ob ich nicht an einem Buch über wilde Wälder unserer Heimat mitarbeiten wolle. Denn es gibt sie durchaus, die Bannwälder, Reservate und Nationalparks, in denen Besucher miterleben dürfen, wie lebendig und wundervoll Wälder werden können, wenn sich die Jäger, Förster und Waldarbeiter daraus zurückziehen. Viel zu wenige Nationalparks sind es noch im Staatsgebiet Deutschlands, Österreichs und der Schweiz und ihre Gesamtfläche liegt mit weniger als 5000 Quadratkilometern (ohne Meeresschutzgebiete, Stand Januar 2013) immer noch unter der eines einzigen Großschutzgebiets in Nordamerika, etwa des Yellowstone-Nationalparks (rund 9000 Quadratkilometer). Immerhin ist es ein Anfang, und zahlreiche Initiativen zur Ausweisung weiterer Wälder lassen hoffen. Zwar wehren sich Holz- und Forstindustrie mit Händen und Füßen, ein paar Prozent der ihnen anvertrauten Bäume sich selbst zu überlassen, aber vielfach ist es ja öffentlicher Wald, also der Wald aller Bürger und Staatsangehörigen, um den da gerungen wird. Und es geht ja nicht nur um den Schutz unseres Naturerbes.

In einer hektischen Welt, die vom Takt des Internets bestimmt wird, brauchen wir Oasen, um uns zu erholen und neu zu erden. Wo Sie dies besonders gut können, erfahren Sie auf den folgenden Seiten. Mit Ihrem Besuch unterstützen Sie die Naturschützer vor Ort und strafen die Holzindustrie Lügen, die behauptet, das die Menschheit weitere Schutzgebiete nicht benötige.

In diesem Sinne: „Auf, in die wilden Wälder!“

Ihr
Peter Wohlleben

Einleitung

Von Peter Wohlleben

Wälder – nein danke!

Ursprünglich mochten Menschen gar keine Wälder. Deswegen haben sich ungezählte Generationen große Mühe gegeben, die meisten Bäume um die Siedlungen herum abzuholzen. Unsere evolutionäre Heimat liegt in der Steppe, und all unsere Sinne sind auf freie Sicht und endlose Weiten ausgerichtet. Das Augenpaar kann jeden Feind schon auf viele Kilometer Distanz ausmachen, lange noch bevor Ohren oder Nase etwas davon mitbekommen. Daher sind die letztgenannten Organe auch schwächer ausgeprägt, leisten allenfalls unterstützende Dienste. Wir leben gern in Gruppen, und will man in Kontakt bleiben, so muss man sich sehen können. All das geht in einem dunklen Wald nicht. Hier versperren mächtige Stämme die Sicht, verirrt sich kaum ein Sonnenstrahl auf den braunen Waldboden. Raubtiere kann man hier erst bemerken, wenn es längst zu spät ist, wenn man einzig auf die Augen angewiesen ist. Mit guten Ohren hingegen ist es Pflanzenfressern wie Hirsch und Reh möglich, Wolf und Co. schon Hunderte Meter entfernt zu erlauschen. Steht der Wind günstig, so vermögen exzellente Geruchszellen über Kilometer hinweg Gefahr (oder eine Beute) zu wittern. Wir dagegen sehen den Wald vor lauter Bäumen nicht und sind relativ hilflos.

Wie stark unsere Instinkte, unser Verlangen nach guter Fernsicht ist, können Sie selbst bei jedem Waldspaziergang nachvollziehen. Wenn Sie stundenlang unter Buchen, Eichen oder Fichten gewandert sind und dann plötzlich an eine Lichtung kommen, geht direkt das Herz auf. Ist es gar ein Aussichtspunkt, der eine kilometerweite Fernsicht erlaubt, so ist es der Höhepunkt des Tages. Aus diesem Grund lassen Forstverwaltungen in großen Waldkomplexen Schneisen hineinschlagen, damit es für Wanderer nicht zu eintönig wird.

Als das „Augentier" Mensch nach Europa kam, brachte es die Steppe im Handgepäck mit. Anstelle der Eichen und Buchen bauten unsere Vorfahren Kulturgräser wie Emmer, Gerste und andere Getreidearten an, und aufkommenden Baumnachwuchs vertilgten Ziegen und Rinder. Neben den Bäumen ging es auch den Waldbewohnern an den Kragen: Die letzten Wölfe, Bären und Luchse wurden im 19. Jahrhundert erlegt, Auerochsen und Wildpferde gab es da schon lange nicht mehr. Endlich herrschten Verhältnisse wie in den Savannen Afrikas. Zwar war es kälter, doch die Sichtverhältnisse stimmten. Unsere Instinkte hatten ganze Arbeit geleistet, unser neues Zuhause passte nun zu unseren Sinnen!

Ein Stamm gleicht dem anderen

Doch leider war unserer Heimat die Seele abhandengekommen. Mystische Orte, der Kitzel einer verborgenen Gefahr, Herausforderungen für Entdecker? Fehlanzeige. Stattdessen breiteten sich malerische Dörfer mit einem geordneten Wegenetz, schachbrettartigen Feldern und Obstbäumen in akkuraten Reihen über Hügel und Täler. Und so ist es prinzipiell bis heute geblieben. Moment! Gibt es nicht wieder rauschende Wälder, endlose Baumbestände von Horizont zu Horizont? Haben wir nicht sogar die Nachhaltigkeit erfunden, deren Entstehen in der Forstwirtschaft vor 300 Jahren gefeiert wird? Wächst nicht mehr Holz nach, als genutzt wird, und steigt die Waldfläche nicht stetig an? Nun, grün ist sie schon wieder geworden, unsere Landschaft, und es gibt Millionen von Bäumen. Wald möchte ich das in den meisten Fällen aber nicht nennen. Es sind zum großen Teil Plantagen, in Reih und Glied gepflanzte Monokulturen von Fichten, Kiefern, aber auch Eichen oder Buchen. Eine Seele, eine Wildheit ist diesen Kunstgebilden fern, und sie sind allenfalls ein schwacher Abglanz der einstigen Ursprünglichkeit. Von den Buchenurwäldern, die den deutschsprachigen Raum dominierten, gibt es keinen einzigen Quadratmeter mehr. Und doch suggerieren die unterschiedlichsten Arten von Schutzgebieten, dass mittlerweile eine ganze Menge für deren Rückkehr getan würde.

Was ist überhaupt ein Urwald?

Bevor ich die offiziellen Naturschutzerfolge als Truggebilde entzaubere, sollten wir uns den Begriff „Urwald“ einmal näher anschauen. Was ist das überhaupt, ein ursprünglicher Wald? Meine Radikaldefinition lautet: Es kann sich dabei nur um einen Primärwald handeln, also ein Ökosystem mit Bäumen, das der Mensch noch nicht beeinflusst hat. Sobald die ersten Stämme gefällt werden, Straßen und Wege hineingebaut werden, ändern sich die Rahmenbedingungen. Dazu ein kleines Beispiel: Es gibt Laufkäferarten, die sich nur im Dunkel alter Wälder bewegen. Ein Weg stellt eine Lichtschneise dar, die von den Tieren nicht betreten wird. Für die Insekten ist ein harmloser Wanderweg also ein ebenso schwerwiegendes Hindernis wie eine Autobahn für Wildkatzen. Wälder mit einem dichten Wegenetz können demnach keine Urwälder mehr sein.

Das Fällen selbst einzelner Bäume beeinflusst das Ökosystem ebenfalls massiv. Da wäre das Sonnenlicht, welches durch die Lücke im Kronendach auf den Boden trifft. Auf diesem Fleck explodiert nun die Vegetation und nutzt die Chance auf Wachstum. Zwar kommt so etwas auch natürlicherweise vor, etwa wenn ein Baum den Alterstod stirbt, doch das ist erst nach 400 oder 500 Jahren der Fall. Nutzholz wird für gewöhnlich geerntet, wenn der Baum ein Drittel seiner natürlichen Lebenserwartung erreicht hat – und damit ändern sich die Lichtverhältnisse dreimal so häufig (nämlich alle 150 Jahre).

Das klingt nach Erbsenzählen? In meinem Revier gibt es noch rund 100 Hektar alte Buchenwälder, die nun seit vielen Jahren ungestört vor sich hin wachsen. Unter den 200 Jahre alten Mutterbäumen wächst der Nachwuchs, wobei „wachsen“ es nicht richtig trifft: Er wartet. Pro Jahr gewinnen die Triebe der Bäumchen nur ein bis zwei Millimeter an Höhe, denn am Boden kommen nur noch rund drei Prozent des Sonnenlichts an. Das reicht noch nicht einmal zum Leben, weshalb die Eltern ihre Kleinen über Wurzelverwachsungen mit Zuckerlösung unterstützen. Das Holz der Sämlinge wird über die

Lichtschneise im Wald

Jahrzehnte dieser Askese flexibel und dicht. Es widersteht Pilzen und ist äußerst bruchfest. Verschwindet nun die Mutterbuche, sei es durch Holzeinschlag, sei es durch den Alterstod, dann stehen die Jungbäume plötzlich im vollen Licht. Das ist das Signal, Gas zu geben und rasch zu wachsen. Wer zu langsam reagiert, wird von den Kumpanen überholt und versinkt wieder in der Dämmerung. Die Höhentriebe erreichen jährlich Zuwächse von 50 Zentimetern und mehr, bis sich das Kronendach wieder schließt. Die großen Nachbarn des Mutterbaums bauen nämlich im gleichen Zeitraum ihre Seitenäste aus, schieben sie in die unerwartete Lücke und vergrößern so ihre Kronen. Ist oben wieder alles dicht, beginnt die nächste Wartephase.

Entstehen durch forstwirtschaftliche Nutzungen immer häufiger solche Lücken, so schrumpfen die Wartephasen für den Nachwuchs gegen null. Damit wird er zwar schnell groß, bildet aber auch sehr luftreiches, anfälliges Holz. Derart aufgewachsene Buchen und Eichen werden nicht sehr alt, und damit taucht das nächste Problem auf: Es gibt etliche Arten, die auf alte Bäume angewiesen sind, sie erst in der zweiten Lebenshälfte besiedeln können. Der Klassiker ist der Mittelspecht: Er kann sich erst an Buchenstämmen festhalten, wenn diese 200 Jahre alt sind und die einst glatte Rinde beginnt, sich zu furchen. In jungen Buchenwäldern fehlt der vom Aussterben bedrohte Vogel deshalb.

Kein Mensch weiß, bei wie viel gefällten Bäumen der Urwald beginnt, sich grundlegend zu verändern. Ein einziges Exemplar macht sicher kaum einen Unterschied, aber wo ist die Grenze? Bei zehn, hundert oder tausend Bäumen pro Quadratkilometer? Und wer Bäume erntet, will ja auch das Holz abtransportieren. Welche Wegedichte ist tolerabel? Kein Mensch weiß dies, noch liegt vieles im wissenschaftlichen Dunkel. Ich persönlich finde den Vergleich mit den Regenwäldern Brasiliens immer besonders einfach: Was wir dort nicht akzeptieren würden, sollte

Natürlicher Buchenwald mit Alt-, Jungbäumen und Totholz

Die Rinde der Buche

Der Buchennachwuchs am Waldboden ist durch hungriges Rot- und Rehwild stark gefährdet

Die Wacholderheide

auch für die heimischen Schutzgebiete tabu sein.

Die Definition von Urwald kann also gar nicht vorsichtig genug sein, und daher sollten unter den Begriff nur echte, unberührte Primärwälder fallen.

Apropos Definition: Mittlerweile gibt es einen bunten Wirrwarr von Schutzgebietskategorien. Viele von ihnen helfen der Natur im Grunde genommen überhaupt nicht, sondern beruhigen nur das Gewissen von Politik und Öffentlichkeit. Schöne Beispiele sind Naturparks oder Landschaftsschutzgebiete. Allein von letzteren sind 30 Prozent der Fläche Deutschlands betroffen. Schön ausgeschildert signalisieren sie dem Laien, dass hier etwas für die Natur getan wird. In Wahrheit wird auch hier gebaut, gerodet und asphaltiert, nur muss jeder Eingriff in das Ökosystem ausgeglichen werden. Für gefällte Bäume müssen neue gepflanzt werden, für einen ramponierten Bach wird andernorts ein begradigter wieder renaturiert. Das ist besser als nichts, schützt aber das betreffende Gebiet nicht. Besser ist da schon das Naturschutzgebiet, aber nur ein bisschen. Denn Natur ist bei uns Urwald, und schauen Sie bei nächster Gelegenheit einmal, was dort tatsächlich geschützt wird. Oft sind es Trockenwiesen oder Streuobstbestände – alles wunderschöne Sachen, aber eben doch Kulturlandschaften. Stellte man sie einfach so unter Schutz, dann würde sich über kurz oder lang wieder Wald entwickeln. Den will man dort aber gar nicht, und deshalb hat jedes Naturschutzgebiet auch einen Pflegeplan. Der sieht im Wesentlichen vor, alle aufkommenden Bäume wieder zu beseitigen. Besonders idyllisch geht das mit Schafen, die den Jungwald einfach abfressen.

Die bekannteste Kategorie, der Nationalpark, ist schon ernster zu nehmen. Richtig ernst allerdings nicht, denn auch dort darf noch bis zu 30 Jahren nach Eröffnung weiter gewirtschaftet werden. Da werden Kahlschläge gemacht, da wird gepflanzt und gepflegt, als wüsste die Natur nicht besser, was sie will. Es ist eben menschlich, dass die zuständigen Förster weiter gestalten wollen, ein selbst erarbeitetes Ergebnis sehen möchten. Einfach nur die Hände in die Tasche zu stecken und zuzuschauen, was sich so entwickelt, das hält kaum jemand aus. Es kann bis zu 500 Jahre dauern, bis sich wieder echte Ursprünglichkeit einstellt, und so lange lebt ja niemand. Richtig ungestört geht es nur in einem Totalreservat zu. Dort hinein darf niemand, außer ab und zu vielleicht einmal ein Wissenschaftler, hier kann sich die Natur tatsächlich völlig ungestört entwickeln. Leider sind diese Reservate in der Regel nur ein paar Hektar groß – viel zu wenig für die meisten Säugetiere und viele Brutvogelarten.

Wer braucht schon wilde Wälder?

Müssen es überhaupt Urwälder sein? Wenn Sie den bunten Prospekten der staatlichen Forstverwaltungen Glauben schenken, dann sind Schutzgebiete völlig überflüssig. Die Bewirtschaftung geschieht heute so schonend, dass sämtliche Schutzaspekte bestens berücksichtigt werden. Dafür sorgen strenge Gesetze, und das Zauberwort heißt „Nachhaltigkeit“. Eingeführt hat diesen Begriff Hans Carl von Carlowitz im Jahr 1793, und gemäß dieser Definition darf nicht mehr Holz eingeschlagen werden, als wieder nachwächst.

Die Angst vor einer Übernutzung ist aus dem Raubbau der vorangegangenen Jahrhunderte zu verstehen. Holz als wichtigster Motor der Städte- und Industrieentwicklung war kurz vor dem Ende, ganze Regionen kahl geschlagen und verödet. Die letzten einsamen Laubbäume wurden zu Modellen für Landschaftsmaler der Romantik, etwa Caspar David Friedrich, und ließen den Betrachter in Wehmut versinken.

Seit dem 19. Jahrhundert wuchs die Waldfläche wieder an, und die Holzproduktion nutzte regelmäßig weniger als den jährlichen Zuwachs. Diese forstliche Nachhaltigkeit sollte aber nicht mit Ökologie verwechselt werden. Rein mengenmäßig im Gleich-

Kahlschlag im Nationalpark Eifel

gewicht zu bleiben, das können nämlich auch andere. Wie wäre es etwa mit einem Bauern, der Mais anbaut? Er sät chemisch behandeltes Saatgut, walzt mit schwerstem Gerät seinen Acker platt und spritzt die aufkommenden Pflanzen mit Pestiziden. Zwar erntet er im Herbst alles ab, und die Scholle liegt im Winter braun und nackt im Wind. Doch schon im nächsten Frühjahr sät er wieder, erntet also jedes Jahr dieselbe Menge. Nachhaltigkeit gleich ökologisch korrekt, diese Aussage stimmt so nicht. Die Definition muss demnach geändert werden, denn heute verstehen wir unter dem Begriff, dass das Ökosystem mit all seinen Funktionen nur so genutzt wird, dass es unbeschadet an die kommenden Generationen übergeben werden kann. Im Jahr 1992 wurde daher folgerichtig Nachhaltigkeit neu formuliert, und zwar anlässlich der Konferenz für Umwelt und Entwicklung der Vereinten Nationen in Rio de Janeiro. Das reine Schielen nach einer mengenmäßig ausgewogenen Holznutzung ist seither überholt. Aber selbst nach dieser neuen Auslegung reicht unsere Gesetzeslage als Rahmen für eine nachhaltige forstliche Bewirtschaftung aus. Neben den Bundes- und Landeswaldgesetzen gibt es noch Regelungen zum Bodenschutz, zum Wasserschutz, zum Naturschutz und vielem mehr. Die Hochglanzprospekte müssen nicht lügen, solange sich Förster an diesen Rahmen halten, und da die meisten im öffentlichen Dienst beschäftigt sind, sollte ein gesetzestreues Wirken selbstverständlich sein.

Sind Schutzgebiete wirklich überflüssig?

Ein Blick in den Wald entzaubert die Märchenwelt der PR-Strategen. Fangen wir mit dem Boden an. Hier gibt es Veränderungen, die Ihnen als Spaziergänger ins Auge fallen. Gewaltige Maschinen überrollen das Erdreich und hinterlassen gleisartige Spuren. Bis in zwei Meter Tiefe zerquetschen die bis zu 50 Tonnen schweren Ungetüme das schwammartige Gefüge. Wo einst Luftkanälchen unterirdisches Leben mit Sauerstoff versorgten, ersticken nun die meisten Arten. Dazu reicht eine einmalige Überfahrt der „Harvester" oder „Forwarder" genannten Geräte. Ihre Spuren regenerieren nach menschlichen Maßstäben nie wieder. In meinem Revier gibt es Jahrhunderte alte Karrenspuren, die immer noch beinhart verfestigt sind und kaum noch Bodenleben ermöglichen. Aber nicht nur dem Leben geht es an den Kragen. Waldboden ist wie ein Schwamm, kann enorme Mengen an Wasser speichern. Das ist für die Bäume sehr wichtig, denn nur mit den über den Winter angesammelten Regenvorräten überstehen sie trockene Sommer. Wird dieser Erdschwamm nun durch Maschinen zusammengedrückt, so richtet er sich im Gegensatz zu einem Haushaltsschwamm nie wieder auf. Seine Poren verschwinden, und die Speicherkapazität reduziert sich um bis zu 95 Prozent.

In den meisten Wäldern rollen Harvester und Co. im Zwanzig-Meter-Abstand durch die Bestände, sodass bereits heute ein Großteil der Böden unumkehrbar geschädigt ist. Aber auch oberirdisch liegt vieles im Argen. Die heimischen Laubwälder wurden

Spuren von Maschinen im Waldboden

Harvester im Einsatz

auf rund zwei Dritteln der Fläche durch Nadelbäume wie Fichten und Kiefern ersetzt. Diese Taigabaumarten, eigentlich im hohen Norden zu Hause, passen nicht ins heimische Ökosystem. Ihre sauren Nadeln sind für viele Bodenlebewesen unverdaulich. Diese Kleinstlebewesen sind jedoch das Kernstück der Artenvielfalt. So gibt es über 600 Hornmilbenarten, kleine Tierchen, die Humus und Pilzsäfte mümmeln und den Ausgang der Nahrungskette darstellen. Sie sind so wichtig wie das Plankton im Meer, und ihr Verschwinden schwächt den Wald enorm. Die wenigen Arten, die in den tristen Nadelholzplantagen übrig geblieben sind, müssen vielerorts noch eine Giftdusche über sich ergehen lassen. So werden in Brandenburg oder Niedersachsen Kontaktinsektizide per Hubschrauber versprüht, vorgeblich, um die Wälder zu retten. Tatsächlich ist es jedoch eine typische Begleiterscheinung von Monokulturen, dass sie von Schädlingen befallen werden. Da man von Kiefer und Fichte aber nicht lassen möchte und nur hier und da auf Laubholz umsteigt, muss man eben Gift einsetzen, um gefräßige Schmetterlingsraupen zu bekämpfen. Dass dabei gleich alle Wasserorganismen in Tümpeln und Bächen und Teile der Bodenbewohner mit ins Nirwana geschickt werden, nimmt man billigend in Kauf.

Ich könnte noch viel erzählen von illegalen Kahlschlägen, der gezielten Vernichtung von Höhlenbäumen und Totholz, doch bereits so ist schon klar: Forstwirtschaft kann Naturschutzaspekte allenfalls am Rande mit berücksichtigen. Von den Landwirten, die intensiv riesige Äcker bearbeiten oder Massentierhaltung betreiben, würde doch auch niemand behaupten, dies alles diene dem Tier- und Umweltschutz. Bei einem Blick ins Ausland wird das Dilemma besonders deutlich: Kann man tropischen Regenwald schützen, indem man dort Holz gewinnt? Das ist sicher zu verneinen, es ist Konsens, dass diese Ökosysteme nicht weiter angetastet werden sollten. Warum sollte dies in Europa anders sein? Und noch ein wichtiges Argument spricht gegen die Nutzung von ausnahmslos jedem Stückchen Wald: Wir haben ihn überhaupt noch nicht verstanden. So ist etwa der Wassertransport in den Bäumen bis heute nicht geklärt, haben Wissenschaftler viele Tier-, Pflanzen- und Pilzarten des Waldes noch gar nicht entdeckt. Wie könnte man dann behaupten, das Zusammenspiel der Kräfte zu kennen und bei der Bewirtschaftung angemessen zu berücksichtigen?

Es führt kein Weg daran vorbei: Wir brauchen Schutzgebiete! Außer großen Teilen der Forstwirtschaft, die immer noch an der „Schutz durch Nutzung"-Strategie festhalten möchten, haben das mittlerweile Politiker aller Parteien erkannt. Doch was soll man überhaupt schützen? Es gibt ja keine Urwälder mehr, sieht man einmal von dem österreichischen Dürrenstein ab. Die typischen Buchenurwälder, einst auf rund 80 Prozent der Fläche verbreitet, sind komplett verschwunden, aber ein wenig Hoffnung gibt es dennoch. Denn auf wenigen Promille der Waldfläche stehen noch ältere Buchen und Eichen, viel wichtiger aber: Der Wald hat dort schon Jahrtausende lang Bestand, wurzelt in Böden, die nie etwas anderes als Bäume gesehen haben und weder durch Pflug noch durch Maschinen geschädigt wurden. Hier konnte sich ein Großteil der Artenvielfalt (zumindest der ganz kleinen Spezies) erhalten. Auf diese winzigen Fleckchen sollte sich das Augenmerk richten. Unter Schutz gestellt wirken sie als Rettungsinseln, als Keime der Hoffnung, von denen aus sich Tiere und Pflanzen wieder ausbreiten können. Wenige Promille, das müsste doch sofort zu machen sein, denn die deutsche Bundesregierung etwa hat das Ziel ausgegeben, fünf Prozent der Wälder aus der forstwirtschaftlichen Nutzung zu nehmen. Da wäre es nur logisch, mit den kläglichen Resten unseres

Totholz stellt einen wichtigen Bestandteil des Ökosystems „Wald" dar

heimischen Ökosystems zu beginnen. Aber nichts da! Dicke Buchen und Eichen versprechen hohe Gewinne, die man nicht einfach Spechten und Käfern opfern möchte. Zudem leisten viele Förster weiteren Widerstand: Waren es nicht sie und ihre Vorgänger, die diese einzigartigen Wälder bewahrten? Natürlich ist es eher andersherum, und die Reste erinnern an das Auskratzen von Töpfen, bei denen auch bis zum Schluss noch immer etwas übrig bleibt. Das wäre so, als würde sich Kamerun damit brüsten, die Regenwälder geschaffen zu haben, und dies als Argument für Palmölplantagen nutzen.

Doch Bundes- und Landesregierungen setzen auf Konsens, und daher werden häufig Gebiete ausgewählt, in denen der Wald niemanden interessiert, weil er wirtschaftlich wenig Wert besitzt. Das sind etwa steilste Hänge, in denen trotz modernster Seiltechnik eine Holzernte viel zu teuer ist. Oder Trockenhänge der Flusstäler, in denen verkrüppelte Eichen in einhundert Jahren kaum dicker als ein Arm werden.

Bei der Ausweisung von Nationalparks wird ein weiteres Problem deutlich: Schutzgebiete müssen eine gewisse Mindestgröße haben, damit sich darin ein halbwegs ungestörtes wildes Leben entwickeln kann. Einhundert Quadratkilometer dürfen da als Untergrenze gelten, und wenn Ihnen das jetzt viel vorkommt, dann sollten Sie bedenken, dass in einem solchen Territorium beispielsweise lediglich ein bis zwei Luchse ihr Auskommen finden. Für ein einziges Wolfsrudel reicht der Nationalpark Bayerischer Wald mit 242 Quadratkilometern so eben aus. In unserem dicht besiedelten Mitteleuropa gibt es aber kaum freie Flecken dieser Größe, und wenn, dann möchten die Nutzer sie nicht hergeben. Daher werden solche Schutzgebiete dort gesucht, wo

Osmoderma eremita, der Eremitkäfer

Politiker und Behörden den geringsten Widerstand vermuten. In Rheinland-Pfalz war das jüngst schön zu beobachten: Während der Pfälzer Wald als eines der größten Laubwaldgebiete Deutschlands ökologisch bestens geeignet gewesen wäre, suchte das Umweltministerium aufgrund lokaler Widerstände lieber in den Fichtenplantagen des Hunsrücks nach Flächen. Bis dort wieder ein Buchenurwald steht, dauert es eben ein bis zwei Jahrhunderte länger. Aus dem gleichen Grund werden im Alpenraum überwiegend steile Hochlagen geschützt. Dort ist von Natur aus allerdings nur Nadelwald zu Hause. Die Tallagen mit den Laubwäldern bleiben außen vor.

Immerhin gibt es auch Positivbeispiele, wie den Nationalpark Kellerwald in Hessen. Dort wurde alter Buchenwald geschützt, so dass sich hier wieder ein Urwald bilden kann.

Im Idealfall sind Schutzgebiete also alte Waldflächen, auf denen seit Urzeiten heimische Baumarten wachsen und deren Böden noch keine Maschine gesehen haben.

Hungrige Mäuler

Der Wald ist unter Schutz gestellt, und jetzt wird alles gut. Oder nicht? Sie ahnen es vielleicht schon, aber Forstwirtschaft ist noch nicht alles, was ein Schutzgebiet ausschließen sollte. Denn da ist noch die Jagd. Das Hobby von rund 400.000 Waidfrauen und -männern hat unsere Landschaft mindestens ebenso verändert wie die Land- und Forstwirtschaft. Ursprünglich hüpften nur sehr wenige Pflanzenfresser durch die Urwälder; pro Quadratkilometer waren es höchstens ein oder zwei Tiere. Ursache war das ständige Dämmerlicht am Boden, das kaum einen attraktiven Pflanzenwuchs aufkommen ließ. Zudem jagten Wolf, Bär und Luchs und verhinderten ein Ausufern der Bestände. Diese tierische Konkurrenz ist schon lange verschwunden, und ihre langsame Wiederausbreitung ist nur ein Tropfen auf den heißen Stein. Hirsche, Rehe und der Allesfresser Wildschwein nutzten ihre Chance und machten sich breit. Erleichtert wurde die „Bevölkerungsexplosion“ durch die Landwirtschaft, deren Feldfrüchte den tierischen Gästen willkommen waren. Futter wird in Reproduktion umgesetzt, das ist bei allen Arten so. Ganz maßgeblich stiegen die Populationen aber durch Fütterungen seitens der Jägerschaft an. Bis heute werden Lkw-weise Mais, Rüben, Heu und andere Leckereien in den Wald hinausgekarrt, um auch noch dem letzten Reh über unsere milden Winter zu helfen. Statt einem einsamen Tier streifen heute je nach Gebiet 50 Rehe, 10 Hirsche und etliche Wildschweine durch die Wälder – pro Quadratkilometer! Als ob dies den Jägern noch nicht reichte, wurden in der Vergangenheit weitere jagdlich interessante Arten ausgesetzt: Dam- und Sikahirsche sowie Muffelschafe, deren Hörner sich als Trophäen für das heimische Wohnzimmer eignen, daneben Fasane und Waschbären. Das

Eine Luchsfamilie

Wildschweinrotte bei der Nahrungssuche im Herbst

wäre für sich genommen noch nichts Erschreckendes, aber vor allem die großen Pflanzenfresser haben Hunger auf Laubbaumnachwuchs. Wildschweine vertilgen mittlerweile 99 Prozent der Eicheln und Bucheckern, welche die alten Bäume in der Hoffnung auf Nachwuchs im Herbst zu Boden fallen lassen. Die paar Sämlinge, die dann im Frühjahr das Licht der Welt erblicken, werden von Rehen innerhalb weniger Tage verschlungen. Und sollten es doch einige Jungbäume schaffen, höher als 30 Zentimeter zu werden, so kommt im nächsten Winter garantiert tierischer Besuch, um die Gipfelknospe zu fressen (und damit kann das Bäumchen nicht mehr gerade nach oben wachsen). Pro Wintertag verzehrt ein Reh bis zu 10.000 Knospen und kann ebenso viele Jungbuchen verkrüppeln. Bei 50 Tieren pro Quadratkilometer wird klar, dass der Buchen- und Eichennachwuchs in vielen Gebieten Mitteleuropas keine Chancen mehr hat. Gewiss, es gibt einige wenige Forstbetriebe, in denen die Welt noch in Ordnung ist. Die geschilderten Zustände treffen aber leider auf mehr als 90 Prozent der Waldfläche zu, und das hat Konsequenzen. Da Laubbäume nur mit teuren Schutzmaßnahmen, wie etwa Metallzäune, nachzuziehen sind, setzen viele Förster einfach auf Fichten oder Kiefern. Die werden in der Regel von Hirsch und Reh verschmäht, sodass wenigstens optisch so etwas wie ein Wald wachsen kann. In der Öffentlichkeit wird dann nicht der wahre Schuldige genannt (die Jagd), sondern darauf verwiesen, dass Nadelhölzer doch viel bessere Erträge brächten. Wie falsch das ist, zeigen die alle paar Jahre auftretenden Stürme, denen grundsätzlich Nadelbaumplantagen zum Opfer fallen. Nur durch großzügige staatliche Subventionen, etwa bei der Wiederaufforstung, lohnt sich das bizarre Treiben auch finanziell.

Fuchs auf der Jagd

Wildverbiss bei jungen Hainbuchen

Eigentlich könnte die Natur die überquellenden Bestände der Pflanzenfresser selber herunterregeln, und eines ihrer Mittel wären Raubtiere. Dieses Mittel wird ihr aber aus der Hand geschlagen, denn die nur sehr langsame Rückkehr von Wolf und Luchs hat einen einfachen Grund: illegale Abschüsse. Nur ab und an ist davon etwas in der Presse zu lesen, nämlich dann, wenn der betreffende Jäger seine Handlung nicht geheim halten konnte. Ansonsten gilt der Spruch: Schießen, schaufeln, schweigen. Bei Füchsen brauchen die Waidfrauen und -männer nicht im Verborgenen zu agieren, hier gilt leider immer noch ein gesellschaftlicher Konsens, dass diese Raubtiere zu bekämpfen seien. Dabei regeln Füchse ihre Population ganz gut ohne uns; zudem ernähren sie sich hauptsächlich von Mäusen und dürften eher als nützlich gelten. Doch da Reineke auch ein Hasenjunges oder ein Rebhuhn nicht verschmäht, sehen ihn Jäger als Konkurrenten, den es zu eliminieren gilt. Nach dem Schuss wird das tote Tier in der Regel achtlos in das nächste Gebüsch geworfen, eine Einstellung, die stellvertretend für den Umgang der grünen Zunft mit der Natur steht.

In den Schutzgebieten stehen die Verantwortlichen nun vor einem Dilemma: Eigentlich vertragen sich Jagd und Schutz überhaupt nicht. Wer von uns würde es akzeptieren, wenn beispielsweise in der afrikanischen Serengeti Zebras zum Abschuss freigegeben würden? Bei uns sollte das prinzipiell genau so sein, doch wenn nicht gejagt wird, Wolf und Luchs noch fern sind, dann wird ein Nationalpark zu einer Rettungsinsel. Die ohnehin hohen

Windbruch im durch Borkenkäfer geschädigten Wald

Wildbestände würden sich nochmals erhöhen, denn alle jagdbaren Tiere würden sich vor ihren Verfolgern in die Schutzgebiete flüchten. Dem Laubwald drohte dann das endgültige Aus; er würde langfristig zu einer Steppe oder einem Nadelwald verkommen.

Die Lösung wäre aus meiner Sicht ganz einfach: Grundsätzlich sollte nicht nur in den Schutzgebieten, sondern überall jegliche Art der Wildfütterung verboten werden. Weniger Futter – weniger Wild, so einfach ist das. Nichtheimische Arten wie Muffel oder Damhirsche müssten den Wald verlassen – entweder über Abschuss oder den Fang und die Verfrachtung in Gehege. Zusätzlich gehört zu jedem Nationalpark und anderen Großschutzgebieten ein Auswilderungsprojekt für Wolf und Luchs, welches allerdings auch auf die Umgebung außerhalb der Schutzzonen ausgedehnt werden muss, damit sich eine ausreichend große Population etablieren kann. Natürlich können Raubtiere nicht alles zum Guten richten, aber sie dämpfen Spitzen bei der Vermehrung ihrer Beute. Haben sie in einer Gegend genug gejagt, sind Rehe und Hirsche dezimiert und zu vorsichtig geworden, so zieht das Rudel in das nächste Gebiet, wo die Pflanzenfresser noch ahnungslos sind. Hier können sie leichter Beute machen. So kann sich der Wald immer wieder für ein paar Jahre erholen, und oft reicht diese kurze Zeit für Buchen- und Eichensämlinge, die kritischen ersten zwei Meter an Höhe zu überwinden und damit außer Reichweite der Tiermäuler zu gelangen. Von dieser Lösung sind wir aber noch weit entfernt. Während in vielen Schutzgebieten weiterhin konventionell gejagt und auf Raubtierauswilderung verzichtet wird, setzte man etwa im Harz tatsächlich Luchse aus. Nur wird leider im Umfeld des Nationalparks weiterhin kräftig gefüttert, sodass sich im Park selber die besagte Rettungsinsel für Rehe und Hirsche bildet. Da können die Luchse noch so einen Appetit haben – das schaffen sie nicht.

Der Urwald – Wunschtraum oder realistisches Ziel?

Kann sich malträtierter Forst in Schutzgebieten wieder so weit erholen, dass ein echter Urwald daraus wird? Werden die mit Maschinen platt gewalzten Böden sich regenerieren, kehrt überall der Laubwald zurück? Das kann niemand sicher vorhersagen, weil mittlerweile noch andere Störgrößen hinzugekommen sind. Die schwerwiegendste ist der Klimawandel. Wie hoch die Durchschnittstemperatur steigen wird, weiß kein Wissenschaftler, aber es dürften auf jeden Fall ein paar Grad mehr werden als heute. Ich habe in meinem Revier alte Buchenwälder, die wohl schon seit Jahrtausenden stehen. Wiewohl es keine Urwälder sind, stehen sie doch auf intaktem Boden, säten sich selber aus und sind mittlerweile 200 Jahre alt. Diese Flächen schützt mein Arbeitgeber, die Gemeinde Hümmel, als Reservat „Wilde Buche“. Hier stellten Forscher bereits ähnliche Prozesse wie in einem echten Urwald fest, und so nehme ich ihn gern als Referenz dafür, was Bäume so alles aushalten können. Trockene Sommer mit Rekordhitze wie etwa im Jahr 2003 zeigen ganz deutlich die Unterschiede zu bewirtschafteten Forsten. Während dort die Buchen schon im August das Laub abwerfen, um die Verdunstungsfläche und damit den Wasserverbrauch zu reduzieren, bleiben die alten Buchen auf intakten Böden in ihrem grünen Kleid. Ihnen geht es offensichtlich viel besser, weil niemand sie stört und sie sich in einem Wohlfühl-Gleichgewicht befinden. An diesem Beispiel können Sie sehen, dass es „den Wald“ nicht gibt. Ein gesundes Ökosystem wird wohl auch noch mit vier Grad Temperaturerhöhung zurechtkommen, während ein maschinell geschädigter Forst schon heute Probleme bekommt. Für Schutzgebiete heißt dies: Wurden sie nach ökologischem Sachverstand ausgesucht, sind es gesunde Laubwälder (und in den Hochlagen der Alpen gesunde Nadelwälder), so braucht uns in naher Zukunft nicht bange zu werden. Wählten Politiker und Behörden das Gebiet aber nach dem Konsensprinzip aus,

Asiatischer Laubholzbockkäfer, Anoplophora glabripennis

Baumsterben am Lusen im Nationalpark Bayerischer Wald

wurden naturferne Plantagen unter Schutz gestellt, so beginnt rasch das große Heulen und Zähneklappern. Wie sich das konkret abspielt, demonstriert schon seit vielen Jahren der Nationalpark Bayerischer Wald. Ursprünglich war auch hier auf dem größten Teil der Fläche ein Laubmischwald, bevor Generationen von Waldwirtschaftern ihn in ein Nadelbaummeer verwandelten. Unter Schutz gestellt zeigten sich die nicht mehr umsorgten Fichten schon heute als zu anfällig: Sie wurden quadratkilometerweise vom Borkenkäfer gefressen. Tote Baumgerippe stehen zu Tausenden auf ansonsten kahlen Bergrücken, doch unter den Stämmen kommt ein junger Wald mit vielen Baumarten hoch. So ähnlich wird es vielen heute noch intakten Waldschutzgebieten gehen, wenn sie noch weit von einem Urwald entfernt sind.

Eine zweite große Gefahr geht von importierten Schädlingen aus. Nach der Ulme, die vielerorts schon ausgestorben ist, trifft es aktuell die Esche, die ebenfalls von einem asiatischen Pilz dahingerafft wird. In der Gegend um Bonn raspelt ein eingeschleppter Bockkäfer daumendicke Löcher in Ahorne, sodass dort vorsorglich viele dieser Bäume gefällt werden – bisher ohne Erfolg. Nicht auszudenken, wenn einmal Schadorganismen Buchen oder Eichen befallen würden, denn dann wäre der Traum vom Urwald ausgeträumt. Das ist der Preis für die Globalisierung und die laschen Zollkontrollen – und eigentlich völlig überflüssig. Aber heutzutage zählt eben nur das rasche Geschäft – schade!

Wir gehören dazu

In Schutzgebieten soll der Einfluss des Menschen zurückgedrängt werden, die Landschaft sich selbst überlassen bleiben, und Prozesse sollen ungestört ablaufen können. Wie verträgt es sich dann mit diesem Ziel, wenn Wanderwege hindurchführen, Infotafeln aufgestellt werden und die Verwaltung sogar erlaubt, Freizeiteinrichtungen zu bauen? Die Antwort ist vielschichtig und nicht ganz eindeutig. Wir und unsere Kinder müssen echte Natur kennenlernen dürfen, um zu erspüren, warum der Schutz wenigstens eines kleinen Prozentsatzes der Fläche so wichtig ist. Erst wer den Kolkraben rufen hörte, die Fährte eines einsamen Luchses im Schnee entdeckte oder uralte Baumriesen umarmte, der verspürt den Drang, der Natur eine Chance zu geben. Ein maßvolles Wegenetz durch einen Nationalpark ist so gesehen also sehr sinnvoll. Wichtig ist dabei nur, auch einmal größere Bereiche (und da sollten es schon mehrere Quadratkilometer am Stück sein) völlig ungestört zu belassen. So können sich Tiere, die unsere Nähe scheuen, zurückziehen. Allzu viele werden das allerdings nicht sein, denn die meisten Arten haben vor uns Angst, weil es Jäger gibt. Sobald kein Mensch mehr auf Tiere schießt, werden sie wieder vertraut und lassen uns bis auf wenige Meter an sich heran. Beste

Wildkatzenfamilie

Beispiele sind die Nationalparks Afrikas oder auch die Galapagos-Inseln. In unseren Schutzgebieten wird, wie bereits besprochen, aber noch viel geschossen, und daher sind menschliche Besucher immer noch ein Stressfaktor.

Sie können mit Ihrem Verhalten aber einiges dazu beitragen, dass Ihr Besuch für die Tierwelt akzeptabel ist. Das Wichtigste zuerst: Bleiben Sie auf den Wegen, auch wenn es manchmal schwerfällt. Ich erlebe es immer wieder bei mir im Revier, dass Besuchergruppen selbst von der scheuen Wildkatze nicht als Bedrohung empfunden werden. Sie wartet einfach ab, weiß, dass der lärmende Haufen immer stur

Wandern bitte nur auf den dafür vorgesehenen Wegen!

Alter Buchenwaldbestand mit Jungbuchen, die geduldig darauf warten, dass die „Alten" ihnen irgendwann Platz machen

von A nach B und wieder zurück marschiert und sie Minuten später in aller Ruhe den Weg kreuzen kann. Und damit sind wir auch schon beim zweiten Punkt: Unterhalten Sie sich ruhig laut. Wenn die Tiere Sie hören können, dann wissen sie, dass es keine Jäger sind (denn die bewegen sich leise).

Der letzte Grund für ein begrenztes Betretungsrecht in Schutzgebieten ist die Erholung. Wenn viele Menschen gern in Nationalparks oder anderen Reservaten unterwegs sind, die Natur genießen und die Seele baumeln lassen können, dann gibt es auch eine breite Unterstützung in der Bevölkerung für die Ausweisung weiterer Gebiete. Noch sind wir weit entfernt von den politischen Zielen, sowohl was die geschützte Gesamtfläche als auch die Qualität des Schutzes angeht.

Betrachten Sie sich also bei Ihren Gängen durch die Natur als Anwalt der Pflanzen und Tiere, der nach seinen Schützlingen schaut und daheim an der Sicherung der Arten mitwirkt. Das muss nicht viel Aufwand bedeuten. So bewirken heute selbst Onlinepetitionen schon eine ganze Menge. Viele Umweltverbände haben im Internet Informations- und Unterschriftsaktionen zur Unterstützung etwa bei der Ausweisung neuer Nationalparks. Besonders hilfreich ist natürlich eine Teilnahme an einer Demonstration oder einer der Diskussionsabende, wie sie im Vorfeld einer Ausweisung für die Lokalbevölkerung abgehalten werden.

Es lohnt sich, wie Sie auf den folgenden Seiten sehen werden. Überall im mitteleuropäischen Raum gibt es geschützte, ja teilweise wilde Wälder, die einen Besuch wert sind. Auch wenn es noch viel zu wenig Schutzgebiete gibt, auch wenn sie meist viel zu klein sind – es sind Juwelen der Hoffnung, die Lust auf mehr machen.

INFO

Beachten Sie bitte,
dass in allen Naturschutzgebieten Hunde grundsätzlich an die Leine zu nehmen sind und die Wege nicht verlassen werden dürfen. In manchen Nationalparks und Waldreservaten ist das Mitführen von Hunden grundsätzlich verboten.

Bitte informieren sie sich vor jedem Besuch noch einmal über den aktuellen Stand, da sich diese Ge- und Verbote jederzeit ändern können. Die Angaben in diesem Buch sind auf dem Stand vom April 2013.

In Deutschland gibt es eine große Zahl von schützenswerten Wäldern in verschiedensten Lagen, Ausprägungen und Größen. Da es nicht möglich ist, in diesem Buch über alle Schutzgebiete zu berichten, haben die Verfasser des Buches eine individuelle Auswahl der Waldgebiete nach Kriterien der Artenvielfalt und natürlichen Besonderheiten getroffen. Nicht immer ist das größte Waldgebiet auch das interessanteste oder für die Biodiversität (biologische Vielfalt) wichtigste. Einerseits soll der Mensch zu seinem Recht kommen, die Schönheiten der Natur zu genießen und sich in der freien Natur zu erholen und andererseits soll er auch ein Verständnis für die Bedürfnisse der Natur und besonders die unseres Waldes entwickeln. Es wird daher auch auf sehenswerte Naturschönheiten, Landschaften, Wanderwege, Natur-Museen und Möglichkeiten der Freizeitgestaltung in der Natur hingewiesen. Es wird aber auch mit kritischen Anmerkungen nicht gespart.

Die wilden Wälder Deutschlands

Hudeeiche auf der Insel Vilm

Biosphärenreservat Südost-Rügen und Insel Vilm

Von Petra Lindner

Hoch oben im Nordosten der Republik, im Bundesland Mecklenburg-Vorpommern, befindet sich das Biosphärenreservat Südost-Rügen. Wie der Name erkennen lässt, erstreckt sich das Biosphärenreservat mit einer Fläche von rund 23.500 Hektar im Südosten von Deutschlands größter Insel und schließt dabei nicht nur das Waldgebiet Granitz, die Putbusser Umgebung und die Küstenregion der Halbinsel Mönchgut ein, sondern auch den Rügenschen Bodden, die drei Ostseebäder Sellin, Göhren und Baabe sowie die Insel Vilm. Die Ausdehnung des Biosphärenreservats beträgt von Norden nach Süden 19,5 Kilometer, von Westen nach Osten 23,5 Kilometer. Den größten Anteil an der Fläche haben die Gewässer mit 12.300 Hektar, während Waldgebiete ungefähr 2800 Hektar einnehmen.

Das Biosphärenreservat ist von einem Küstenklima geprägt, dessen Temperaturen bis etwa Mai bis zu etwa 10 Grad unter den Festlandtemperaturen liegen und das dafür sorgt, dass Südost-Rügen eines der niederschlagsärmsten Gebiete im Raum der südlichen Ostsee ist. Der Sommer ist etwas kühler als im Binnenland, während der Herbst sehr lange mit schönem Wetter aufwarten kann und der Winter tendenziell milder als auf dem Festland ist.

Das Biosphärenreservat Südost-Rügen wurde im Jahr 1990 gegründet und ein Jahr später von der UNESCO anerkannt mit dem Ziel, einen repräsentativen Landschaftsausschnitt des nordostdeutschen Tieflands unter einen besonderen Schutz zu stellen.

Urwald auf Rügen

Auf engstem Raum erlebt der Besucher hier den ganzen Reichtum der mecklenburg-vorpommerschen Küstenlandschaft – dramatische Steilküsten, tiefe Bodden, die sich ins Land winden, alte Buchenwälder, Salzwiesen, Sandstrände und Schilfgürtel zeugen von der engen Symbiose, die Meer und Land hier eingehen und darauf warten, erkundet zu werden.

Mit 50 Prozent Flächenanteil ist das Flachwasser mit Seegras auf Steinuntergrund ein bedeutendes Habitat; auch die Steilküsten sind ein Charakteristikum des Reservats – sie sind durch das ständige Wirken der Natur einer fortwährenden Wandlung unterworfen, wenn Teile der Kliffs samt darauf wachsenden Pflanzen abbrechen und durch die Kraft des Wassers grobsteinige Blockstrände entstehen. Buchenwälder wachsen vor allem auf Böden, die im Pleistozän entstanden sind, während auf Sand und Dünen vor allem Kiefern beheimatet sind. Im Bereich der Granitz, einem Höhenzug zwischen Sellin und Binz, reicht der Buchenwald bis unmittelbar an die Steilküste heran. Es handelt sich hierbei um das größte zusammenhängende Buchenwaldgebiet Rügens; kleinere Buchenwälder finden sich noch auf der Halbinsel Mönchgut um Göhren.

Auch verschiedene Moore sind im Biosphärenreservat zu finden; sie reichen von Kessel- über Quell- und Durchströmungs- bis hin zu Verlandungs- und Küstenüberflutungsmooren. Charakteristisch für Südost-Rügen sind die Sandtrockenrasen, die sich auf sandigen, waldfreien Flächen finden. Heimisch sind hier Pflanzen, die Wärme und Trockenheit widerstehen und kein großes Nährstoffangebot benöti-

Das Leberblümchen erscheint im Frühjahr am Waldboden

gen, zum Beispiel verschiedene Orchideenarten.

Besondere Erwähnung muss natürlich die Insel Vilm finden – gerade einmal 94 Hektar groß und 2,5 Kilometer lang, liegt die Insel in der Kernzone des Biosphärenreservats und darf wegen ihrer besonders schützenswerten Natur täglich von lediglich maximal 30 Personen auf Führungen entlang des etwa drei Kilometer langen Rundwegs besucht werden. Die Überfahrt nach Vilm ist einzig vom Hafen Lauterbach möglich; Inselführungen finden von März bis Oktober täglich von etwa 10 Uhr bis 13.30 Uhr statt.

Vilm entstand vor etwa 10.000 Jahren aus Eiszeitmoränen und spaltete sich vor ungefähr 3000 Jahren von Rügen ab. Ein Großteil der Insel ist von Wald bedeckt, der bis an die Steilküste heranreicht – ein Wald, den man durchaus als Urwald bezeichnen kann, auch wenn er im Mittelalter für den Holzeinschlag und als Viehweide genutzt wurde und somit keinen Primärwald mehr darstellt.

Bis in die Mitte des 16. Jahrhunderts wurde auf Vilm Holzwirtschaft betrieben, die entsprechende Zerstörungen hinterließ, danach jedoch wurde der Wald sich selbst überlassen. Aus dem ehemaligen Hudewald (einem Wald, der als Viehweide genutzt wurde und dessen Vegetation infolgedessen beeinträchtigt wurde) konnte sich so im Laufe der Jahrhunderte wieder ein natürlicher Wald entwickeln – mit Buchen, Eichen und Ulmen in der ersten sowie Hainbuchen und Bergahorn in der zweiten Baumschicht. Die ältesten Baumveteranen auf Vilm sind bis zu 300 Jahre alt und strecken sich imposant mit bizarren Astformationen dem weiten Himmel entgegen, während umgestürzte abgestorbene Bäume als Teil des natürlichen Kreislaufs von Leben und Vergehen anderen Lebewesen wie Vögeln, Insekten und kleinen Säugetieren Nahrung und Obdach bieten.

Mitte des 19. Jahrhunderts lockte Vilm zunehmend Badegäste aus dem benachbarten Putbus an. Der Tourismus schädigte jedoch Fauna und Flora auf dem kleinen Eiland, und im Jahr 1936 wurde die Insel schließlich unter Naturschutz gestellt, um ihre Artenvielfalt zu erhalten. Nach dem Zweiten Weltkrieg wurde der Tourismus wieder aufgenommen, doch ab 1959 erklärte die DDR-Regierung Vilm zur Sperrzone, sodass die Natur sich wieder ungestört entwickeln konnte.

Zahlreiche und zum Teil seltene Pflanzenarten wie Schwalbenwurz, Milchkraut, Leberblümchen, Lerchensporn und Bärlauch sind auf Vilm ebenso zu Hause wie Waldgeißblatt, das sich die Bäume emporwindet, und imposante meterhohe Adlerfarne, während am Strand Stranddistel, Strandmiere und Tatarenlattich dominieren.

Insbesondere für Vögel ist Vilm ein Paradies; Gänsesäger, Uferschwalben, Kormorane, Graureiher und auch Seeadler genießen das ungestörte Dasein, und Zugvögel, vor allem verschiedene Gänsearten, machen auf ihren Reisen hier gern im Frühjahr und Herbst Rast. Überhaupt ist das Biosphärenreservat von großer Bedeutung für die maritime Fauna: Im Greifswalder Bodden laichen alljährlich die Ostseeheringe; die üppig vorhandenen Algenbestände sorgen dafür, dass hier das größte Laichgebiet dieses Fisches existiert. Ebenfalls im Greifswalder Bodden, aber auch am Kap Arkona sind vermehrt Kegelrobben zu erleben; war das größte deutsche Raubtier zu Beginn der 1980er-Jahre in der Ostsee durch den Mensch und Umweltgifte nahezu ausgerottet, leben heute wieder über 20.000 Tiere hier, zwar überwiegend vor Schweden, Finnland und dem Baltikum, aber eben zunehmend auch wieder vor Rügen.

In der ehemaligen Ferienhaussiedlung der DDR befindet sich seit 1991 die Internationale Naturschutzakademie, eine Außenstelle des Bundesamtes für Naturschutz. Neben ihrem wissenschaftlichen Anliegen rund um den Naturschutz bietet die Akademie Kunstausstellungen und Konzerte für jedermann an.

Rügen ist mit dem Pkw über die Autobahn A 20 Richtung Stralsund aus Westen und Süden erreichbar; die Deutsche Bahn unterhält ICE- und IC-Verbindungen aus allen Regionen Deutschlands nach Rügen.

INFO

Amt für das Biosphärenreservat Südost-Rügen
Postfach 1112, D-18599 Binz
Tel.: +49 (0)38303/885-0
Fax: +49 (0)38303/88588
E-Mail: poststelle@suedostruegen.mvnet.de
www.biosphaerenreservat-suedostruegen.de

Ausflüge nach Vilm
Fahrgastreederei Lenz & Co. KG
Herr Burkhard Lenz
D-18581 Putbus, OT Freetz
Tel.: +49 (0)38301/61896
Fax: +49 (0)38301/61874
Mobil: 0171/7748558
E-Mail: fgr.lenz@t-online.de
www.vilmexkursion.de

Nationalpark Jasmund

Von Petra Lindner

Im Nordosten von Mecklenburg-Vorpommern liegt auf der Insel Rügen der Nationalpark Jasmund auf der gleichnamigen Halbinsel zwischen Lohme im Norden und Sassnitz im Süden. Der kleinste Nationalpark Deutschlands umfasst eine Fläche von 3100 Hektar – der größte Teil, 2400 Hektar, ist von Wald bedeckt.

Zum Nationalpark gehört die Stubnitz, eine bewaldete Hügelkette überwiegend aus Kreidekalk nördlich von Sassnitz, von der ein erster Teil bereits 1929 unter Naturschutz gestellt wurde, bevor 1935 die gesamte Stubnitz geschützt wurde. Die Stubnitz erstreckt sich über mehr als sieben Kilometer Länge und ist bis zu vier Kilometer breit.

Das sichtbarste Wahrzeichen des Nationalparks sind die bekannten Kreidekliffs, die ihren höchsten Punkt mit 118 Metern am Königsstuhl erreichen.

Die Kreideküste gibt hier einen faszinierenden Einblick in die erdgeschichtliche Entwicklung über 70 Millionen Jahre und die Entstehung Rügens; die verschiedenen Schichten bestehen entgegen dem Namen nicht allein aus Kreide, sondern es finden sich auch Mergel, Sand, Findlinge und Lehm.

Vor etwa 70 Millionen Jahren, gegen Ende der Kreidezeit, existierte an der Stelle des heutigen Rügens noch ein flaches Schelfmeer, bevölkert von zahlreichen Lebewesen, unter anderem einzelligen Kalkalgen, deren Kalkskelette zusammen mit den Überresten anderer Lebewesen am Boden des Meeres Kalkschlammschichten bildeten, die sich mehr und mehr zu nahezu reinem Kalziumkarbonat verdichteten und die heute den Betrachter als imposante Kreidefelsen beeindrucken. Eingelagert in die Kreide sind Feuerstein und Schwefelkies bzw. Schwefeleisen.

Die starken Aktivitäten der Eiszeiten trugen ebenfalls dazu bei, das Gesicht des heutigen Rügens zu prägen. Die sich vorarbeitenden Gletscher schoben Schutt vor sich her; tauendes Eis lagerte Geschiebemergel ab, und das Krei-

Nationalpark Jasmund auf der Insel Rügen

Muffelwild bei Stubnitz

degebiet von Jasmund wurde von den Gletschern so „überrollt", dass die heute noch erkennbare „gefaltete" Struktur entstand. Die Vergletscherung endete vor circa 14.000 Jahren, vor etwa 6000 Jahren erreichte der Meeresspiegel sein heutiges Niveau. Nach Birken- und Kiefern- und in der Folge Eichenmischwäldern sind seit rund 2000 Jahren Buchen die überwiegend hier wachsenden Bäume. In früheren Jahrhunderten war Mitteleuropa großflächig von Buchenwäldern bedeckt – im Nationalpark Jasmund wird zumindest ein kleiner Teil dieses naturhistorischen Erbes vor weiterer Zerstörung bewahrt und zugleich das größte zusammenhängende Buchenwaldgebiet an der Ostseeküste geschützt. Die Buchen wachsen auf ganz unterschiedlichen Böden wie Kreide, Sand, Mergel oder Lehm; entsprechend vielfältig sind die Pflanzen der Krautschicht. Dominierend ist der baltische Waldgersten-Buchenwald; daneben gibt es auf Kreideuntergrund Orchideen-Kalkbuchenwald, an Bächen Eschen-Buchenwald. An den Kliffhängen der Steilküste finden sich noch Urwaldreste, da diese Gebiete stets forstwirtschaftlich ungenutzt blieben. Die UNESCO hat den Jasmunder Buchenwald als besonders schützenswert anerkannt und im Jahr 2011 493 Hektar im Osten des Nationalparks als Weltnaturerbe ausgewiesen.

Esche und Erle, die vorwiegend in Feuchtgebieten wachsen, sowie Fichte und Lärche sind weitere im Nationalpark beheimatete Baumarten, während an den Küstenabschnitten auch Ahorn, Ulme, rare Wildobstgehölze und die Eibe zu finden sind. Im Nationalpark, insbesondere im Waldgebiet der Stubitz, gibt es über hundert Moore, sogenannte Kesselmoore, und zahlreiche Bäche, die wie Gebirgsbäche gen Meer sprudeln, jedoch kaum Seen. Zu den in den Mooren heimischen Pflanzen zählen Sonnentau, Wollgräser, Riesenschachtelhalm und rare Moosarten sowie Schwarzerlen, während auf den Kalktrockenrasen der Küste unterschiedliche Orchideenarten wachsen.

An den sogenannten Blockstränden der Nordküste, die aus dem Abbruch der Steilküsten entstanden sind, ist die Salzvegetation bemerkenswert; hierzu zählen Meerkohl, Salzmiere, Salzbinse und Strand-Tausendgüldenkraut.

Die Buchenwälder beheimaten unter anderem gängige Wildarten wie Rothirsche und Rehe. Diese beiden Arten führen wegen ihrer Überpopulation und dem starken Verbiss zu einer drastischen Artenverarmung der Flora – so hat der Nationalpark das Ökosiegel FSC entzogen bekommen, weil er im Hinblick auf die viel zu hohen Wildbestände schlecht geführt wurde.

Aber auch Vögel wie der Zwergschnäpper fühlen sich hier zu Hause. 1000 verschiedene Käferarten tummeln sich im Holz; Seeadler bauen ihre Horste im Waldgebiet der Stubnitz, die blau schillernden Eisvögel stürzen sich auf Nahrungssuche in die Bäche, während Mehlschwalben die steil abfallenden Kreidekliffs bevorzugen. Neben Säugetieren und Vögeln bietet der Nationalpark Jasmund auch Reptilien und Amphibien sowie Insekten ein Refugium, darunter die nur selten anzutreffende Glattnatter, verschiedene Kröten- und Froscharten sowie Waldeidechsen und die Kreideeule, ein Nachtfalter, der sonst nirgendwo in Deutschland vorkommt. Und auch ein echter Gebirgsbewohner ist hier zu finden – der Alpenstrudelwurm tummelt sich in den Bächen des Nationalparks.

Von Anfang Mai bis Ende Oktober bietet die Nationalparkverwaltung täglich informative Führungen unter Leitung eines fachkundigen Rangers an, um Interessierten die Vielfalt und besondere Schutzwürdigkeit der Region nahezubringen. Wer den Nationalpark lieber auf eigene Faust erkunden möchte, findet zahlreiche Wander-, Rad- und Reitwege.

Über das „weiße Gold", das das Gesicht Rügens prägt, die Kreide, informiert das Kreidemuseum in Gummanz mit Kreidelehrpfad, Freilichtmuseum, Ausstellungen und Führungen.

Der Nationalpark ist mit dem Pkw aus Süden und Westen über die Autobahn A 20 erreichbar; ICE- und IC-Züge aus allen Regionen Deutschlands verkehren regelmäßig nach Rügen.

INFO

Nationalparkamt Vorpommern
Im Forst 5
D-18375 Born (Darß)
Tel.: +49 (0)38234/5020
Fax: +49 (0)38234/50224
E-Mail: poststelle@npa-vp.mvnet.de
www.nationalpark-jasmund.de

Kreidemuseum Gummanz
Gummanz 3a, D-18551 Sagard
Tel.: +49 (0)38302/56229
E-Mail: info@kreidemuseum.de
www.kreidemuseum.de

Nationalpark Vorpommersche Boddenlandschaft, Darß

Von Petra Lindner

Erlenwald in der Boddenlandschaft Darß

Im Jahr 1990 wurde im Rahmen des Nationalparkprogramms der kurz vor dem Ende stehenden DDR der Nationalpark Vorpommersche Boddenlandschaft zusammen mit 13 weiteren Landschaften auf dem Gebiet der damaligen DDR festgelegt.
Der Nationalpark liegt im nördlichsten Teil des Bundeslandes Mecklenburg-Vorpommern und erstreckt sich über die Halbinsel Darß-Zingst, die Insel Hiddensee und entlang der Westküste Rügens. Er umfasst eine Fläche von 805 Quadratkilometern, davon 118 Quadratkilometer Land- und 687 Quadratkilometer Wasserfläche sowie 371 Kilometer Küstenlinie. Von Norden nach Süden erstreckt sich der Nationalpark über 27 Kilometer von der 10-Meter-Tiefenlinie der Ostsee bis zur Darß-Zingster Boddenkette; von Westen nach Osten misst er 54 Kilometer vom Darß bis zur auf Rügen gelegenen Halbinsel Bug. Die Höhen reichen von –10 Meter bis 72,5 Meter in Dornbusch auf Hiddensee. Der Nationalpark ist

Buchenwald am Darß

der größte in Mecklenburg-Vorpommern und der drittgrößte in Deutschland.

Charakteristisch für den Nationalpark ist die Vielfalt der Landschaftstypen: Hier lassen sich Strände, Flach- und Steilküsten, Dünen, Windwatten, Wälder (vornehmlich Kiefern und Buchen sowie Erlenbrüche), Trockenrasen und Salzwiesen sowie Heiden und Röhrichte in dichter Nachbarschaft erleben.

Erdgeschichtlich ist das Gebiet des Nationalparks eine noch junge Region, da der größte Teil erst nach der letzten Eiszeit entstanden ist. Die ältesten Ablagerungen stammen aus dem Pommerschen Stadium der Weichselkaltzeit des Pleistozäns; im Zuge der Weichseleiszeit entstanden Grund- und Endmoränen. Vor etwa 7000 Jahren begann der Meeresspiegel zu steigen und führte zu starken Veränderungen der Küste – ein Prozess, der auch heutzutage noch nicht beendet ist und dafür sorgt, dass die Ostseeküste in diesem Gebiet einem stetigen Wandel unterworfen ist. Die eiszeitlichen Vorgänge prägten auch die Bodenbeschaffenheit: Verschiedene Sande wie Küsten-, Dünen- und Beckensande sind hier ebenso zu finden wie Geschiebemergel und Lehme; auf ihnen haben sich Roh- und Auflagehumusschichten gebildet. Klimatisch zählt das Nationalparkgebiet zum westlichen Küstenklima, das durch häufigere Niederschläge (jedoch nicht im direkten Küstenbereich), stärkere Westwinde und eine höhere Luftfeuchtigkeit gekennzeichnet ist als das östliche, das zum Beispiel im Osten Rügens zum Tragen kommt.

Die Region ist spätestens seit dem frühen Mittelalter besiedelt; im 12. Jahrhundert wurden größere Rodungen vorgenommen, doch bis ins 18. Jahrhundert sind noch größere Waldflächen als heute belegt, die damals häufig bis an die Boddenufer heranreichten. Im 19. Jahrhundert wurden Entwässerungsgräben und Deiche gebaut, mit Beginn des 20. Jahrhunderts setzte auch der Tourismus in der Region ein. Einen stark schädigenden Einfluss auf das Ökosystem hatte die industrielle Rindfleischproduktion der 1960er- und 1970er-Jahre durch das Einbringen von Gülle und

Darß, Weststrand

Abwasser; dennoch blieben naturnahe oder natürliche Flächen erhalten.

Rund 50 Prozent der Landfläche des Nationalparks sind waldbedeckt. Der größte Wald ist der Darßwald, der knapp 5000 Hektar umfasst; der nächstgrößere Wald ist der Osterwald auf dem Zingst, der sich über eine Fläche von etwa 800 Hektar erstreckt. Da die Standorte sehr unterschiedlich sind und von trocken bis nass reichen, sind auch die Wälder sehr variantenreich – dichte Buchenwälder sind hier neben jungen Wäldern im Anfangsstadium zu finden.

Im Pionierwald auf Sandböden finden sich als Nachfolger von Zwergstrauchheide und Magerrasen vorrangig als erste Baumart Kiefern, die mit wachsender Nährstoffanreicherung und dem damit einhergehenden Unterwuchs von Eichen und Rotbuchen abgelöst wird. Ein Zwischenwald findet sich beispielsweise als Eichen-Hainbuchenwälder auf Rügen im Ragower Holz. Im Klimax- oder Endstadium existieren reine Rotbuchenwälder und Eichenwälder dort, wo sich Rotbuchen aufgrund eines hohen Grundwasserspiegels nicht ansiedeln.

Mit seinem vielfältigen Baumbestand ist der Darßwald besonders schön; der größte Wald des Naturparks reicht im Westen bis ans Meer heran, ein Teil gehört zur Schutzzone I des Naturparks, derjenigen Zone, die vollständig sich selbst überlassen bleibt. Die frühere Nutzung als Weidefläche ist heute noch an den teilweise weit voneinander entfernt stehenden Bäumen zu erkennen; es wurde versucht, der Abholzung aus wirtschaftlichen Gründen mit dem Aufforsten durch schnell wachsende Nadelbäume entgegenzuwirken. Im Norden finden sich natürlich entstandene Kiefernwälder, in den Dünentälern Roterlen-Bruchwälder. Am schönen und von menschlichem Wirken unbeeinflussten Weststrand finden sich von Stürmen gefällte Bäume, die allein den Kräften der Natur überlassen bleiben und so einen Einblick in das Wirken der Natur ohne den Menschen geben.

Die zahlreichen verschiedenen Vegetationsformen im Naturpark bieten einer großen Vielzahl an Lebewesen Nahrung und Lebensraum. Bekannt ist der Naturpark insbesondere als Kranichrastplatz, denn im Herbst machen hier um die 60.000 Kraniche auf ihrem Weg in den Süden eine mehrwöchige Rast. Heimisch ist auch der Fischotter; gelegentlich werden auch Schweinswale vor der Küste gesichtet, die als in der Ostsee beinahe ausgestorben gelten.

Auf alten Buchen haben sich dank hoher Luftfeuchtigkeit viele Moosarten angesiedelt; ebenso bieten alte Bäume Fledermäusen und Brutvögeln ein geschütztes Obdach, so zum Beispiel dem Schwarzspecht und Hohltauben; außerdem sind Seeadler in den Wäldern heimisch. Der Pflanzenreichtum reicht von Unterwasser- und Süßwasservegetation über die Küstenflora bis hin zu Pflanzen des Waldes wie Wacholder, Körner-Steinbrech und Nelken-Sommerwurz.

Die begehbaren Teile des Nationalparks sind durch Rad-, Wander und Reitwege gut erschlossen; man kann sich in Eigenregie auf die garantiert erfolgreiche Suche nach schönen, stillen und spektakulären Orten und Plätzen machen, oder man nimmt teil an einer der vielfältigen Führungen unter unterschiedlichen Mottos, die die Nationalparkverwaltung regelmäßig anbietet.

Die Anreise erfolgt mit dem Pkw über Rostock über die A 20 und A 19 sowie die B 109 oder Richtung Stralsund über die A 20 und Bundesstraßen. Mit öffentlichen Verkehrsmitteln erreicht man den Nationalpark mit Regionalbahnverbindungen der Deutschen Bahn nach Rostock oder Stralsund und weiter mit Busverbindungen.

INFO

Nationalparkamt Vorpommersche Boddenlandschaft
Im Forst 5
D-18375 Born
Tel.: +49 (0)38234/502-0
Fax: +49 (0)38234/502-24
www.nationalpark-vorpommersche-boddenlandschaft.de
E-Mail: poststelle@nlp-vbl.de

Biosphärenreservat Mittelelbe, Steckby-Lödderitzer Forst

Von Petra Lindner

Das Biosphärenreservat Mittelelbe im Osten Sachsen-Anhalts zwischen Lutherstadt Wittenberg, Dessau-Roßlau, Magdeburg und Seehausen zieht sich über 303 Flusskilometer – zu ihm gehören die Elbe, die sie beiderseits flankierenden Auengebiete sowie die Mündungsgebiete der Flüsse Mulde, Saale, Schwarze Elster, Aland und Havel.

Grundlage für das Biosphärenreservat war der **Steckby-Lödderitzer Forst**, ein Naturschutzgebiet im heutigen Sachsen-Anhalt, das bereits 1929 zum Vogel- und Biberschutzgebiet erklärt und im November 1979 von der UNESCO als Biosphärenreservat anerkannt wurde. Schon damals galt es als das bedeutendste Auenwaldgebiet in Mitteleuropa und damit als besonders schützenswert. 1988 kamen Gebiete um Dessau und Wörlitz hinzu, 1990 wurden etwa 43.000 Hektar als Biosphärenreservat Mittlere Elbe ausgewiesen.

Nur in wenigen Gegenden finden sich noch naturnahe Flussläufe, zu sehr hat der Mensch im Laufe der Jahrhunderte vor allem aus wirtschaftlichen Gründen mit Eindeichungen und Begradigungen in die Wasserwege eingegriffen und das alte Landschaftsbild signifikant verändert. Umso schützenswerter sind Regionen wie die Auenlandschaften der Elbe, die weitgehend unbeschadet die letzten Jahrhunderte überstanden haben und sich heute noch als charakteristisches Auengebiet präsentieren – mit Flussläufen, Überflutungsflächen und Flutrinnen, die mit Fug und Recht als naturnah bezeichnet werden dürfen. Typisch für solche Auenlandschaften ist das Wechselspiel zwischen Überflutungen und dem Trockenfallen der an den Fluss angrenzenden Niederungen mit einer diesen Veränderungen angepassten Vegetation – Pflanzen, die mit diesem Wechsel nicht zurechtkommen, werden auf Dauer verdrängt, und diejenigen, die sich hier ansiedeln, nutzen das reiche Nährstoffangebot der Böden, das das Resultat der regelmäßigen Überflutungen ist. Auf Untergründen, die in der Vegetationsphase zwischen 60 und 180 Tagen von Hochwasser bedeckt sind – den sogenannten Rohböden, die noch kaum einer Verwitterung unterlegen waren –, haben sich Weichholzauenwälder entwickelt, in denen als typische Bäume Schwarzpappeln und Weiden wachsen. Flächen, die maximal 60 Tage überflutet werden, zeigen demgegenüber auf einer Lehmschicht Hartholzauenwälder; im Biosphärenreservat Mittelelbe dominieren Ulme, Stieleiche und Esche sowie Wildapfel und Wildbirne. Viele der Bäume haben in ein bis zwei Meter Höhe Rindenbeschädigungen. Diese stammen oft vom Treibeis, das bei Winterhochwässern gegen die Stämme prallt.

Zwar wurden die Wälder im Laufe der letzten Jahrhunderte auch vom Menschen genutzt, dennoch konnte sich ein weitgehend naturnahes Waldgebiet mit verschiedenen Baumschichten erhalten. Ein großes Angebot von Alt- und Totholz bietet zahlreichen Lebewesen reiche Nahrung: Unter anderem Insekten und Pilze ernähren sich von dem Holz in unterschiedlichen Zerfallsstadien; insbesondere Pilze sorgen

Der Auwald im Biosphärenreservat

für Nährstoffe, die wiederum dem Boden zugutekommen.

Charakteristisches Tier der Region ist der Elbebiber, das größte Nagetier Europas, der gleichzeitig das Symboltier des Biosphärenreservats ist und der, nachdem er vom Aussterben bedroht war, hier wieder in vielen Gewässern lebt. Auch Seeadler sind in dem Gebiet heimisch, ebenso mehr als 100 Brutvogelarten. Verschiedene Fledermausarten, Mittelspecht und Rotmilan bevölkern die Hartholzwälder und viele gefährdete Pflanzenarten finden im Biosphärenreservat und insbesondere in den Totalreservaten des Steckby-Lödderitzer Forstes gute Lebensbedingungen, darunter die Sibirische Schwertlilie, das Nordische Labkraut oder die Wassernuss.

Zum Biosphärenreservat Mittelelbe zählt auch das bekannte Gartenreich Dessau-Wörlitz mit einer Fläche von 142 Quadratkilometern; es handelt sich nicht um eine Landschaft, die weitgehend sich selbst überlassen wurde, sondern zeigt deutlich die Spuren menschlicher Eingriffe. Fürst Leopold II. Friedrich Franz von Anhalt-Dessau gestaltete im 18. Jahrhundert eine Kulturlandschaft, die dennoch die natürliche Schönheit im Blick behalten sollte. Als Ergebnis finden sich hier heute noch beeindruckende alte Eichen als Solitärbäume; das älteste Exemplar ist etwa 650 Jahre alt und besitzt einen Stammdurchmesser von über zwei Metern. Die alten Eichen sind vor allem besiedelt von verschiedenen Käferarten, die noch aus der Zeit stammen, als die Wälder richtige Urwälder waren – Hirschkäfer, Eremit oder Holdbock, der in diesem Gebiet in Europa am verbreitetsten ist.

Das Biosphärenreservat bietet gezielte Naturbeobachtungen: Es gibt verschiedene Vogelbeobachtungspunkte sowie eine Biberfreianlage.

Das Biosphärenreservat Mittelelbe ist über die Autobahnen A 9 Richtung Dessau oder Lutherstadt Wittenberg und die A 2 und A 14 Richtung Magdeburg sowie verschiedene Bundesstraßen zu erreichen, ebenso fährt die Deutsche Bahn die Städte im Einzugsgebiet des Reservats regelmäßig an.

INFO

Biosphärenreservatsverwaltung Mittelelbe
Postfach 1382
D-06813 Dessau-Roßlau
Tel.: +49 (0)34904/4210
Fax: +49 (0)34904/42121
E-Mail: poststelle@bioresme.mlu.sachsen-anhalt.de
www.mittelelbe.com
www.gartenreich.net

Porträt

Von Ewald Lindner

Der Biber

Der Biber ist mit rund 120 bis 150 Zentimeter Länge und einem Gewicht von etwa 30 bis 40 Kilogramm Europas größtes Nagetier. Meist nur nachts fällen sie Bäume und bauen ihre Staudämme. Mit etwas Glück kann man aber Biber auch tagsüber beobachten. Sie hinterlassen eindeutige Spuren ihrer Anwesenheit. Angenagte Bäume und Äste sowie die Stümpfe von gefällten Bäumen entlang des aufzustauenden Gewässers sowie mächtige „Burgen" aus Stämmen und Ästen zeugen davon. Meist sind es Weiden und Erlen, die dem Nager zum Opfer fallen. Doch sie richten keine allzu großen Schäden an, da sie recht große Reviere für eine Familie beanspruchen. Der Biber trägt so auch zur Verjüngung der Auwälder entlang der Flussufer bei. Die Staudämme und Burgen sind meist ein ineinander übergehendes Geflecht aus Bäumen, Ästen, Schilf und Wurzeln. Der Eingang zur Burg liegt meist unter Wasser, doch die „Wohnräume" in der Burg liegen über dem Wasserspiegel. Mit dem Bau dieser Burgen und Staudämme schafft der Biber natürliche Rückhaltebecken und trägt so auch zum Hochwasserschutz bei.

Die Auenbereiche des Biosphärenreservats Mittelelbe bieten dem Biber einen idealen Lebensraum. Jahrhunderte der Verfolgung brachten ihn an den Rand des Aussterbens. Ab den 1950er-Jahren konnten sich die letzten Bestände, die an der Mittleren Elbe überlebt hatten, wieder erholen und ihren angestammten Lebensraum zurückgewinnen. Heute ist der Bestand in Deutschland auf rund 8000 bis 9000 Tiere angewachsen. Davon leben etwa 1200 Tiere im Biosphärenreservat Mittelelbe. Um die Möglichkeit der Beobachtung in seinem natürlichen Lebensraum und in seinem Wohnkessel zu geben, wurde zusammen mit dem Förder- und Landschaftspflegeverein „Mittelelbe" e.V. eine heute etwa 20.000 Quadratmeter große Biberfreianlage geschaffen.

Nach einer Tragezeit von 105 Tagen werden die Jungen geboren. Bei ihrer Geburt wiegen die Jungen etwa 500 bis 600 Gramm. Sie werden rund acht Wochen gesäugt und können schon nach wenigen Wochen die von den Eltern herangeschafften Pflanzen fressen. Nach fünf Wochen verlassen die Jungen den Bau. Sie bleiben rund zwei Jahre bei ihren Eltern. Danach müssen sie sich ein eigenes Revier suchen.

Biosphärenreservat Schorfheide-Chorin mit Buchenwald Grumsin

Von Petra Lindner

Vor 10.000 bis 15.000 Jahren schmolzen die Gletscher der letzten Eiszeit, der sogenannten Weichselvereisung, auf dem Gebiet des heutigen Biosphärenreservats Schorfheide-Chorin. Das, was sie hinterließen, ist heute als glaziale Landschaft zu bewundern – in Nord-Süd-Richtung erstrecken sich Grundmoränen, Endmoränen, Sander und Urstromtäler und bilden damit ein Beispiel für die norddeutsche Jungmoränenlandschaft.

Die Bodenbeschaffenheit variiert mit den eiszeitlichen Bodentypen. Während sich auf Grundmoränen unter anderem Tieflehm, Sandbraunerden, Fahlerden und Parabraunerden finden, sind die Endmoränen durch Sande, Lehme und Braunerden mit wechselndem Kalkanteil geprägt. Geschiebemergel zeigt sich auf den Kuppen, podsolige Braunerden auf Sanderflächen.

So präsentiert sich das Gesicht des Biosphärenreservats Schorfheide-Chorin oberhalb dieser Böden vielfältig – Wälder, Seen und offene Landschaften bieten reizvolle Aus- und Einblicke. Es liegt rund 75 Kilometer nordöstlich von Berlin im Land Brandenburg in den vier Landkreisen Barnim, Oberhavel, Uckermark und Märkisch-Oderland zwischen den Städten Templin, Prenzlau, Angermünde und Eberswalde.

Gegründet wurde das Biosphärenreservat im Jahr 1990, es umfasst eine Gesamtfläche von 129.161 Hektar, ist damit die zweitgrößte Nationale Naturlandschaft Brandenburgs und befindet sich auf einer Höhe von 0 bis 140 Metern über N.N. 590 Hektar des Gebietes sind als UNESCO-Naturwelterbe-Gebiet ausgewiesen. Knapp 51 Prozent der Reservatfläche, 653 Quadratkilometer, sind Waldgebiete.

Das Klima im Biosphärenreservat variiert mit der Lage: Während der Osten sich durch ein ausgeprägt subkontinentales Klima mit früh einsetzendem Frühjahr, heißen, trockenen Sommern und kalten Wintern sowie einer jährlichen Niederschlagsmenge zwischen 500 und 560 Millimetern auszeichnet, weisen die wald- und seenreichen Endmoränengebiete höhere Niederschlagsmengen auf; in den Randregionen der Odertalniederung fallen weniger als 500 Millimeter Niederschlag pro Jahr.

Das Biosphärenreservat besitzt einen großen Artenreichtum; über 1000 Pflanzenarten (auch fleischfressende Sonnentau-Arten), von denen 145 auf der Roten Liste Deutschlands stehen, sind hier ebenso beheimatet wie zahlreiche Tierarten. Aufgrund des Wasserreichtums – zahlreiche Seen, Kleingewässer und Moore prägen das Antlitz des Reservats – fühlen sich Biber und Fischotter hier zu Hause, ebenso die selten gewordenen Europäischen Sumpfschildkröten, die nur noch hier in Brandenburg zu finden sind, Rotbauchunken, Laubfrösche und Fische wie Steinbeißer, Schmerle, Bitterling oder Große und Kleine Maräne. Doch auch in den Lüften tummeln sich zahlreiche Lebewesen: Über 2000 Insektenarten, von denen einige als in Brandenburg ausgestorben oder verschollen galten, 16 von insgesamt 22 in Deutschland beheimateten Fledermausarten wie der Kleine Abendsegler, das Große Mausohr oder die Bechsteinfledermaus sind hier anzutreffen; Schwarzstorch, Wiedehopf, Ziegenmelker, Kornweihe, Wiesenweihe, Raubwürger, Fischadler, Wanderfalke oder Blaukehlchen zeugen von der Vielfalt der Vogelwelt, und nicht zuletzt gilt das Biosphärenreservat als wichtige Kranich-Brutstätte – mehr als 300 Kranichpaare nutzen die Region,

Fischadler mit Beute

um ihre Jungen aufzuziehen. Innerhalb des Biosphärenreservats unterliegen einige Bereiche einem besonderen Schutz, so das 463 Hektar große **Naturwaldreservat Kienhorst** (= 0,35 Prozent der Gesamtfläche des Biosphärenreservats). Ein weiteres Schutzgebiet ist ein kleiner Kiefern-Traubeneichenwald, der 1999 als Naturwaldreservat ausgewiesen wurde und sich durch eine Vielfalt der Altersklassen der Bäume, die zum Teil älter als 200 Jahre sind, auszeichnet und einen Rest des ehemals von Menschen verbreiteten Beerenkraut-Kiefernwaldes darstellt. Neben der Gemeinen Kiefer mit imposanten Exemplaren wachsen hier Traubeneiche und Eberesche. Die Köllnseen, Krummer, Runder und Langer Köllnsee, liegen ebenso auf dem Gebiet des Kienhorstes und prägen sein Gesicht.

Das **Naturschutzgebiet Plagefenn** liegt im östlichen Teil des Biosphärenreservats Schorfheide-Chorin, nordöstlich von Eberswalde und südöstlich von Angermünde. Hier wird eine besondere Moorlandschaft geschützt, die sich um den Kleinen und den Großen Plagesee erstreckt.

Sumpferlenwald im Plagefenn

Schon zu Beginn des 20. Jahrhunderts machte sich der Forstmeister Max Kienitz dafür stark, das Gebiet zu schützen. Mit Erfolg: 1907 wurden 177 Hektar unter Naturschutz gestellt; damit war das erste Naturschutzgebiet in Norddeutschland entstanden. Ziel war es damals wie heute, ein Verlandungsgewässer, das charakteristisch für den Norden der Mark Brandenburg ist, mit einem Hochmoor-Verlandungskomplex vor der Nutzung, schlimmer noch der Zerstörung durch den Menschen zu bewahren.

1990 wurde das Biosphärenreservat Schorfheide-Chorin gegründet, auf dessen Gebiet sich auch das Plagefenn befindet. Das Areal wurde im Zuge dessen von den ursprünglichen 177 Hektar unter der Bezeichnung Choriner Endmoräne auf über 1000 Hektar erweitert, ein größerer Teil davon weiterhin unter dem Namen Plagefenn als Kernzone von 275 Hektar als Totalreservat (= 0,21 Prozent der Gesamtfläche des Biosphärenreservats). Nur in diesem Bereich bleibt die Natur vollkommen unberührt von menschlichen Eingriffen und kann sich so ungehindert entfalten.

Das Gebiet des Plagefenns entstand wie die übrige Brandenburger Landschaft im Zuge der letzten Eiszeit und zeigt die „glaziale Serie" mit Grund- und Endmoräne, Sander und Urstromtal. Aus den eiszeitlichen Gletscherbewegungen entwickelte sich ein Binneneinzugsgebiet rund um den Großen und den Kleinen Plagesee. Beide Seen, vor einigen Jahrhunderten noch verbunden, heute voneinander getrennt, verfügen weder über Zu- noch über Abflüsse, sondern speisen sich aus dem Moor.

Im Buchenwald Grumsin

Im Juni 2011 erklärte die UNESCO den **Buchenwald Grumsin**, ein über zwei Jahrzehnte nicht mehr bewirtschaftetes Waldgebiet im Osten des Biosphärenreservats, zwischen den Städten Angermün-

de und Joachimsthal gelegen, zum Weltnaturerbe. Damit wird ein Überrest der ausgedehnten Buchenwälder, die in der Vergangenheit große Flächen Mitteleuropas bedeckten, unter einen besonderen Schutz gestellt. Durch die fehlende Nutzung konnte sich in diesem Gebiet ein hoher Altholzanteil entwickeln, der zahlreichen Lebewesen Nahrung bietet; charakteristische Baumarten in dem durch Kleingewässer und Moore geprägten Schutzgebiet sind Rotbuchen, Stieleichen, Hainbuchen sowie an nassen Standorten Erlen.

Ab dem 17. Jahrhundert wurde das Gebiet zunehmend land- und forstwirtschaftlich genutzt mit der Folge, dass die Wälder durch Beweidung gelichtet wurden und der Brennholzgewinnung dienten.

Das Klima in der Region ist subkontinental geprägt, mit Niederschlägen von durchschnittlich über 550 Millimeter im Jahr und relativ geringen Niederschlags-

EXKURSION

Ein **Biosphärenreservat** ist eine von der UNESCO anerkannte Region, in der nachhaltige Entwicklung in ökologischer, ökonomischer und sozialer Hinsicht verwirklicht werden soll. Biosphärenreservate sind zwar auch Schutzgebiete, das heißt, sie schützen die Biodiversität, die Vielfalt der Arten, der Ökosysteme, ihre Funktionen und die genetischen Ressourcen. Dieser Schutz soll aber mit und durch die wirtschaftliche Nutzung durch den Menschen erreicht werden, was sich aber langfristig oft als schwierig, wenn nicht sogar unmöglich erweist, da der Mensch sich selbst nicht an seine eigenen Regeln hält und immer wieder Zugeständnisse an Land- und Forstwirtschaft sowie die Anforderungen der Industrie gemacht werden. Oft ist auch bei den Landesregierungen der gute Wille vorhanden, aber die erforderlichen Mittel können dauerhaft nicht bereitgestellt werden, um den vereinbarten Mindestschutz einzuhalten.

Alle Biosphärenreservate der UNESCO bilden ein globales Netzwerk für den Austausch von Wissen und sind Bezugspunkte für Forschung, Umweltbeobachtung und Bildung. Die UNESCO, genauer ihr MAB-Programm (Man and the Biosphere Programme = Mensch und Biosphäre) beziehungsweise der Internationale Koordinierungsrat von MAB, zeichnet Gebiete als Biosphärenreservate aus, die in globalem Maßstab stellvertretend für ein einzigartiges Ökosystem oder eine bedeutsame Kulturlandschaft stehen. Die Anerkennung durch die UNESCO wird nur dann vergeben, wenn die Bewohner eines Biosphärenreservats das Konzept der Nachhaltigkeit unterstützen. Doch diese Nachhaltigkeit bezieht sich in erster Linie auf die nachhaltige Nutzung der Gebiete durch den Menschen. Wenn also beispielsweise über Jahrhunderte der Wald gerodet und als Viehweide genutzt wurde und dabei eine baumlose, karge Heidelandschaft mit hartblättrigen Sträuchern und Koniferen und einer eigenen Fauna entstand, so wird diese Landschaft nun zum Biosphärenreservat erklärt und weiterhin jeder Baumwuchs durch die Beweidung mit Schafen unterdrückt. Der ursprüngliche Laubmischwald wird hier kaum noch eine Chance haben.

Der Schutz der Wälder findet durch die wirtschaftliche Nutzung in den Biosphärenreservaten meist nur in sehr geringem Umfang statt, weil hier zunächst einmal die Ist-Zustände als „schützenswert" festgeschrieben werden. Dabei wird nur allzu oft außer Acht gelassen, wie die ursprüngliche Natur vor der land- und forstwirtschaftlichen Nutzung ausgesehen hat. Somit verhindern Biosphärenreservate meist die Wiederherstellung und Renaturierung ursprünglicher Waldgebiete, das heißt die Einrichtung von Naturwaldreservaten und Bannwäldern. Echte Schutzgebiete sind hier meist nur in ganz geringem Umfang vorhanden. Biosphärenreservate sind also genau genommen eher Waldschutzverhinderer als Waldschützer. Hier wird etwas geschützt, was der Mensch bereits zerstört hat und was sich dort aufgrund veränderter Bedingungen angesiedelt hat und nun als „natürlich" angesehen wird. Wirklich natürlich ist aber in Mitteleuropa überwiegend der Laubmischwald, der zu über 70 Prozent aus Buchen besteht.

mengen in den Sommermonaten. Die zunehmend rückläufigen Niederschlagsmengen, auch verursacht durch den klimatischen Wandel, tragen zu einer fortschreitenden Austrocknung bei, der mit dem Stauen einiger Gräben entgegengewirkt werden sollte.

Menschlicher Einfluss prägte auch die Vegetation; insbesondere im 18. und 19. Jahrhundert wurden Kiefern angepflanzt, ebenso Birken und Fichten. Erfreulicherweise gewinnt heute allmählich die Rotbuche gegenüber Fichte und Kiefer die Oberhand und bildet mit Ahorn und Traubeneiche nach und nach Laubbaumwälder. Insgesamt können knapp zwei Drittel des Naturschutzgebiets Plagefenn als naturnahe Biotope bezeichnet werden; hierzu zählen Buchen- und Erlen-Eschenwälder sowie Bruch- und Moorwälder, mit der Buche als häufigster und der Schwarzerle als zweithäufigster Baumart.

Die verschiedenen Lebensräume von Gewässern, Mooren, Bruchwäldern und Röhrichten auf relativ kleinem Raum bieten einer vielfältigen Fauna und Flora gute Möglichkeiten, sich zu entfalten. So fühlen sich Eisvogel, Fischotter und Europäischer Hecht, Trauerseeschwalbe und Flußseeschwalbe, Laubfrosch, Rotbauchunke, Rohrdommel, Blaukehlchen und Kleines Sumpfhuhn hier wohl.

Am Großen Plagesee befindet sich ein Kranichschlafplatz, an dem sich im Oktober bis zu 1000 Tiere einfinden können; auch Grau-, Saat- und Blessgänse nutzen den See als Schlafplatz. Daneben tummeln sich im Naturschutzgebiet verschiedene Spechtarten – selbst der als in Norddeutschland ausgestorben geltende Weißrückenspecht wird hier wieder vermutet –, Seeschwalben und Möwen oder

Möglichkeiten zur Naturerfahrung bietet, so zum Beispiel den Schorfheide-Rundweg im Südwesten mit einer Länge von 66 Kilometern oder den nur unwesentlich kürzeren Choriner Rundweg im Südosten.

Einen guten Einstieg in das Biosphärenreservat bietet das Hauptinformationszentrum, die Blumberger Mühle des NABU. Das einem hohlen Baumstumpf nachempfundene Gebäude bietet einen interessanten Einblick in die Vielfalt des Reservats, bevor man sich auf geführten Touren auf die Erkundung begibt.

Das Biosphärenreservat ist aus Richtung Berlin über die Autobahn A 11 gut zu erreichen; die Städte Angermünde, Templin, Eberswalde und Prenzlau werden durch Regionalbahnverbindungen der Deutschen Bahn erschlossen.

die Schellente, die in Baumhöhlen der Bruchwälder nistet. Neben der tierischen Artenvielfalt bietet das Plagefenn auch selten gewordenen Pflanzen noch einen Raum, so beispielsweise dem in Brandenburg vom Aussterben bedrohten Zierlichen Wollgras oder der stark gefährdeten Blasenbinse.

Das Totalreservat darf nicht betreten werden; möglich sind aber Wanderungen am Rande des Plagefenns, die bereits einen guten Einblick in die vielfältige Moorlandschaft gewähren. Die Naturwacht Chorin bietet naturkundliche Wanderungen im Naturschutzgebiet an, auf denen man viel Wissenswertes über diesen besonderen Lebensraum und seine Schutzwürdigkeit erfährt.

Einen Besuch wert ist auch das ganz in der Nähe des Naturschutzgebietes gelegene Ökodorf Brodowin. Der im Jahr 1991 gegründete Verein Ökodorf Brodowin e.V. ist bestrebt, unter anderem Naturschutz und ökologischen Landbau zu fördern. So kommt es nicht von ungefähr, dass hier nach den besonders strengen Richtlinien des Demeter-Verbandes ökologische Produkte angebaut werden, die man im Hofladen oder auch im Onlineshop erwerben kann. Sehenswert ist ebenfalls das ehemalige Zisterzienserkloster Chorin, dessen Mönche im Mittelalter einen entscheidenden Beitrag zur Beeinflussung der Landschaft leisteten.

Das Naturschutzgebiet ist mit dem Pkw über die Autobahn A 11 von Berlin Richtung Eberswalde und weiter über Bundesstraßen in Richtung Chorin gut zu erreichen; die Deutsche Bahn fährt Eberswalde regelmäßig an, von dort besteht eine Busverbindung nach Brodowin und Chorin.

Das Weltnaturerbe kann man, da es unter besonderem Schutz steht, nur bei geführten Wanderungen auf einem rund sechs Kilometer langen Weg erleben, während das gesamte Biosphärenreservat Schorfheide-Chorin vielfältige

INFO

NABU-Erlebniszentrum „Blumberger Mühle“
Blumberger Mühle 2, D-16278 Angermünde
Tel.: +49 (0)3331/26040
www.blumberger-muehle.de
www.natur-schau-spiel.com/de/besucher-zentren/blumbergermuehle.html
Öffnungszeiten: April–Oktober:
Mo–Fr 9–18 Uhr, Sa–So 9–19 Uhr
November–März: Mo–Fr nach Anmeldung,
Sa–So 10–16 Uhr

Schorfheide-Info Joachimsthal
Töperstraße 1, D-16247 Joachimsthal
Tel.: +49 (0)33361/63380
E-Mail: br-joachimsthal @ web.de
www.schorfheide-chorin.de

Biosphärenreservat Schorfheide-Chorin
Hoher Steinweg 5–6, D-16278 Angermünde
Tel.: +49 (0)3331/36540
Fax: +49 (0)3331/365410
E-Mail: br-schorfheide-chorin@
lua.brandenburg.de
www.schorfheide-chorin.de

Von Petra Lindner

„Heilige Hallen" im Naturpark Feldberger Seenlandschaft und Müritz-Nationalpark

Serrahner Buchenwald im Müritz-Nationalpark

Die erhabene Schönheit der gewaltigen geraden, hoch aufstrebenden Buchen war es, die um 1850 den Großherzog Georg von Mecklenburg-Strelitz so faszinierte, dass er bestimmte, dieses wunderbare Stück Natur solle für immer geschützt werden. Die Ähnlichkeit der Baumstämme mit den Säulen einer gotischen Kathedrale gab dem Waldgebiet den Namen „Heilige Hallen".

Mit der frühen Honorierung durch den Großherzog sind die **Heiligen Hallen** das deutsche Waldreservat, das als ältester Buchenwald Deutschlands gilt und das seit 1938 auch Naturschutzgebiet ist.

Die ursprüngliche Fläche des im Bundesland Mecklenburg-Vorpommern im Kreis Mecklenburg-Strelitz in der Nähe von Lüttenhagen und vier Kilometer westlich von Feldberg gelegenen Waldgebiets betrug 25 Hektar; später wurde die Fläche auf knapp 66 Hektar erweitert.

Die hier beheimateten Bäume sind zum Großteil mehrere Hundert Jahre alt, manche über 350 Jahre, und einige erreichen Ausmaße von über 50 Metern Höhe und einem Durchmesser von mehr als einem Meter.

Im 21. Jahrhundert befindet sich der Wald in einer Verjüngungsphase; das daher umfangreich vorhandene Totholz bietet zahlreichen Lebewesen wie Vögeln, darunter Kleiber und Mittelspecht, Insekten und Pilzen Nahrung und Obdach. Auch Fledermäuse finden in den vielfach vorhandenen Höhlen gute Bedingungen, um sich ungestört zu vermehren.

Der Buchenbestand besteht zum größten Teil aus Rotbuchen, doch es gibt auch einige Hainbuchenexemplare; im Waldgebiet finden sich auch einzelne sogenannte Kesselmoore, eine Moorart, die sich in Senken oder Toteislöchern als Relikte der Eiszeit ohne natürlichen Abfluss bildet.

Der Wald selbst darf zwar nicht betreten werden, sodass sich die Natur ungestört entfalten kann; die beeindruckenden Bäume können aber von einem Weg entlang des Waldes bewundert werden. Geführte Wanderungen werden im Sommer zu festen Terminen von Naturpark und Forstamt durchgeführt; zusätzlich werden auf Anfrage Gruppenführungen organisiert.

Eingebettet sind die Heiligen Hallen in den größeren, etwa 340 Quadratkilometer umfassenden **Naturpark Feldberger Seenlandschaft**, im Süden Mecklenburg-Vorpommerns zwischen den Städten Neustrelitz, Fürstenberg und Woldegk gelegen. Um die 40 Prozent der Naturparkfläche sind waldbedeckt; neben den Heiligen Hallen gibt es im Naturpark weitere 14 Naturschutzgebiete.

Die Landschaft zeigt eindrucksvoll die eiszeitlichen Phasen und ihre Auswirkungen. Die

Weichseleiszeit setzte vor rund 115.000 Jahren ein; vor etwa 15.000 Jahren entstanden die Endmoränen. Die Feldberger Seenlandschaft ist auch Teil des Geoparks Mecklenburgische Eiszeitlandschaft. Wer mehr über das eiszeitliche Geschehen erfahren will, kann sich auf dem Eiszeitlehrpfad und im Eiszeiterlebniszentrum Wittenhagen detailliert informieren.

Im Jahr 1990 wurde, noch im Rahmen des Nationalparkprogramms der DDR, unter dem Namen „Naturpark Feldberger-Lychener Seenlandschaft“ auf den Gebieten der Länder Brandenburg und Mecklenburg-Vorpommern eine Fläche als Nationalpark ausgewiesen, die später in die Naturparks „Uckermärkische Seen“ in Brandenburg und „Feldberger Seenlandschaft“ in Mecklenburg-Vorpommern aufgeteilt wurde und 1997 endgültig den Status als Naturpark erhielt.

Insbesondere auf den Sandergebieten sind noch die von Menschen aus wirtschaftlichen Gründen angepflanzten Kiefernwälder dominierend, doch die Bestrebungen des heutigen Naturschutzes gehen dahin, die von Laubwäldern bedeckten Flächen wieder zu vergrößern.

Seltene Tierarten fühlen sich hier zu Hause, zum Beispiel Weißstorch, Fischotter, Laubfrosch, Schwarzstorch, Große Flussmuschel und Biber, und große Gänseschwärme machen auf ihren Zugrouten regelmäßig gern Rast hier. Auch der Schreiadler ist hier heimisch; der Raubvogel bevorzugt alte Laubwaldbestände mit feuchten Arealen, benötigt aber auch Wiesen für die Nahrungssuche.

Neben der reichen Tierwelt ist die Feldberger Seenlandschaft auch Heimat seltener Pflanzen, darunter das Breitblättrige Knabenkraut und zehn weitere Orchideenarten. Auch im Frühjahr, bevor die Bäume das erste Laub tragen, entfaltet sich ein Naturschauspiel, wenn zu ihren Füßen eine wahre Blütenpracht von Waldblumen den Boden bedeckt.

Das Klima in der Feldberger Seenlandschaft weist sowohl kontinentale als auch maritime Einflüsse auf, mit stärkerem Windaufkommen in höheren und Dunstbildung in niedrigeren Lagen. Der Juli ist mit gut 17 Grad der wärmste, der Januar mit knapp unter 0 Grad der kälteste Monat des Jahres. Im Jahresmittel fallen monatlich durchschnittlich 50 Millimeter Niederschlag, mit dem Juni als niederschlagsreichstem Monat.

Rund sechs Kilometer südwestlich der Heiligen Hallen beginnt auch der **Müritz-Nationalpark**, der für Naturfreunde viele Sehenswürdigkeiten bereithält. Da dieser Nationalpark überwiegend aus Seen- und Moorlandschaft besteht, wird er hier nicht näher beschrieben, obwohl auch hier viele kleinere schützenswerte Waldgebiete wie die Buchenwälder um die Ortschaft Serrahn zu finden sind. Im Teilgebiet Serrahn des Müritz-Nationalparks hat sich inmitten der ausgedehnten Wald- und Seenlandschaft ein alter Buchenwald erhalten, der erahnen lässt, wie die Wälder Deutschlands einst ausgesehen haben. Schon seit über 50 Jahren hat der Mensch den Wald hier nicht mehr forstwirtschaftlich genutzt, und so werden die ursprünglichen Entwicklungszyklen von Buchenwäldern wieder eindrucksvoll erlebbar.

Der Naturpark Feldberger Seenlandschaft ist mit dem Auto über die Bundesstraßen B 96 und B 198 und Landstraßen zu erreichen. Die Anreise mit der Bahn erfolgt bis Neustrelitz; von dort besteht ein Linienbusverkehr bis Feldberg.

„Heilige Hallen“ im Naturpark Feldberger Seenlandschaft

INFO

Naturpark Feldberger Seenlandschaft
Strelitzer Straße 42
D-17258 Feldberger Seenlandschaft
Tel.: +49 (0)39831/5278-0
www.naturpark-feldberger-seenlandschaft.de

Waldmuseum „Lütt Holthus“
Forsthof 2, OT Lüttenhagen
D-17258 Feldberger Seenlandschaft
Tel.: +49 (0)39831/591 25
Fax: +49 (0)39831/591-29
E-Mail: waldmuseum@luett-holthus.de

Forstamt Lüttenhagen
Forsthof 1, OT Lüttenhagen
D-17258 Feldberger Seenlandschaft
Tel.: +49 (0)39831/591-25
Fax: +49 (0)39831/591-29
E-Mail: luettenhagen@lfoa-mv.de
www.luettenhagen.wald-mv.de

Geopark Mecklenburgische Eiszeitlandschaft
Geopark-Informationszentrum
Seestraße 7a
D-17033 Neubrandenburg
Tel.: +49 (0)395/5683433
Fax: +49 (0)395/5693434
E-Mail: info@eiszeitgeopark.de
www.eiszeit-geopark.de

Müritz-Nationalpark
Schlossplatz 3
D-17237 Hohenzieritz
Tel.: +49 (0)39824/2520
www.mueritz-nationalpark.de

Von Petra Lindner

Biosphärenreservat Spreewald

Rund 100 Kilometer südlich der Bundeshauptstadt Berlin und wenige Kilometer westlich von Cottbus im Bundesland Brandenburg in den Landkreisen Oberspreewald-Lausitz, Dahme-Spreewald und Spree-Neiße findet sich ein ganz besonderes und einzigartiges Stück Natur: Der Spreewald ist ein faszinierendes Gebiet aus zahllosen Wasserläufen, sowohl natürlich entstanden als auch künstlich angelegt, kleinteiligen Ackerflächen, flachen Feuchtgebieten und naturnahen Niederungswäldern, die der Region ihren Namen verliehen.

Das Biosphärenreservat wurde am 1. Oktober 1990 gegründet und am 11. April 1991 durch die UNECSO anerkannt. Es besitzt eine Größe von knapp 475 Quadratkilometern, davon sind rund 130 Quadratkilometer oder knapp 28 Prozent von Wald bedeckt. Der Spreewald ist ein Beispiel für die norddeutsche Altmoränenlandschaft mit Feucht- und Nasswiesen sowie Bruch- und Auenwäldern; das Fließwassernetz erstreckt sich auf über 1550 Kilometer. Das Biosphärenreservat am Mittellauf der Spree hat eine Länge von etwa 55 Kilometern und ist maximal 15 Kilometer breit.

Das Gebiet des heutigen Spreewalds begann sich zum Ende der letzten Eiszeit vor etwa 10.000 Jahren zu entwickeln. Mit steigenden Temperaturen taute das Eis ab, die Spree fächerte sich in ein kleinteiliges Fließgewässernetz auf und bildete ein Binnendelta. Infolge zahlreicher Überflutungen entstanden aus dem Laub der Bäume im Laufe der Zeit die Moorböden.

Erste Besiedlungen werden auf die Bronzezeit datiert; aus bislang nicht geklärten Gründen wurde die Bewirtschaftung um das Jahr null herum wieder eingestellt, und Wälder eroberten sich die gerodeten Flächen zurück. Eine erneute Besiedlung ist erst für das Mittelalter ab dem 11. Jahrhundert belegt, jedoch nur am Rande des Spreewalds.

Erst mit dem 18. Jahrhundert begann der Mensch, umfassender in die Natur einzugreifen, indem Entwässerungskanäle gezogen wurden, um so das Land für den Ackerbau nutzbar zu machen.

Im Biosphärenreservat Spreewald werden die Niederungswälder als besonders schützenswert erachtet, obwohl der hier vorherrschende Erlenwald nicht natürlich, sondern von Menschenhand angelegt wurde (siehe auch Exkursion zu Biosphärenreservaten auf Seite 34). Große Probleme gab es in den Jahren 2010 und 2011, als durch starke Hochwasser und damit verbundene Überflutungen der Erlenwälder durch Staunässe die Schwarzerlen erheblich geschädigt wurden und größtenteils abstarben. Dort sieht es zum Teil aus wie nach einem Waldbrand, obwohl doch Wasser die Ursache ist.

Jetzt streiten sich Naturschützer, Biologen und Forstwirte, wie mit den toten Bäumen zu verfahren und wie der Wald für die Zukunft anzulegen und zu schützen ist. Die Entscheidung darüber, wie mit den Erlen im Hochwald künftig umgegangen werden soll, wird den Spreewald möglicherweise an einer seiner attraktivsten Stellen deutlich verändern. Eventuelle Fehler, die in den kommenden Jahren gemacht würden, hätten eine Langzeitwirkung. Eine Erle wächst 80 bis 100 Jahre.

Die Erfahrung aus anderen Waldgebieten lehrt uns, dass die Natur die besten Lösungen hat und dass man sie in Ruhe gewähren lassen sollte. Die Natur weiß am besten, welche Bäume hier ihren Platz haben.

Bisher glaubte man, dass die Schwarzerle sehr gut an Feuchtgebiete angepasst ist. Sie ist einer der wirtschaftlichsten Bäume für die Waldbesitzer, da sie schnell wächst und über eine sehr gute

Der Spreewald

Holzqualität verfügt. Doch offensichtlich verträgt auch sie keine dauerhafte Staunässe.

Noch verfügt der Spreewald über die größten geschlossenen Schwarzerlenbestände in Deutschland. Teilweise finden sich imposante Exemplare, die jedoch selten älter als 100 Jahre werden. Generell werden Schwarzerlen im Vergleich zu anderen Bäumen nicht sehr alt, das Höchstalter beträgt etwa 120 Jahre. Im Winter bieten die Bäume dem Erlenzeisig seine Nahrung.

Weitere im Spreewald heimische Bäume sind Eschen, die sich ebenfalls an feuchten Standorten ansiedeln und gemeinsam mit den Erlen den überwiegenden Baumbestand bilden, sowie Stieleiche und Traubenkirsche. Auf Sandböden sind auch Birken zu finden.

Das Biosphärenreservat ist in verschiedene Schutzzonen eingeteilt: In der Schutzzone I werden die Wälder sich selbst überlassen und es wird so eine natürliche Entwicklung ermöglicht; in der Schutzzone II besteht das Ziel darin, durch angemessene und schonende menschliche Einwirkung die Artenvielfalt in den Bruch- und Auenwäldern zu erhalten oder erneut zu fördern. In den beiden weiteren Zonen III und IV dominieren noch aus wirtschaftlichen Gründen angelegte Kiefernwälder; Ziel ist es hier, eine größere Vielfalt an Bäumen zu etablieren.

Einen Eindruck des Ur-Spreewaldes, wie er vor 2000 Jahren noch existierte, kann man sich im Besucherzentrum „Haus für Mensch und Natur“ in Lübbenau anhand der dort ausgestellten Dioramen machen.

Die Böden im Spreewald sind hydromorph, das heißt grundwasserbeeinflusst, oder Moorböden; Gleyeböden finden sich auf hochwasserfreien, Vegen auf hochwasserbeeinflussten Gebieten. Klimatisch liegt der Spreewald in der Übergangsregion vom osteuropäischen kontinentalen Klima zum ozeanischen Klima Westeuropas. Die Niederschläge betragen im Jahresdurchschnitt weniger als 550 Millimeter; der Januar ist mit knapp unter null Grad der kälteste, der Juli mit gut 18 Grad der wärmste Monat, die durchschnittliche Jahrestemperatur beträgt 8,5 Grad. Als Resultat der niedrigen Lage treten häufig Fröste und Nebel auf.

Um die 18.000 Tier- und Pflanzenarten sind im Spreewald beheimatet, darunter zahlreiche, die auf der Roten Liste der gefährdeten Arten stehen. Der Fischotter findet hier eines seiner letzten Vermehrungsgebiete in Europa; daneben sind Weißstorch, Schwarzstorch, Wiedehopf, Libelle, Biber, Bisam, Bekassine, Kiebitz, Rotbauchunke, Moor- und Grasfrosch, Ringelnatter, Mäusebussard, Rotmilan, Seeadler und Kranich hier beheimatet. In der flachen, feuchten Region wachsen Sumpfdotterblumen und Hahnenfuß ebenso wie Geißblatt und Sumpfsimse oder Sonnentau, Moosbeere und Sand-Tragant.

Besonders schön lässt sich der Spreewald vom Boot aus erkunden; beliebt sind die zahlreich angebotenen Kahnfahrten auf den unzähligen Fließen (Gewässeradern).

Der Spreewald ist über die Autobahnen A 13 und A 15 zu erreichen; mit der Deutschen Bahn bestehen regelmäßige Verbindungen nach Lübbenau.

INFO

Verwaltung:
Biosphärenreservat Spreewald
Schulstraße 9
D-03222 Lübbenau
Tel.: +49 (0)3542/89210
www.mugv.brandenburg.de/cms/detail.php/lbm1.c.323683.de

Informationszentren:
Haus für Mensch und Natur Lübbenau
Schulstraße 9
D-03222 Lübbenau
Tel.: +49 (0)3542/89210

Informationszentrum Burg
Byhleguhrer Straße 17
D-03096 Burg
Tel.: +49 (0)35603/6910

Informationszentrum Schlepzig
Dorfstraße 52, D-15910 Schlepzig
Tel.: +49 (0)35472/64898

Porträt

Von Ewald Lindner

Der Fischotter

Der bei uns heimische Fischotter gehört zur Familie der Marder und wird Eurasischer Fischotter genannt, weil er in ganz Europa und Asien verbreitet ist und sich vom amerikanischen und indischen Fischotter unterscheidet. Er ist perfekt an das Leben im Wasser angepasst, und ein ausgezeichneter Schwimmer und Taucher. Er ernährt sich überwiegend von der Jagd auf kleinere Fische, verschmäht aber auch Frösche, Mäuse und junge Wasservögel nicht. Ein Fischotter wird rund 100 bis 130 Zentimeter lang (inklusive Schwanz) und sein Körper wird von einem wasserdichten Pelz vor Auskühlung im Wasser geschützt. Der Pelz des Fischotters gibt ihm durch die Struktur seiner Haare eine besonders wirkungsvolle Isolation gegen Kälte und Nässe: Die Haare sind, wie bei einem Reißverschluss, mittels mikroskopisch kleiner, ineinandergreifender Keile und Rillen miteinander verzahnt.

Der bevorzugte Lebensraum der Fischotter sind kleinere fischreiche Flüsse mit dicht bewachsenen Ufern.

Sie paaren sich im zeitigen Frühjahr (Februar bis März), jedoch nicht im Wasser, sondern an Land. Nur in dieser Zeit gesellen sich die Männchen zu den Weibchen.

Die Tragezeit des Weibchens beträgt rund 60 Tage, dann werden in dem am Flussufer gegrabenen Bau ein bis vier Junge geboren. Die Jungtiere sind bei ihrer Geburt noch blind, wiegen etwa 80 bis 100 Gramm und haben eine Körperlänge von 12 bis 15 Zentimetern. Sie öffnen ihre Augen zwischen dem 30. und 33. Lebenstag. Die ersten Schwimmversuche unternehmen sie ab der sechsten Lebenswoche und werden zwischen acht und 14 Wochen gesäugt. Die Jungtiere bleiben etwa 14 Monate bei der Mutter, bis sie selbstständig jagen können.

Nationalpark Sächsische Schweiz

Von Petra Lindner

Die Wehlnadel (vorne links) und die Basteibrücke bei Rathen (hinten rechts)

Der Nationalpark Sächsische Schweiz wurde 1990 im Rahmen des Nationalparkprogramms der DDR gegründet und umfasst eine Fläche von 93,5 Quadratkilometern.

Er liegt im Freistaat Sachsen im Landkreis Sächsische Schweiz-Osterzgebirge auf den Kerngebieten des Elbsandsteingebirges rechts der Elbe zwischen den Städten Bad Schandau, Rathen, Sebnitz und Pirna. Dabei unterteilt er sich in zwei Bereiche; zum westlichen gehören das Polenztal, der Lilienstein und das Basteigebiet, zum östlichen der Große Winterberg, der Große Zschand, die Hintere Sächsische Schweiz sowie die Schrammsteine. Der Waldanteil beträgt 92 Prozent. Im Herbst 2012 waren 54 Prozent bereits menschlichem Eingriff entzogen; angestrebt ist ein Anteil von über 75 Prozent bis etwa 2060.

Bereits ab Mitte des 19. Jahrhunderts wurden einzelne Teile der Region unter Schutz gestellt, zunächst lediglich Berge, 1912 dann das Polenztal. 1938 wurde das Naturschutzgebiet Bastei auf einer Fläche von knapp acht Quadratkilometern gegründet, 1940 folgte das Polenztal mit einer Fläche von knapp einem Quadratkilometer. Zu DDR-Zeiten wurden weitere Naturschutzgebiete ins Leben gerufen, ebenso verschiedene Totalreservate, deren Betreten verboten war. Heute verfügt der Nationalpark über verschiedene Kernzonen, also solche Bereiche, in der die Natur sich ungestört entfalten darf. Hierzu gehören im Westen das Polenztal, die Bastei und das Brandgebiet, im Osten Kirnitzschklamm, Großer Winterberg und Großer Zschand.

Als besonders schützenswert gilt die Einzigartigkeit der Formen, die die Landschaft aus Wald und Felsen aufweist. Hier finden sich, einmalig in Mitteleuropa, Schluchten, Tafelberge, Ebenen, Basaltdurchbrüche und Felsreviere. Die Vielfalt dieser Formen bedingt ihrerseits zahlreiche unterschiedliche Lebensräume mit einer entsprechenden Artenvielfalt. Das Elbsandsteingebirge zeigt sich auffällig stark vertikal gegliedert, und dies bringt eine Besonderheit mit sich: Die mitteleuropäischen Waldhöhenstufen kehren sich um, es liegt eine sogenannte Höhenstufeninversion vor. Dies bedeutet, dass an feuchten Hängen, die im Sommer kühl und schattig sind, sowie in tiefen, ebenfalls schattigen

Talregionen ein Bergmischwald existiert, wie er sich sonst nur in höheren Lagen findet. Auch die für einen Bergwald typischen Pflanzen sind hier heimisch. Leider ziehen die Felsen auch scharenweise Hobbykletterer an, die die Ökosysteme empfindlich stören und belasten. Hier sollte die Leitung des Nationalparks den Schutz drastisch verstärken. Klettern kann man ja auch anderswo, ohne die schutzbedürftige Natur zu stören.

Faszinierend ist der Blick über die Wälder auf den Falkenstein

Der Nationalpark zählt zum Landschaftsschutzgebiet Sächsische Schweiz, mit dem er die Nationalparkregion Sächsische Schweiz bildet. Gemeinsam mit dem südöstlich auf tschechischem Territorium angrenzenden Landschaftsschutzgebiet und Nationalpark Böhmische Schweiz wird das Elbsandsteingebirge geschützt – eine Fläche von 710 Quadratkilometern.

Das Klima zeigt sich sehr differenziert und bewegt sich zwischen subatlantisch und subkontinental; während es in den tiefen Schluchten infolge geringer Sonneneinstrahlung und schwacher Winde feucht und kühl und damit ein sogenanntes „Kellerklima" ist, weisen die zum Teil unbewachsenen Felsen große Temperaturunterschiede auf.

Die jährliche Durchschnittstemperatur liegt bei etwa acht Grad, wobei es im Elbtal wärmer werden kann; die jährliche Niederschlagsmenge bewegt sich zwischen 700 und 900 Millimetern; im Elbtal fällt sie am niedrigsten aus.

Entstanden ist das Elbsandsteingebirge vor ungefähr 90 Millionen Jahren; es handelt sich hierbei um eine Erosionslandschaft der Kreidezeit, die aus Quadersandstein in verschiedenen Schichten besteht. Sandstein macht mehr als 55 Prozent der Sächsischen Schweiz aus, gegenüber lediglich 13 Prozent Granitanteil in den nördlichen Regionen. Hinzu kommen knapp 30 Prozent Ablagerungen von Lösslehm aus der Eiszeit, einige wenige Flächen, darunter Großer und Kleiner Winterberg, bestehen aus Basalt. Der Sandstein zeigt sich strukturiert; dies ist zurückzuführen auf Erosion und die heterogene Zusammensetzung der unterschiedlichen Schichten. Für interessante Farbenspiele sorgen Mineralien, aber auch Pflanzen wie Flechte oder Moose, die den Stein besiedeln. Charakteristisch für den Elbsandstein sind Schichten aus Brauneisen, die ihn wie Bänder durchziehen.

Über die Jahrhunderte unterlag auch der Wald in der Sächsischen Schweiz der menschlichen Nutzung durch Holzgewinnung, Vieheintrieb und Wildhege, sodass sich sein Gesicht von der ursprünglichen Waldzusammensetzung aus Hainsimsen-Buchenwäldern, Buchen-Tannenwäldern, Tannen-Fichtenwäldern, Stieleichen-Buchenwäldern, Buchenwäldern und (Relikt-)Kiefernwäldern merklich verändert hat. Buchenwälder mit einer vielfältigen Krautschicht sind auch heute noch auf Braunerde-Böden mit einem reichhaltigen Nährstoffangebot zu finden, so zum Beispiel am Großen Winterberg. Auch (Relikt-)Kiefernwälder, eine typische Erscheinung in der Sächsischen Schweiz, existieren noch heute auf den Felsrevieren und gehören zu den ältesten Wäldern in der Sächsischen Schweiz. Die entsprechenden Standorte sind flachgründig, sehr trocken und den Witterungseinflüssen besonders stark ausgesetzt. Hier finden sich auch noch Exemplare des seltenen und auf der Roten Liste der gefährdeten Arten stehenden Kiesbank-Grashüpfers.

Als Folge der jahrhundertelangen Nutzung der Wälder durch den Menschen kann lediglich ein Teil der Wälder im Nationalpark Sächsische Schweiz als naturnah eingestuft werden, also als Wälder, die zwar genutzt wurden, deren Zusammensetzung aber weitgehend unverändert gelassen wurde. Zu diesen naturnahen Gebieten zählen die (Relikt-) Kiefernwälder der Felsreviere, ebenso verschiedene Buchenwälder. Zu den herausragendsten Buchenwäldern im Nationalpark Sächsische Schweiz mit urtümlichen alten Baumriesen gehört eine etwa einen Hektar große Fläche am Kleinen Winterberg; die hier lebenden Bäume sind bereits um die 250 Jahre alt. Am Großen Winterberg gibt es eine weitere Buchenwaldgesellschaft mit einer Größe von knapp drei Hektar, den sogenannten „Schmilkschen Urwald", dessen Baumbestand ebenfalls über 200 Jahre alt ist.

Weiterhin gibt es naturnahe Sandstein-Schluchtwälder aus Tannen und Fichten, unter anderem in der Kirnitzschklamm, im Polenztal und auf den Nordhängen des Großen Winterbergs.

Insbesondere Flechten, Farne und Moose sorgen für den Artenreichtum des Elbsandsteingebirges. Flechten, eine Symbiose aus Algen und Pilzen, sind speziell an ihren entsprechenden Standort angepasst; knapp 370 Arten sind bislang in der Sächsischen Schweiz identifiziert worden. Einzigartig in Deutschland ist die Wolfsflechte, die bislang nur in der hinteren Sächsischen Schweiz gefunden wurde. Auch unter den Moosen, über 450 sind bislang identifiziert, sind im Nationalpark Sächsische Schweiz seltene Arten zu finden, wie zum Beispiel das Lobermoos. Infolge der Höheninversion wachsen in den Schluchten Silikatmoose, die ansonsten in arktisch-alpinen Lebensräumen zu finden sind.

Daneben sind Farne im Nationalpark Sächsische Schweiz in einer ungewöhnlichen Vielzahl anzutreffen, wie der Hautfarn, der Grünstielige Streifenfarn oder der Dornige Schildfarn. Zu den Bergpflanzen, die normalerweise höhere Lagen besiedeln, in der Sächsischen Schweiz aber aufgrund der Waldhöhen-Inversion in schattigen Tälern und Schluchten zu finden sind, gehören die Weiße Pestwurz, das Zweiblütige Veilchen oder der Hasenlattich; ebenso wachsen hier Fichten in ihrem natürlichen Habitat.

Neben einer Vielzahl an Pflanzen besitzt der Nationalpark Sächsische Schweiz auch einen großen Artenreichtum an Tieren, auch seltenere Arten wie Fischotter, Wanderfalke, Sperlingskauz, Glattnatter oder Uhu. Mehr als 250 verschiedene Vogelarten leben im Elbsandsteingebirge; dabei unterscheiden sich die Lebensräume stark, die von den Elbauen bis hin zu den Felsrevieren reichen. So sind in den Schluchten Eisvögel oder Wasseramseln zu beobachten, während Falken, Kolkraben und Uhus die Felsen bevölkern.

Zu den seltenen Tieren im Nationalpark zählen der Elbebiber, von dem einige Exemplare im oberen Elbtal und an der Sebnitz und der Kirnitzsch leben, der Baummarder, der Iltis und der Fischotter. Auch Luchse sind in den Waldgebieten sowohl auf deutscher als auch auf tschechischer Seite beheimatet. Ein echter Gebirgsbewohner tummelt sich mit der (Alpen-)Gämse auf den Felsen; diese Tiere waren jedoch nicht originär im Elbsandsteingebirge beheimatet, sondern wurden zu Beginn des 20. Jahrhunderts hier angesiedelt. Gleiches gilt für den Europäischen Mufflon, der ursprünglich aus Korsika und Sardinien stammt und in den 1930er-Jahren in der Sächsischen Schweiz angesiedelt wurde. Beide Arten sollte man im Interesse einer natürlichen Artenausstattung wieder entfernen, da sie die ursprüngliche Natur negativ beeinflussen. Die Betreiber von Nationalparks sollten sich nicht als Betreiber von „Schaugehegen“ mit fremdartigen Tieren verstehen, sondern sich dem Schutz der ursprünglichen Fauna und Flora widmen.

Der Nationalpark Sächsische Schweiz ist durch ein 400 Kilometer langes Wanderwegenetz umfassend erschlossen. Dieses kann man auf eigene Faust erwandern; die Nationalparkverwaltung bietet aber auch zahlreiche geführte Wanderungen mit Nationalparkführern oder der Nationalparkwacht an. Das Themenspektrum reicht hierbei von der Naturbeobachtung über Naturerfahrung, Naturschutz und Tourismus bis hin zur Waldbehandlung. Daneben gibt es für Kinder und Jugendliche verschiedener Altersstufen sowie für Erwachsene zahlreiche Naturbildungsangebote.

Der Nationalpark Sächsische Schweiz ist mit der Bahn (Deutsche Bahn oder S-Bahn) über Dresden, Bad Schandau, Sebnitz oder Neustadt zu erreichen, von Pirna verkehrt eine Buslinie. Mit dem Pkw reist man über die A 17 von Dresden an, ab Pirna geht es auf der Bundesstraße B 172 weiter nach Bad Schandau.

INFO

Nationalparkverwaltung Sächsische Schweiz
An der Elbe 4, D-01814 Bad Schandau
Tel.: +49 (0)35022/900-600
Fax: +49 (0)35022/900-666
E-Mail: poststelle.sbs-nationalparkverwaltung@smul.sachsen.de
www.nationalpark-saechsische-schweiz.de

Kühl und feucht ist das Klima in den Tallagen

Waldgebiete der Wildeshauser Geest

Von Petra Lindner

Urwald Hasbruch, Neuenburger Urwald, Herrenholz und Urwald Baumweg

Heidelandschaft mit Wellenstruktur in der Wildeshauser Geest

Der Naturpark Wildeshauser Geest befindet sich im Norddeutschen Tiefland im Westen des Bundeslandes Niedersachsen zwischen den Städten Bremen und Oldenburg. Der größere Teil zählt zum Landkreis Oldenburg, einige Gebiete liegen aber auch in den Kreisen Diepholz, Cloppenburg und Vechta.

Der Name „Geest" geht zurück auf das niederdeutsche Wort für „trocken, unfruchtbar" und beschreibt eine Altmoränenlandschaft. In der letzten Eiszeit existierten an der Stelle heutiger Altmoränenlandschaften Kältewüsten oder Tundren. Die Wildeshauser Geest wird von Süden nach Norden von verschiedenen Fließgewässern durchzogen, unter anderem der Hunte, der Hache und der Delme, die das Gesicht der Landschaft mit prägen und für ihre wellige Struktur sorgen.

Im Jahr 1984 wurde der Naturpark Wildeshauser Geest als solcher ausgewiesen. 1993 erfolgte eine Erweiterung auf seine heutige Größe von gut 1530 Quadratkilometern, womit er zu den größten Naturparks in Deutschland zählt. Der Naturpark erstreckt sich von Westen nach Osten über etwa 50 Kilometer. Die Region weist ein gemäßigtes Seeklima auf, die Lufttemperatur beträgt im Jahresmittel zwischen acht und neun Grad, der durchschnittliche Jahresniederschlag beträgt 700 Millimeter.

Ungefähr 20 Prozent des Naturparks sind bewaldet, der Rest setzt sich zusammen aus Ackerland und Grünland sowie Moor- und Heideflächen. Charakteristisch sind Wallhecken, Sanddünen und Alleen, die das Gesicht der Landschaft ebenfalls prägen.

Entlang der Hunte existiert ein wichtiger Lebensraum für rund 40 Brutvogelarten, darunter Eisvogel und Uferschwalbe, doch auch Nachtigallen sind in den Uferwäldern heimisch.

Auf dem Gebiet des Naturparks Wildeshauser Geest befinden sich einige „Urwälder" – keine Urwälder im eigentlichen Sinne, jedoch naturnah und seit Langem vor der Nutzung beziehungsweise Ausbeutung durch den Menschen geschützt.

Zwischen Oldenburg und Delmenhorst liegt der sogenannte **„Urwald Hasbruch"**, der etwa 630 Hektar umfassende Rest eines ehemaligen Hutewalds. Der Hasbruch ist mit dieser Fläche der größte historische Wald im niedersächsischen Flachland und sein Name mit indogermanisch-niederdeutschem Ursprung weist darauf hin, dass es sich um ein feuchtes, niedriges Gebiet handelt. Bereits für die Mitte des 13. Jahrhunderts ist die Erwähnung eines Hutewalds dokumentiert; im Laufe der folgenden Jahrhunderte wurde der Wald durch die Nutzung zur Holzgewinnung und als Viehweide signifikant verändert. Erst zu Beginn des 19. Jahrhunderts begann eine Wiederaufforstung der Waldgebiete; noch heute sind Exemplare alter Eichen aus dieser Zeit zu sehen. Unter dem Oldenburger Großherzog Nikolaus Friedrich Peter, der von 1853 bis 1900 lebte, wurden 29,5 Hektar unter dem Namen „Urwald Hasbruch" unter Naturschutz gestellt. Etwa die Hälfte davon ist allerdings gegen Ende des Zweiten Weltkriegs als Brennholz und zum Bauen genutzt und damit vernichtet worden. Im Jahr 1989 wurden zwei alte Waldgebiete in den Forstorten „Grüppenbührener Seite" und „Heuenbusch" und die dazwischen liegenden Flächen zu einem gut 55 Hektar großen Naturschutzgebiet zusammengefasst, dessen Kernbereich von rund 40 Hektar als Naturwald vollkommen sich selbst überlassen bleibt. Seit 1997 ist der Hasbruch als Naturschutzgebiet ausgewiesen und ist ein europäisches Flora-Fauna-Habitat(FFH)-Gebiet. Die Waldtypen im Hasbruch sind der Hainsimsen-Buchenwald, der Sternmieren-Eichen-Hainbuchenwald und der Erlen-Eschenwald an den Rändern der Fließgewässer.

Von Ewald Lindner

EXKURSION

Naturparks in Deutschland – Die Definition der Schutzkategorie „Naturpark" erfolgt durch Bundesrecht (§ 27 BNatSchG). Die Details hinsichtlich der Ausweisung, Feststellung und Anerkennung variieren innerhalb der Bundesländer je nach Vorgabe des jeweiligen Naturschutzrechts. In § 27 BNatSchG wird festgelegt, dass Naturparks einheitlich zu entwickelnde und zu pflegende, großräumige Gebiete und auf überwiegender Fläche Landschafts- oder Naturschutzgebiete sind, eine große Arten- und Biotopenvielfalt und eine durch vielfältige Nutzungen geprägte Landschaft aufweisen.

Von entscheidender Bedeutung ist die Zielsetzung: **„In Naturparks wird eine dauerhaft umweltgerechte Landnutzung angestrebt, und sie sollen wegen ihrer landschaftlichen Voraussetzungen besonders für die Erholung und für nachhaltigen Tourismus geeignet sein."** Im Klartext bedeutet dies einen beliebig definierbaren Naturschutz, der von den jeweils verantwortlichen Gremien und handelnden Personen sehr individuell gehandhabt und ausgelegt werden kann. Im Vordergrund steht der Tourismus und nicht der Schutz der Natur und des Waldes. Schade!

Verschiedentlich ist die Buche bereits die dominierende Hauptbaumart, die sich als Schattenbaum an schattigen Standorten wohlfühlt und andere Baumarten nach und nach verdrängt. Demgegenüber sind Eichen sogenannte Lichtbaumarten und werden im Hasbruch vermutlich über kurz oder lang von den Buchen verdrängt werden. Dies ist ein klarer Hinweis dafür, dass die Eiche überwiegend durch menschliche Pflanzungen zu ihrer derzeitigen Verbreitung im Hasbruch kam.

Der hohe Totholzanteil bietet vor allem verschiedenen Käferarten wie dem Juchtenkäfer ein reiches Nahrungsangebot. Daneben bevölkern Eisvogel, Mittel- und Schwarzspecht, Kammmolch sowie Mausohr und Fransenfledermaus den Hasbruch. Über 1500 Pflanzen- und Tierarten sind für den Hasbruch bereits nachgewiesen.

Tiere, die stark an alte Waldbestände gebunden sind, sind der Eremitkäfer, der Feuersalamander, die Schneckenart Schwarzer Schnegel sowie der Mittelspecht. Wichtige Pflanzenarten sind das Hain-Veilchen, Waldsanikel, Einbeere und Safrangelber Porling, der als vom Aussterben bedroht gilt.

Der Hasbruch besitzt verschiedene imposante Baumexemplare – besonders beachtenswert ist Niedersachsens älteste Eiche mit einem Alter von ungefähr 1200 Jahren. Auch die dickste und mit 400 Jahren älteste Hainbuche in Deutschland findet sich im Hasbruch. In der Vergangenheit erhielten besonders beachtenswerte Bäume auch Namen, wie die Friederiken-, die Amalien- und die Charlotten-Eiche, die nach oldenburgischen Prinzessinnen benannt wurden. Während Amalien- und Charlotten-Eiche nicht mehr existieren, ist die Friederiken-Eiche etwa

Alte Eiche im Hasbruch

1200 Jahre alt, die als die zweitälteste Eiche in Deutschland gilt.

Bemerkenswert ist es, dass auf der Homepage der Revierförsterei Hasbruch bis Juni 2013 noch immer Brennholz aus den Waldgebieten „Hasbruch", „Welsburger Holz", „Bürsteler Fuhrenkamp" und „Stühe" angeboten wurde. Soviel zum Naturschutz in einem Naturpark (siehe Exkursion links).

Ebenfalls bemerkens- und sehenswert ist der **„Neuenburger Urwald"** im etwa 660 Hektar großen Landschaftsschutzgebiet Neuenburger Holz in der Friesischen Wehde zwischen den Orten Neuenburg, Bockhorn und Zetel.

Wie der Hasbruch ist auch der Neuenburger Urwald der Überrest eines alten Hutewaldes. Bis ins 17. Jahrhundert hinein wurde der Wald unkontrolliert genutzt; ab diesem Zeitraum wurden Vorschriften für Nutzung und Wiederaufforstung erlassen.

1850 wurde der Neuenburger Urwald auf Betreiben des Oldenburger Herrscherhauses vor weiterer Nutzung geschützt, 30 Jahre später als Naturdenkmal ausgewiesen. 1935 wurde der Neuenburger Urwald zum Staatsnaturwaldreservat, 1938 dann zum Naturschutzgebiet. Er umfasst ungefähr 24 Hektar an Fläche.

Der Boden des Neuenburger Urwalds besteht unterhalb der Grundmoränenschicht aus Tonsedimenten, die dort vor 500.000 bis 200.000 Jahren abgelagert wurden. Durch eiszeitliche Erdbewegungen wurde die Tonschicht, die insgesamt etwa 30 Meter tief reicht, auf einer Tiefe von zwei Metern mit dem Geschiebemergel der Grundmoräne vermengt. Da die Durchmischung unterschiedlich verlief, existieren heute variierende Bodenbeschaffenheiten, die sich in verschiedenen Vegetationstypen zeigen: Buchen-Eichenwald auf nährstoffärmerem Untergrund, Flattergrasbuchenwald auf besser mit Nährstoff versorgten Böden und Eichen-Hainbuchenwald auf Böden mit einem reichen Nährstoffangebot. Während Eichen-Hainbuchenwälder mit einer lebhaften Bodonvegetation wie Buschwindröschen, Berg-Ehrenpreis, Sternmiere oder Frauen- und Dornfarn einhergehen, finden sich im Flattergrasbuchenwald das namensgebende Flattergras, Sauerklee oder Goldnessel.

Der hohe Totholzanteil sorgt für eine Vielzahl holzbesiedelnder Pilze, und auch höhlenbrütende Vögel sind mit mehr als 30 Arten vertreten. Besonderes Wahrzeichen des Neuenburger Urwalds sind die alten Eichen von 600 bis 800 Jahren, einzelne Rot- und Hainbuchenexemplare sind 300 bis 400 Jahre alt.

Der Urwald Neuenburg wird von verschiedenen Wanderwegen mit einer Gesamtlänge von etwa 15 Kilometern erschlossen, auf denen sich der interessierte Besucher ein Bild des urtümlichen Waldes machen kann.

Ein weiteres sehenswertes Waldgebiet ist das **Herrenholz**, im Süden des Naturparks Wildeshauser Geest in der Gemeinde Goldenstedt gelegen. Das Naturschutzgebiet Herrenholz umfasst rund 32 Hektar, von denen gut 21 Hektar seit dem Jahr 1972 Naturwaldreservat sind. Als besonders schützenswert gilt der alte Buchen- und Eichenwald, der sich hier auf einem Boden aus Podsol-Braunerde, die aus dem Jungpleistozän datiert, sowie Pseudogley-Braunerde ganz natürlich entwickeln kann. Beachtenswert ist die sogenannte Königseiche; 1928 wurde sie letztmalig vermessen und besaß bereits damals einen Durchmesser von über vier Metern.

Auch das Herrenholz ist durch einen Wanderweg erschlossen.

Im Landkreis Cloppenburg und im Landkreis Oldenburg liegt das **Naturschutzgebiet Baumweg** – bereits seit 1938 geschützt – mit einer Größe von knapp 58 Hektar; davon sind 37,5 Hektar unter dem Namen „Urwald Baumweg" seit 1998 als Naturwaldreservat ausgewiesen. Auch hierbei handelt es sich in Teilen um einen ehemaligen Hutewald; als schützenswert wird der Buchen-Eichenwald erachtet, der auf sandigem Geschiebelehm wächst. Dieser Wald liefert besonders geeignete Bedingungen für holzbesiedelnde Insekten sowie für Höhlenbrüter, wie verschiedene Specht- und Kauzarten. Im Frühjahr breiten sich Maiglöckchen und Buschwindröschen aus, auch Moose, Flechten, Pilze und Farne fühlen sich hier wohl.

Die Wildeshauser Geest ist über die A 1 und die A 29 zu erreichen, der Neuenburger Urwald über die A 29 und die B 437, der Urwald Hasbruch, zwischen Bremen und Oldenburg gelegen, über die A 28, der Urwald Baumweg über die A 1 und die A 29. Mit öffentlichen Verkehrsmitteln gelangt man in verschiedene Orte der Wildeshauser Geest sowie über Hude in den Hasbruch. Der Urwald Neuenburg ist mit Bahn und Bus über Varel und Zetel erreichbar, der Urwald Baumweg mit Bahn und Bus über Ahlhorn oder Cloppenburg.

INFO

Zweckverband Naturpark Wildeshauser Geest
Delmenhorster Straße 6
D-27793 Wildeshausen
Tel.: +49 (0)4431/85-351
Fax: +49 (0)4431/85-432
E-Mail: info@wildegeest.de
www.wildegeest.de

Niedersächsische Landesforsten Revierförsterei Hasbruch
Am Forsthaus 4, D-27798 Vielstedt
Tel.: +49 (0)4408/6731
Fax: +49 (0)4408/807805
www.hasbruch.de

Niedersächsisches Forstamt Neuenburg
Zeteler Straße 18, D-26340 Zetel
Tel.: +49 (0)4452/9115-0
Fax: +49 (0)4452/9115-55
E-Mail: poststelle@nfa-neuenbg.niedersachsen.de

Revierförsterei Baumweg
Revierleiter Peter Halm
Am Herrensand 8, D-26169 Friesoythe
Tel.: +49 (0)4496/224
Fax: +49 (0)4496/ 921297

Nationalpark Harz

Von Petra Lindner

Nicht nur die zahlreichen Mythen und Legenden von Hexen oder der Roßtrappe, die sich um den Harz ranken, machen dieses Mittelgebirge zu etwas Besonderem. Auch Landschaft und Natur weisen eine besondere Vielfalt auf, die ihresgleichen sucht.

Im Zuge des Nationalparkprogramms der DDR wurde 1990 der Nationalpark Hochharz in Sachsen-Anhalt gegründet; 1994 folgte der Nationalpark Harz auf niedersächsischem Gebiet. Beide Nationalparks fusionierten 2006 zum heutigen Nationalpark Harz, der sich auf einer Fläche von über 24.700 Hektar zwischen den Städten Wernigerode im Nordosten, Bad Harzburg im Nordwesten sowie Herzberg und Bad Lauterberg im Süden erstreckt. Der Nationalpark macht damit zehn Prozent der gesamten Fläche des Harzes aus. 15.800 Hektar liegen in Niedersachsen, 8900 Hektar in Sachsen-Anhalt. Von der Nationalparkfläche sind rund 96 Prozent von Wald bedeckt. Hiervon sind über 80 Prozent Fichten, weitere 12 Prozent Buchen und sechs Prozent sonstige Bäume wie Eichen oder Birken. 52 Prozent des Nationalparks sind als sogenannte Naturdynamikzone ausgewiesen, das heißt eine Fläche, in der der Mensch keinerlei Eingriffe mehr vornimmt.

Entstanden ist der Harz vor etwa 300 Millionen Jahren im Oberkarbon, als das Gebirge aufgefaltet wurde und heißes Magma emporstieg und durch tektonische Bewegungen nach außen drang. Später wurden, erosions- oder verwitterungsbedingt, Gesteinsschichten abgetragen, sodass ältere Gesteinsformationen erneut zum Vorschein kamen. Imposanteste Naturerscheinung des Harzes ist der Brocken, mit 1141 Metern über N.N. der höchste Berg des Harzes, der ebenso wie das ihn umgebende Brockenmassiv überwiegend aus Granit besteht. Beginnend bei etwa 270 Metern über N.N. im Süden und 230 Metern über N.N. im Norden steigt der Nationalpark Harz bis zum Brockengipfel an. Auf der Höhendifferenz von mehr als 900 Metern kann man sechs Vegetationshöhenstufen

Bild links: Ein Naturwald zeigt Bäume aller Altersstufen

erleben. Eine erste Besonderheit bietet der Harz, weil er als das einzige Mittelgebirge Deutschlands eine natürliche Waldgrenze besitzt, an die sich die baumlose Berghei-delandschaft des Brockengipfels anschließt. Zurückzuführen ist dies auf die rauen Winde, die über die das im Norden anschließende Flachland ungebremst auf den Brockengipfel treffen. In den deutschen Alpen liegt die Baumgrenze übrigens deutlich höher, nämlich bei etwa 1800 Metern.

Besonders auf dem Brocken herrscht ein Extremklima, das dem auf Island ähnelt. Die Jahresdurchschnittstemperatur liegt hier bei 2,9 Grad, der Jahresniederschlag bei 1814 Millimetern, auf dem Brocken sind durchschnittlich 300 Niederschlagstage, davon 120 Schneetage, zu verzeichnen. Sonst bewegen sich die jährlichen Durchschnittstemperaturen höhenabhängig zwischen knapp sieben und knapp neun Grad, die Niederschläge liegen zwischen 600 und knapp 1260 Millimetern.

Entsprechend den verschiedenen Höhenstufen zeigt sich die Natur im Nationalpark Harz sehr vielfältig. Auf den niedrigeren Stufen, der kollinen Stufe von 250 bis 300 Metern über N.N., der submontanen von 300 bis 525 Metern über N.N. und der montanen Stufe von 525 bis 750 Metern über N.N., dominieren bis zu einer Höhe von rund 700 Metern auf überwiegend nährstoffarmen Böden Buchenwälder, insbesondere Hainsimsen-Buchenwälder mit der Rotbuche als Hauptbaumart.

In Lagen von circa 700 bis 800 Metern über N.N., also auf der montanen und der obermontanen Stufe, sind vor allem Mischwälder aus Fichte und Rotbuche heimisch. Hier lebt der Raufußkauz; außerdem gilt dieser Buchen-Fichten-Mischwald als natürlicher Lebensraum des Auerhuhns, des größten europäischen Hühnervogels, der hier jedoch nur selten zu sehen ist. Der Vogel starb zwischen 1920 und 1930 im Harz aus; in den 1970er-Jahren wurde ein Auswilderungsprojekt initiiert, das jedoch 2003 wieder eingestellt wurde, da ein langfristiger Erfolg sich nicht abzeichnete. Auerhühner können auch als Relikt mittelalterlicher Wirtschaft gesehen werden – die aufgelockerten Waldbestände (durch Übernutzung) erinnerten an die lichten Wälder der Taiga, wo das Huhn eigentlich zu Hause ist. Im Zuge der Wiederbewaldung verschwand der Vogel fast überall; deswegen sind auch Auswilderungsprojekte oft zum Scheitern verurteilt. Um Naturinteressierten den Vogel aber dennoch nahezubringen, bietet der Nationalpark mit dem Auerhuhn-Schaugehege in der Nähe des Dorfes Lonau die Möglichkeit, sowohl männliche wie weibliche Tiere zu beobachten. Ab etwa 800 Metern über N.N. gehen die Fichte-Buche-Mischwälder in Fichtenwälder über, die bis zur Waldgrenze reichen. In diesen Bergfichtenwäldern wachsen zahlreiche Pilzarten, aber auch die rare Karpatenbirke, eine Unterart der Moorbirke, die auf Moorstandorten oder Blockhalden wächst. Zu den Tieren, die sich in diesen Höhenlagen heimisch fühlen, zählen der Fichtenkreuzschnabel, eine Finkenart, der Tannenhäher oder der Sperlingskauz, die kleinste Eule Mitteleuropas, die lediglich eine Größe von 16 bis 19 Zentimetern aufweist.

Kleinere Waldgebiete sind sogenannte Schluchtwälder, in deren feucht-kühlem Klima die Rotbuche gegenüber Esche, Erle und Bergulme zurücktritt; auch Mondviole oder Alpen-Milchlattich wachsen hier.

Eine Rarität sind die Harzer Moore. Der Torfabbau in dieser Region erwies sich in der Vergangenheit als zu kompliziert und aufwendig – aus heutiger Sicht für die natürliche Vielfalt ein Segen, denn die Harzer Moore zeigen sich noch besonders ursprünglich und bieten damit Lebensraum für seltene Insekten wie die Alpen-Smaragdlibelle oder den Moosbeeren-Grauspanner. Auf den Hochmooren wächst, da der Boden sehr wenig Nährstoffe bietet, der Rundblättrige Sonnentau, eine fleischfressende Pflanze. Auch ein Relikt der letzten Eiszeit ist mit der Rosmarinheide, einem immergrünen Zwergstrauch, hier zu Hause.

Blick über die Wälder zum Brocken

Von Ewald Lindner

Der Luchs

Der Luchs gehört zu den Säugetiere (Mammalia), der Ordnung der Raubtieren (Carnivora) und der Familie der Katzen (Felidae) beziehungsweise katzenartigen Raubtiere. Maßgebend ist dabei die Großkatzengruppe, zu der Bengalkatzen, Geparde und Pumas, Goldkatzen, Großkatzen (Jaguar, Leopard, Löwe, Tiger), Karakale und Servale, Luchse und Wieselkatzen gehören.

Zur Gattung der Luchse (Lynx) gehören:
Eurasischer Luchs (Lynx lynx)
Kanadaluchs (Lynx canadensis)
Marmorkatze (Pardofelis marmorata)
Pardelluchs / Iberischer Luchs (Lynx pardinus)
Rotluchs / Bobcat (Lynx rufus)

Interessant ist, dass die im asiatischen Raum verbreitete Marmorkatze wenig Ähnlichkeit mit typischen Luchsmerkmalen hat, trotzdem biologisch stark mit den Luchsen verwandt ist. Karakal und Serval sehen wie Luchse aus, bilden aber eine eigene Gattung.

Körpermerkmale: Luchse können bis zu 75 Zentimeter hoch und 120 Zentimeter lang sein; Gewicht bis 40 Kilogramm. Sie haben relativ hohe Beine und breite Pfoten. Charakteristisch sind ihre langen Pinselohren, ein Backenbart und der Stummelschwanz. Das Fell ist je nach Art unterschiedlich gefärbt und gemustert.

Augen: Die sprichwörtlichen Luchsaugen haben meist eine bräunliche Iris und können bei Dunkelheit sehr weit geöffnet sein, sodass sie ihre Beute auf große Distanz entdecken können. Typisch für die Familie der Katzen ist die „Reflektorschicht" hinter der Netzhaut, die für eine Erhöhung der Lichtempfindlichkeit sorgt. Sie ist auch für die leuchtenden Augen verantwortlich, wenn eine Katze ins Licht blickt – oder ein Luchs entsetzt in eine Fotofalle schaut.

Fortpflanzung: Luchse paaren sich im Allgemeinen zwischen Februar und April. Nur während dieser Zeit sind Männchen (genannt Kuder) und Weibchen (genannt Katze) zusammen. Nach einer Tragezeit von zehn Wochen bringt die Katze bis zu vier Junge zur Welt, typischerweise zwei. Die Mutter zieht die Jungen dann allein groß. Etwa ein Jahr bleiben sie bei ihr, ehe sie sich ein eigenes Revier suchen.

Das Harzer Luchs-Projekt
Um den Bestand an Luchsen in Mitteleuropa erhalten und erhöhen zu können, muss jedoch für eine Verbindung der getrennten Populationen gesorgt werden. Um dieses Ziel zu erreichen, haben im Jahr 1999 der Niedersächsische Minister für Ernährung, Landwirtschaft und Forsten, der Niedersächsische Umweltminister und der Präsident der Landesjägerschaft Niedersachsen e.V. beschlossen, ein Auswilderungsprojekt für Luchse zu starten. Da die internationalen Erfahrungen mit Gehege-Luchs-Auswilderungen positiv waren und man die schon geringen Luchs-Populationen nicht stören wollte, wurde auf Umsiedlungen von freien Luchsen verzichtet und auf Gehege-Luchse gesetzt. Das Wiederansiedlungsprogramm wird von der Nationalparkverwaltung Harz durchgeführt, soll fünf bis zehn Jahre dauern und wird von den beteiligten Partnern finanziert.

In einem großen Eingewöhnungsgehege im Nationalpark Harz werden die Luchse auf die Freiheit vorbereitet. Um die Verwilderung der Tiere zu fördern, werden die Kontakte mit Menschen reduziert. Nach nur etwa zwei bis drei Monaten Eingewöhnung können die Tiere in die Freiheit entlassen werden. In jedem Jahr werden mehrere Luchse freigelassen. Es konnte eine Reihe von Wildparks gewonnen werden, dem Projekt Luchse kostenlos zur Verfügung zu stellen.

Zur Information der Öffentlichkeit wurde im August 2000 ein Schaugehege bei der Waldgaststätte Rabenklippe eröffnet. Es ist etwa einen Hektar groß. Bei meinem letzten Besuch habe ich auch ein paar Fotos vom Luchsgehege Rabenklippe angefertigt.

In Zusammenarbeit mit der Jägerschaft werden Spuren der ausgewilderten Luchse gesammelt und der Nationalparkverwaltung Harz zugeleitet. Die Auswertungen sind auch bei diesem Projekt sehr vielversprechend: Die Luchse breiten sich im Harz und darüber hinaus aus – und es gibt sogar Luchsnachwuchs in Freiheit.

Insgesamt wachsen im Nationalpark Harz etwa 1000 unterschiedliche Arten an Blütenpflanzen und Farnen, von denen viele vermutlich bereits im Zuge der letzten Eiszeit aus dem Norden Europas bis hierher vordrangen und seitdem hier heimisch sind.

Auf der Brockenkuppe bietet der bereits im Jahr 1890 gegründete Brockengarten eine Übersicht über 1800 Hochgebirgspflanzen – nicht nur solcher, die hier am Brocken heimisch sind, sondern Pflanzen aus aller Welt sind hier zu finden.

Einen Einblick in die Urtümlichkeit der Wälder ermöglicht der Urwaldstieg am Brocken. Dieser führt auf etwa 200 Metern am Fuße des Brockens in einer Höhe von rund 900 Metern durch einen naturnahen Reitgras-Fichtenwald. Auch dieser „Urwald“ ist keiner im definitorischen Sinne, doch lässt sich hier dennoch ein Einblick in die Waldentwicklung gewinnen, wie sie sich darstellt, wenn sie vom Menschen unbeeinflusst ablaufen kann. Sämtliche Waldentwicklungsstadien – von Fichtensämlingen über Jungbäume und alten Fichten bis hin zu abgestorbenen Bäumen und Totholz – sind hier anschaulich zu erleben.

Im Nationalpark Harz sind die Wilddichten unnatürlich hoch – so hoch, dass selbst in der reinen Laubwaldzone überwiegend Fichtenverjüngung (die das Wild weniger gern frisst) hochkommt. Kleine Laubbäume, oft gepflanzt, wachsen nur mit Schutzmaßnahmen. Eine natürliche Waldentwicklung ist so nicht möglich.

Manche der Bäume in diesem „Urwald“ sind bereits an die 300 Jahre alt und ragen bis zu knapp 40 Meter in den Himmel empor, darunter imposante und bizarre Bäume. Ein solcher na-

Herrliche Wanderwege im Harz-Wald

türlicher Mittelgebirgsfichtenwald ist eine Rarität in Europa, und mit dem „Urwald“ am Brocken wird diese Rarität nicht nur geschützt: Ziel ist es vielmehr, diesen Wald im Nationalpark wieder heimisch zu machen.

Eine Seltenheit im Harz ist eine Raubkatze, die zu Beginn des 19. Jahrhunderts im Harz ausgerottet wurde, seit dem Jahr 2000 aber dank eines Projekts hier wieder heimisch wird: der Luchs. Insgesamt 24 Luchse aus Nachzuchten von europäischen Wildparks wurden bis 2006 im Harz ausgewildert; im Jahr 2002 wurden die ersten in Freiheit geborenen Jungtiere dokumentiert.

Damit sich Interessierte ein Bild von den scheuen Jägern machen können, wurde auf der Rabenklippe ein Luchs-Schaugehege eingerichtet mit zwei Gehegeteilen. Weitere Informationen erhält man in der Luchsausstellung im Haus der Natur im Kurpark von Bad Harzburg.

Die Nationalparkverwaltung hat zu unterschiedlichen Themen interessante Wanderwege ausgewiesen. Neben dem Urwaldstieg finden sich beispielsweise der Borkenkäferpfad, der WaldWandelWeg oder Wildnispfad Altenau. Daneben gibt es ein umfangreiches Wanderwegenetz, und auch im Winter können Skiwanderer den ganz eigenen Charme des Winterwaldes erkunden.

Mit der Bahn erreicht man den Nationalpark Harz über Goslar, Bad Harzburg, Wernigerode, Herzberg oder Walkenried. Weiter geht es

Harte Bedingungen für den Harz-Wald

im Nationalpark mit Bussen oder der bekannten Harzer Schmalspurbahn. Eine Fahrt mit den von Dampfloks gezogenen Waggons ist dabei ebenso ein Erlebnis wie die ursprüngliche Natur im Nationalpark Harz.

Mit dem Pkw reist man von Osten über die A 14 und Bundesstraßen über Wernigerode an; von Westen über die Autobahn A 7 sowie Bundes- und Landstraßen.

INFO

Nationalparkverwaltung Harz
Lindenallee 35, D-38855 Wernigerode
Tel.: +49 (0)3943/5502-0
Fax: +49 (0)3943/5502–37
E-Mail: info@nationalpark-harz.de
www.nationalpark-harz.de

Haus der Natur
Nordhäuser Straße 2b
D-38667 Bad Harzburg
Tel.: +49 (0)5322/784337
www.haus-der-natur-harz.de

Von Petra Lindner

Urwald Sababurg im Reinhardswald

Bereits 1907 wurde der sogenannte Urwald Sababurg, auch als Urwald im Reinhardswald bezeichnet, auf einer Fläche von rund 61 Hektar unter Naturschutz gestellt und war von Beginn an ein Totalreservat, das in keiner Weise mehr durch den Menschen genutzt wurde; damit ist er das älteste Naturschutzgebiet im Bundesland Hessen. Ideengeber für die Unterschutzstellung war seinerzeit der Düsseldorfer Künstler Theodor Rocholl, der von der hiesigen Natur zu verschiedenen Landschaftsgemälden inspiriert wurde. Das geschützte Areal – über 70 Prozent davon sind Waldgebiete – erstreckt sich nach verschiedenen Veränderungen heute über gut 92 Hektar und liegt im Reinhardswald, einem rund 200 Quadratkilometer großen Mittelgebirge in Nordhessen im Landkreis Kassel, das zum Weserbergland gehört. Der Urwald Sababurg befindet sich dabei etwa 37 Kilometer nördlich von Kassel und knapp 50 Kilometer westlich von Göttingen. Die nächstgelegene Stadt ist das ungefähr 15 Kilometer südwestlich liegende Hofgeismar.

Das Klima in der Region ist gemäßigt und atlantisch geprägt; die Jahresniederschlagsmenge beträgt durchschnittlich 850 Millimeter, es herrscht eine mittlere Jahrestemperatur von knapp acht Grad.

Entgegen dem Namensbestandteil „Urwald" handelt es sich auch bei diesem Waldgebiet nicht um einen echten Urwald, einen von Menschen noch nie genutzten sogenannten Primärwald, wie er lediglich noch in Teilen Skandinaviens und Russlands zu finden ist; doch die Waldvegetation, die sich seit über 100 Jahren ungestört entwickeln konnte, besitzt zumindest eine deutliche Naturnähe mit einem sehr alten Baumbestand und der typischen Begleitvegetation.

Der Boden des Gebiets weist einen geringen Nährstoffgehalt auf. Über Buntsandstein befinden sich Braunerden. Normalerweise finden sich auf solchen nährstoffarmen, sauren Standorten Hainsimsen-Buchenwälder, und auch auf dem Areal des Urwalds Sababurg dominiert dieser Waldtyp mit gut 60 Prozent und Pflanzen wie der Blaubeere oder dem Waldreitgras, die auf den sauren Boden verweisen; jedoch haben die Bewirtschaftung durch den Menschen und insbesondere die Nutzung als Weidewald in vergangenen Jahrhunderten dafür gesorgt, dass sich hier auch eine Vielzahl an Eichen in Birken-Eichenwäldern befindet.

Herausragende Wahrzeichen des Urwalds Sababurg sind die zahlreichen imposanten Baumriesen, uralte Eichen und Buchen mit teils bizarren Erscheinungsformen, die dem Wald das Flair eines Märchenwaldes verleihen. Diese bizarren Formen gehen auf die Nutzung als Hutewald (Hütewald = Waldbeweidung durch Rinder, Schafe und Ziegen) zurück, bei dem die Bäume sehr

vereinzelt standen und dadurch tief angesetzte, knorrige Kronen ausgebildet haben. Charakteristisch ist auch der außerordentlich hohe Anteil an Totholz, das Lebensraum und Nahrung für zahlreiche verschiedene Lebewesen bietet. Besonders bemerkenswerte Baumexemplare sind die „Wappeneiche" und die „Kamineiche"; aber auch die zahlreichen namenlosen, teilweise mehrere Hundert Jahre alten Eichen und Buchen verdienen Beachtung.

Auf und im Boden sowie im Totholz finden sich seltene Moose und Flechten ebenso wie eine Vielzahl von Pilzen – verschiedene davon gehören zu den gefährdeten und damit besonders schützenswerten Arten.

Zu den hier heimischen Insekten zählt vor allem die Population an Hirschkäfern; auch sogenannte Urwaldreliktarten sind hier noch zu finden. Diese leben in alten Wäldern mit einem hohen Totholzanteil; im Urwald Sababurg wurden sogar acht vom Aussterben bedrohte Käferarten identifiziert. Daneben leben hier Säugetiere wie die Wildkatze und Vögel wie Kolkrabe, Rotmilan und Schwarzstorch.

Drei Rundwanderwege ermöglichen es, die beeindruckende Naturvielfalt des Naturschutzgebiets zu Fuß zu erkunden und dabei auf grandiose Baumgestalten zu treffen.

Nicht unerwähnt bleiben sollte auch, dass der Besucherandrang, der auch dem nahegelegenen Tierpark Sababurg und der Sababurg selbst geschuldet ist, insbesondere durch Lärmentwicklung vor allem die scheue Tierwelt beeinträchtigt; aber auch die Vegetation leidet infolge des Begehens durch den Menschen.

Für Interessierte bietet der Naturschutzbund Altkreis Hofgeismar unter anderem geführte Wanderungen an.

Der Urwald Sababurg ist am besten mit dem Pkw über die Autobahnen A 7 oder A 44 sowie Bundes- und Kreisstraßen zu erreichen. Mit der Bahn fährt man aus verschiedenen Richtungen bis Hofgeismar; dann geht es per Bus weiter.

INFO

NABU Altkreis Hofgeismar e.V.
Geschäftsstelle:
Heinrich-Heine-Str. 4, D-34369 Hofgeismar
Tel.: +49 (0)5671/5715
www.nabu-hofgeismar.de

Von Petra Lindner

Naturwaldreservat Lösershag

Im 1991 von der UNESCO anerkannten Biosphärenreservat Rhön liegen mehrere verschiedene Kernzonen – eine besondere unter ihnen ist das Naturwaldreservat Lösershag im Süden des Biosphärenreservats.

Auf einer Größe von knapp 62 Hektar erstreckt sich das Gebiet im bayerischen Teil des Biosphärenreservats – um genau zu sein, im Landkreis Bad Kissingen, etwa 35 Kilometer nördlich der Kreisstadt und knapp 40 Kilometer südlich von Fulda in der Nähe des Ortes Wildflecken zwischen dem Kreuzbergmassiv und den Schwarzen Bergen. Die Schwarzen Berge sind eines der größten außeralpinen Naturschutzgebiete in Bayern. Im Jahr 1978 wurde das Areal als Naturwaldreservat ausgewiesen, das auf einer Höhe von 595 bis 765 Metern über N.N. liegt, mit dem namensgebenden Berg als höchster Erhebung. Die mittlere Jahrestemperatur im Naturwaldreservat beträgt knapp acht Grad, im Jahresmittel fallen gut 820 Millimeter Niederschlag.

Bemerkenswert am Lösershag ist sein Untergrund, der vorrangig aus Basalt besteht. Vor etwa 20 Millionen Jahren war hier, im Zeitalter des Jungtertiärs, noch starke vulkanische Aktivität zu verzeichnen. Aus dieser Epoche datieren die heute noch sichtbaren Basaltblockfelder. Insbesondere durch den unterirdischen Vulkanismus bildeten sich Basaltlager, die später infolge von Erosion freigelegt wurden, abbrachen und sich über die Hänge verteilten. Auf den Basaltblockfeldern siedelt sich kein Wald an, bis auf das vereinzelte Vorhandensein von Sommerlinden oder Vogelbeeren; vielmehr sind sie Lebensraum für speziell angepasste Pflanzen: Farne, Moose oder Flechten. Diese Pflanzen wurden an anderen, für Waldgebiete günstigen Standorten nach Ende der Eiszeit von Wäldern verdrängt und konnten nur an solchen Orten wie den Basaltblockfeldern überleben.

Basaltblockfelder im Reservat Lösershag

Wildnis auf Basalt im Lösershag

Aufgrund des Umstands, dass das Gebiet des Lösershags für eine intensive forst- und landwirtschaftliche Nutzung ungeeignet war, konnte sich hier eine sogenannte natürliche Waldgesellschaft behaupten – also Wälder, wie sie sich entwickeln, wenn der Mensch geringen oder keinen Einfluss ausübt. Der Basaltkegel ist zu etwa 85 Prozent bewaldet. Auf dem Gipfel und den oberen Hängen des Lösershags sind, dem Untergrund aus Basalt geschuldet, Blockschuttwälder zu finden. Hier siedeln sich insbesondere Berg- und Spitzahorn, Sommerlinde, Esche und Bergulme an. Am Lösershag sind diese Bäume bis zu 200 Jahre alt. Dass die Bäume nicht älter sind (etwa 300 oder 400 Jahre), weist jedoch auf eine zumindest in den vorherigen Jahrhunderten stattgefundene Nutzung hin. Allerdings sind die Ulmen hier, wie vielerorts, vom Ulmensterben durch einen Pilzbefall bedroht.

Tiefere Hangregionen sind demgegenüber von Buchenwald, genauer dem Zahnwurz-Buchenwald, geprägt.

Charakteristisch für die Wälder am Lösershag ist ihr sehr hoher Anteil an Totholz, ebenfalls ein Indikator für die fehlende Nutzung durch den Menschen. Dieses Totholz bietet reichhaltige Nahrung und Schutz für eine Vielzahl zum Teil seltener Pflanzen- und Tierarten. Knapp 180 Arten an Holzpilzen wurden zum Ende der 1990er-Jahre im Lösershag nachgewiesen; aber auch Fledermäuse, Wildbienen oder Holzwespen nutzen das Totholz zu Nahrungszwecken oder als Lebensraum. Daneben sind auf einem Rundgang zum Beispiel auch Trollblumen und Silberdisteln zu sehen.

Von Bedeutung insbesondere für die Tiervielfalt ist das reichhaltige Angebot an Baumhöhlen, die Spechte hinterlassen oder die durch Pilzbefall entstehen können. Vögel wie Hohltauben und Eulen nutzen diese Baumhöhlen zum Brüten; daneben dienen sie als Verstecke für beispielsweise den Siebenschläfer. Fledermäuse nehmen die Baumhöhlen dankbar als Winterquartier und vor allem als Wochenstuben (Quartiere, in denen sich die trächtigen Weibchen der Fledermäuse zusammenfinden und ihre Jungtiere zur Welt bringen) an, während verschiedene Vogelarten die Höhlen als Schlafplätze oder auch als Zufluchtsort vor winterlicher Kälte nutzen.

Insbesondere das Vorhandensein der Hohltaube, der einzigen heimischen Taubenart, die in Höhlen brütet, deutet auf einen großen Bestand an Baumhöhlen hin. Bis zu drei Bruten pro Jahr sind üblich; meist nutzen die Vögel die gleiche Bruthöhle, wenn die erste Brut flügge geworden ist. Manchmal kommen aber auch sogenannte „Schachtelbruten“ vor; dann legt das Weibchen in einer zweiten Höhle ein Gelege, noch bevor die erste Brut flügge ist. Neben der Hohltaube fühlen sich auch Rotmilan und Schwarzstorch am Lösershag zu Hause.

Der Wald am Lösershag wird von einem schönen Rundwanderweg erschlossen, auf dem man in ungefähr zwei Stunden die verschiedenen Vegetationsformen anschaulich erleben kann.

Zu erreichen ist der Lösershag mit dem Pkw über die Autobahn A 7 aus Richtung Norden und Süden oder über die A 66 und die A 7 von Westen.

Die Anreise mit öffentlichen Verkehrsmitteln erfolgt von Fulda aus mit Bahn und Bus, von Bad Kissingen bestehen Busverbindungen nach Wildflecken.

INFO

Haus der Schwarzen Berge
Rhönstraße 97
D-97772 Wildflecken-Oberbach
Tel.: +49 (0)9749/91220
Fax: +49 (0)9749/912233
www.biosphaere-rhoen.de

Die Hohltaube

Buchenwald am Arensberg

Skurrile Baumgestalt am Hagenstein

Der Nationalpark Kellerwald-Edersee liegt im Nordwesten Hessens im Landkreis Waldeck-Frankenberg zwischen den Städten Bad Wildungen im Südosten, Korbach im Norden und Frankenberg (Eder) im Südwesten.

Der Park umfasst 57,4 Quadratkilometer und wird im Osten, Westen und Norden vom Edertal mit Edersee und Affolderner See, im Süden vom Wesebach und im Westen zusätzlich vom Lorfebach begrenzt. Die Ausdehnung von Westen nach Osten beträgt dabei etwa 14 Kilometer Luftlinie, von Norden nach Süden ungefähr 12 Kilometer.

Vor über 320 Millionen Jahren existierte in dieser Region noch ein flaches Meer. Im Laufe der Jahrmillionen entstanden Tonschiefer, Quarzit und Grauwacke – heute zählt das Gebiet des Nationalparks zum Rheinischen Schiefergebirge. Durch Erdkrustenbewegungen entstanden die heute erkennbaren Gebirgsformationen; der Hohe Keller mit dem Wüstegarten erreicht eine Höhe von rund 700 Metern. Vulkanische Aktivitäten in der Gegend sorgen dafür, dass Kohlensäure aus dem Boden empordringt – dies begründete die Existenz der Kurorte Bad Zwesten und Bad Wildungen.

Das Klima in der Region liegt im Übergangsbereich von subkontinental und subatlantisch – die Sommer sind trocken und warm, die Winter kalt. Die Niederschlagsmenge beträgt 600 bis 800 Millimeter im Jahresmittel, die Durchschnittsjahrestemperatur 6,5 bis acht Grad.

Bedingt durch den Untergrund sind hier bodensaure Hainsimsen-Buchenwälder die dominierende Waldvegetation. Dort, wo sich die Böden durch einen größeren Nährstoffanteil auszeichnen, finden sich auch Perlgras- und Waldmeister-Buchenwald.

Hainsimsen-Buchenwälder zählen zu den am weitesten verbreiteten Buchenwaldtypen; sie kommen vor allem auf nährstoffarmen Böden wie dem Schieferboden im Kellerwald vor, weisen in der Regel keine Sträucher und nur geringen Bodenbewuchs wie die namensgebende Hainsimse, ein Binsengewächs, auf.

Bemerkenswert ist im Nationalpark Kellerwald-Edersee der große Anteil alter Laubholzwälder, die an verschiedenen Stellen eine besondere Naturnähe aufweisen. Ebenso bemerkenswert ist das Alter der Buchen: Über 40 Prozent sind älter als 150 Jahre, in schwer zugänglichen Steilhanglagen finden sich auch Baumveteranen, die über 250 Jahre alt sind. Darüber hinaus sind in diesen Wäldern alle Baumstadien zu finden – Keimlinge, Jungbäume, ausgewachsene alte Riesen und vermodernde Stämme bilden einen immerwährenden Kreislauf. Seit Juni 2011 zählen die alten Buchenwälder Deutschlands zum UNESCO-Welterbe – einer dieser Wälder findet sich im Nationalpark Kellerwald-Edersee:

Der Kellerwald am Edersee

Mehr als 5700 Hektar umfasst das geschützte Buchenwaldgebiet, das hier, unbeeinträchtigt von menschlichen Ansiedlungen, Straßen und Ähnlichem, geschützt wird und als Repräsentant für die Buchenwälder gilt, die sich seit dem Ende der letzten Eiszeit in Mitteleuropa ausbreiteten und einst charakteristisch für den Kontinent waren.

Besonders bemerkenswert sind an diesem geschützten Gebiet seine Größe und die Naturnähe mit einem ausgeprägten Anteil an Totholz, das anderen Lebensformen wie Insekten, Pilzen und Bakterien eine reichhaltige Lebensgrundlage bietet und dafür sorgt, dass der Wald sich natürlich entwickeln.

Vor allem Fledermäuse fühlen sich im Nationalpark Kellerwald-Edersee zu Hause: 15 von insgesamt 24 in Deutschland heimischen Fledermausarten wie das gefährdete Große Mausohr sind hier zu finden.

Bemerkenswert sind im Nationalpark vor allem die Urwaldkäfer, von denen hier noch zehn Arten vorkommen. Käfer wie der Veilchenblaue Wurzelhalsschnellkäfer gelten als Indikator für die Naturnähe eines Gebiets – sind sie zahlreich vorhanden, so gilt das Gebiet als besonders naturnah und als ein Beleg dafür, dass der Lebensraum der Käfer sich seit der Zeit, als noch echte Urwälder Mitteleuropa bedeckten, nicht wesentlich verändert hat.

Zu den Säugetieren, die im Nationalpark heimisch sind, zählen neben den üblichen Wildarten wie Rot- und Schwarzwild zwei echte kätzische Raubtiere: Sowohl der Luchs als auch die scheue Wildkatze finden hier ein geschütztes Refugium. Und auch seltene Vogelarten wie Schwarzstorch, Rotmilan, Uhu oder Kolkrabe können sich hier ungestört vom Menschen vermehren.

Einen informativen Einstieg in den Nationalpark bietet das Nationalpark-Zentrum, das mittels moderner Technik dem interessierten Besucher die geheime Welt des Nationalparks nahebringt. Daneben werden regelmäßige Rangerführungen angeboten; die Wildnisschule im Buchenhaus am Wildtierpark Edersee vermittelt Wissen über Wälder und Tiere, und Wanderer können sich auf dem etwa 70 Kilometer langen Urwaldsteig rund um den Edersee die urtümliche Natur der Region zu Fuß erschließen.

Der Nationalpark Kellerwald-Edersee ist mit dem Pkw über die A 49 und Bundesstraßen aus nordöstlicher Richtung von Kassel aus zu erreichen; von Nordwesten über die A 44 und A 49 sowie über Bundesstraßen, aus Süden über die A 7 und Bundesstraßen.

Die Bahn unterhält verschiedene Verbindungen nach Korbach, Bad Wildungen oder Frankenberg; von dort geht es weiter mit dem Bus zum Nationalpark.

INFO

Nationalpark Kellerwald-Edersee
Laustraße 8, D-34537 Bad Wildungen
Tel.: +49 (0)5621/75249-0
E-Mail: info@nationalpark-kellerwald-edersee.de
www.nationalpark-kellerwald-edersee.de

NationalparkZentrum Kellerwald
Weg zur Wildnis 1
D-34516 Vöhl-Herzhausen
Tel.: +49 (0)5635/992781
www.nationalparkzentrum-kellerwald.de

BuchenHaus am WildtierPark
Am Bericher Holz 1
D-34549 Edertal-Hemfurth
Tel.: +49 (0)5623/97303-0
www.buchenhaus.eu

Porträt

Von Ewald Lindner

Die Buche

Die Buche, wegen ihres rötlichen Holzes auch Rotbuche genannt, ist in ganz Mitteleuropa in den gemäßigten Klimazonen heimisch. Sie wurde durch die letzte Eiszeit nach Südeuropa verdrängt und ist erst danach, vor etwa 4500 Jahren wieder eingewandert. Die dann entstandenen mitteleuropäischen Urwälder waren überwiegend Buchenwälder und je nach Standort und klimatischen Bedingungen auch mit anderen Laubbäumen durchsetzt. Man findet die Buche selbst in alpinen Lagen von bis zu 1600 Metern über N.N., wo sie auch mit dort heimischen Nadelbäumen Waldgemeinschaften bildet. Die Buche wird aufgrund ihrer positiven ökologischen Eigenschaften auch „Mutter des Waldes" genannt.

Ihre Rinde ist normalerweise bis zu 10 Millimeter dick und glatt. Bei jungen Buchen ist sie dunkelgrau-grün, später wird sie silbergrau. Exemplare ab einem Alter von 200 Jahren bilden eine zunehmend raue Rinde und werden erst dann für viele Arten besiedelbar. Unter günstigen Bedingungen können Buchen bis zu 400 Jahre alt und an die 40 Meter hoch werden. Einzelne Exemplare sollen schon bis zu 700 Jahre alt geworden sein.

Die Buche ist eine eingeschlechtliche Baumart mit männlichen und weiblichen Blüten, die dicht beieinander hängen. Die weiblichen Blüten werden durch die Pollen der männlichen Blüten befruchtet. Die Übertragung erfolgt überwiegend durch Windbestäubung. Die Buche wird in Wirtschaftswäldern mit etwa 50 bis 60 Jahren geschlechtsreif. Im Urwald oft erst mit 100 bis 200 Jahren, da sie als Jungbäume viele Jahrzehnte im Dunkel des Waldes auf auf Ihre Lichtlücke und erst dann einsetzendes Höhenwachstum warten mussten. Buchen bilden alle fünf bis sieben Jahre große Mengen an Blüten und Früchten (Bucheckern) aus. Bucheckern sind sehr ölhaltig und besonders bei Wildschweinen als Leckerbissen beliebt. In früheren Jahren wurden die Bucheckern häufig auch eingesammelt, um Speiseöl und Margarine daraus herzustellen.

Buchenlaub

Bucheckern

Nationalpark Hainich

Von Petra Lindner

Der Baumkronenpfad im Hainich

Mitten im Herzen Deutschlands, im Bundesland Thüringen und tatsächlich nahezu mittig in der Bundesrepublik, befindet sich der Nationalpark Hainich. Ausgewiesen im Jahr 1997 als dreizehnter Nationalpark Deutschlands und einziger Thüringens, ist er eingebettet in den Hainich, das größte zusammenhängende Laubwaldareal der Republik.

Darüber hinaus stellt er auch das größte Waldgebiet Deutschlands dar, das von menschlicher Nutzung unberührt bleibt – 90 Prozent der Gesamtfläche sind bereits ungenutzt. Der Höhenzug des Hainich umfasst etwa 16.000 Hektar, davon sind etwa 13.000 Hektar bewaldet. Der Hainich liegt zwischen den Städten Eisenach im Südwesten, Mühlhausen im Norden und Bad Langensalza im Osten. Der Nationalpark nimmt im Hainich insgesamt 7400 Hektar ein, seine maximale Ausdehnung beträgt sowohl von Westen nach Osten als auch von Norden nach Süden jeweils ungefähr 12 Kilometer.

Zu DDR-Zeiten war der Wald militärische Sperrzone und wurde nur sehr selten betreten; gleichzeitig wurden für militärische Zwecke große Flächen gerodet und zum Beispiel als Schießbahnen genutzt. Seitdem das Gebiet zum Nationalpark erklärt wurde und ungenutzt bleibt, ist insbesondere auf diesen Flächen der Prozess der Wiederbewaldung im Gange und in seinen verschiedenen Stadien sehr gut zu beobachten.

Dank des außergewöhnlichen Vorkommens an Buchenwäldern gehört der Nationalpark Hainich seit Juni 2011 zu dem UNESCO-Welterbe „Buchenurwälder der Karpaten und Alte Buchenwälder Deutschlands".

Ziel ist es, dass sich der Wald vollkommen ungestört entwickeln kann und sich damit wieder den Urwäldern annähert, die einst große Flächen Mitteleuropas bedeckten. Bis kurz vor der Ausweisung wurden aber Buchen gefällt, wie viele relativ frische Baumstümpfe bezeugen. Durch diese Nutzung fehlt auch in weiten Bereichen noch eine halbwegs naturnahe Ausstattung des Waldes mit abgestorbenen oder sehr alten Bäumen (in einem Urwald wären dies 200 Kubikmeter Holz oder etwa 15 große Bäume pro Hektar).

Das Klima in der Region liegt zwischen dem westlichen atlantischen und dem östlichen Kontinentalklima; abhängig von der Höhenlage bewegt sich die durchschnittliche jährliche Niederschlagsmenge zwischen 600 und 800 Millimetern, die Jahresdurchschnittstemperatur beträgt sieben bis acht Grad.

Der höchste Gipfel des Hainich-Höhenzugs, unmittelbar am Nationalpark gelegen, ist der Alte Berg in der Nähe von Craula mit einer Höhe von knapp 494 Metern über N.N.

Der Boden des Nationalparks besteht wie der gesamte Hainich hauptsächlich aus verwitterten Relikten des Oberen und des Unteren Muschelkalks, der im Mitteltrias vor etwa 246 bis 229 Millionen Jahren entstand; auf kleineren Flächen finden sich auch Keuper, Zechstein sowie Buntsandstein. Charakteristisch für den Muschelkalk-Boden sind Laubwälder, in denen die Rotbuche dominiert. Daneben kommen in den Buchenwaldgesellschaften Bäume wie Ahorn, Linde oder Esche vor, selbst die Elsbeere, ein überwiegend in wärmeren Lagen heimischer Laubbaum, ist hier zu finden.

Obwohl wie alle anderen Wälder in Mitteleuropa auch der Hainich jahrhundertelang bewirtschaftet wurde, kennzeichnet ihn Naturnähe; auch fremde Arten wie Nadelgehölze finden sich nur selten.

Dominierend ist der Waldgersten-Buchenwald, der charakteristisch für den an Basen und Nährstoffen reichen Boden ist; daneben finden sich Hainsimsen- und Orchideen-Buchenwald sowie Eichen-Hainbuchenwälder und standortabhängig auch Moor-, Erlen- und Eschenwälder. Ein imposantes Relikt einer Buche ist ein vier Meter hoher Stumpf, der einen beträchtlichen Umfang von über fünf Metern aufweist.

Ein besonders bemerkenswertes Baumexemplar im Nationalpark ist jedoch ausgerechnet keine Buche, sondern eine Stieleiche, die sogenannte „Betteleiche“ bei der Wüstung Ihlefeld (Foto siehe Seite 62). Der Baum soll über 800 Jahre

Porträt

von Thomas Mölich

Die Wildkatze

Sie leben zurückgezogen, versteckt, meist schlafen sie tagsüber und jagen nachts. Kaum jemand bekommt sie zu Gesicht. Aber sie sind da, hier im Hainich gibt es sie noch: die Wildkatzen...

Nein, es sind keine davongelaufenen Hauskatzen. Sie wirken größer als ihre Verwandten hinter dem Ofen, kräftiger und wilder als unsere Stubentiger. Und sie durchstreiften schon die Wälder Europas, lange bevor die Römer die ersten Hauskatzen mit über die Alpen brachten.

Aussehen: Sie sieht einer wildfarbenen Hauskatze sehr ähnlich, aber buschiger Schwanz mit dunklen Ringen und stumpfem, schwarzem Ende. Fellzeichnung nicht kontrastreich, sondern verwaschen. Besonders im Winterfell gedrungen und kräftiger als Hauskatze wirkend (Ohren dann scheinbar kleiner). Die Größe ist etwa wie die der Hauskatze. Das Gewicht: Weibchen meist um vier, Männchen um fünf Kilogramm.

Spuren: Vorderpfote fünf Zehen (der Daumen erscheint aber nicht im Abdruck!), Hinterpfote vier Zehen. Spuren stets ohne Krallenabdruck.

Nahrung: In der Hauptsache Mäuse. Daneben je nach Angebot auch Kaninchen, Vögel, Eidechsen, Frösche und Insekten. Aas nur in Notzeiten. Sehr selten vegetarische Kost.

Junge: Zwei bis vier, sogar sechs Junge pro Wurf kommen zwischen März und September zur Welt, die meisten Würfe gibt es im April. Die Tragezeit beträgt 63 bis 69 Tage. Wildkatzen werden etwa sieben bis zehn Jahre alt, in Gefangenschaft bis über 15 Jahre.

Der Lebensraum: Wildkatzen brauchen störungsarme, naturnahe Rückzugsgebiete, wie sie ausgedehnte Wälder bieten. Dort suchen sie besonders oft die inneren und äußeren Ränder des Waldes auf. Kleine Lichtungen, im Wald verborgene Wiesen und störungsarme Waldränder mit reichen Heckenstrukturen sind wichtige Elemente ihres Lebensraumes.

Der Nationalpark Hainich ist ein Wildkatzengebiet wie aus dem Bilderbuch. Hier finden die Tiere offenes Grasland, ausgedehnte Buschwälder und einen an Baumarten reichen Laubwald, der mitunter bereits urwaldähnliche Züge trägt.

Im Hainich ist das Leben der Wildkatze von dem Zoologen Thomas Mölich erforscht worden. Viele spannende Details und Ergebnisse dieser Studie finden sich in der reich bebilderten Broschüre „Spurensuche im Nationalpark Hainich: die Wildkatze“, aus der auch die obigen Textpassagen stammen.

Buchenwald im Hainich

alt sein und misst etwa 20 Meter. Bemerkenswert ist vor allem der Doppelstamm des Baums, der einen über zwei Meter breiten Durchgang zwischen beiden Stämmen eröffnet. Bereits 1936 wurde der Baum als Natur- und Kulturdenkmal unter Schutz gestellt.

Vier verschiedene Lebensräume kennzeichnen den Nationalpark Hainich und machen ihn zu einer attraktiven Heimat für zahlreiche Tier- und Pflanzenarten. Dies sind – natürlich – die ausgedehnten Waldgebiete; daneben existieren verbuschende Flächen, offene Räume mit Magerrasen und – in geringem Ausmaß – Feuchtlebensräume. Eine Besonderheit bei Letzteren ist der Umstand, dass Fließgewässer aufgrund des Muschelkalks hauptsächlich nur bei starkem Regen oder infolge der Schneeschmelze auftreten.

Neben in Buchenwäldern verbreiteten Pflanzen sind im Nationalpark Hainich zahlreiche seltene Arten heimisch, darunter über 200 gefährdete Pilzarten und insbesondere der Pilz Mycoacia nothofagi, der als Indikator für die Naturnähe eines Buchenwaldes gilt.

Wie in einem Buchenwald nicht anders zu erwarten, ist hier der Buchfink zu Hause – daneben sind aber mehr als 160 Vogelarten im Nationalpark nachgewiesen, darunter der seltene Mittelspecht und der ebenfalls seltene Schwarzstorch.

Charakteristisch für ein so großes Waldgebiet sind auch die Käfer – über 2000 Arten sind im Nationalpark Hainich beheimatet. Vor allem die verschiedenen Holzkäferarten verdienen besondere Beachtung, die sich die verschiedenen Lebensräume zunutze machen, so die auf Waldflächen spezialisierten oder diejenigen, die an Waldrändern und auf Offenflächen ihr Habitat besitzen. Auch vier sogenannte Urwald-Reliktarten leben im Nationalpark Hainich: der Kurzhornschröter, der Gelbbeinige Schwamm-Pflanzenkäfer, der Rötliche Baummulm-Pochkäfer und der Reitters Strunk-Saftkäfer.

Der Nationalpark Hainich lässt sich auf insgesamt 18 Wanderwegen bestens zu Fuß erschließen; Längen von 2 bis 20 Kilometern lassen dabei keine Wanderwünsche unerfüllt. Zum Teil sind die Wege auch barrierefrei angelegt. Man kann den Park auf eigene Faust erkunden; die Nationalparkverwaltung bietet aber auch geführte Wanderungen und vielfältige Informationsveranstaltungen an. Besondere Reize bieten im Frühjahr, wenn die Bäume noch kein Laub tragen und ausreichend Licht an den Waldboden vordringt, die bodenbedeckenden Frühblüher wie Leberblümchen, Märzenbecher, Waldveilchen, Buschwindröschen oder beeindruckende Flächen von Bärlauch, der seinen knoblauchartigen Duft verströmt, und im Herbst die wunderbare Färbung der Laubbäume.

Ein spektakuläres Naturerlebnis der ganz besonderen Art bietet der Baumkronenpfad. Hoch oben zwischen den Baumwipfeln eröffnen sich auf 530 Metern Länge und Höhen zwischen 13 und 40 Metern (den höchsten Punkt bildet eine Aussichtsplattform) vollkommen neue und besondere Ausblicke auf die urtümliche Natur. Hier erlebt man auch die Vielfalt des Lebens auf Höhe der Baumkronen: Spinnen, Käfer, Fledermäuse wie die Bechsteinfledermaus, Schmetterlinge wie den Schillerfalter und Spechte kann man mit etwas Glück hier in ihrem natürlichen Lebensraum sehen.

Das Wahrzeichen des Nationalparks ist die Wildkatze, die hier wieder heimisch ist. Der Nationalpark Hainich bietet dabei ideale Lebensbedingungen für den scheuen Jäger, der hohe Ansprüche an seinen Lebensraum stellt. Die Wildkatze verlangt nach einem Gebiet, in dem sie weitgehend ungestört lebt, bevorzugt werden Waldränder mit Buschflächen und versteckte Waldwiesen. Die Jungen werden nach einer Tragezeit von durchschnittlich 65 Tagen im April oder Mai bevorzugt in alten Baumhöhlen zur Welt gebracht; etwa sechs Wochen nach der Geburt des Wurfes von meist zwei bis vier Tieren, wenn diese zwar noch gesäugt werden, aber auch andere Nahrung zu sich nehmen, wechseln die Katzen in offeneres Buschgelände mit seinem reich-

Die sogenannte „Betteleiche“, ein Naturdenkmal im Hainich

haltigen Nahrungsangebot von insbesondere Mäusen.

Wildkatzen unterscheiden sich optisch von den heimischen (getigerten) Hauskatzen durch ihren buschigen Schwanz mit dunkler Ringelzeichnung und stumpfem, schwarzem Ende. Im Gegensatz zu den Hauskatzen, die von der afrikanischen Falbkatze abstammen, war die Wildkatze schon vor Tausenden von Jahren in Europa heimisch – Funde weisen darauf hin, dass bereits vor über 300.000 Jahren Wildkatzen in Europa gelebt haben müssen. Am Tiefpunkt ihrer Verbreitung befand sich die letzte intakte Wildkatzen-Population Deutschlands im Bereich Eifel/Hunsrück mit damals etwa 400 bis 1000 Tieren.

Wer mehr über Wildkatzen erfahren möchte, der ist im Wildkatzendorf Hütschenroda in unmittelbarer Nähe des Nationalparks bestens aufgehoben, das über diesen scheuen Nationalparkbewohner zahlreiche Informationen bereithält und sogar Blicke auf die Tiere ermöglicht. In der Wildkatzenscheune gibt es als ersten Einstieg viel Wissenswertes über die Wildkatze und ihren Lebensraum; auf der artgerecht angelegten „Wildkatzenlichtung“ leben vier halbwilde Wildkatzenkater (Stand: 2012), und auf dem 7,5 Kilometer langen Wildkatzenpfad kann man den Lebensraum der Tiere selbst erwandern und von der 17 Meter hohen Aussichtsplattform „Hainichblick“ spektakuläre Ausblicke in die Landschaft genießen. Normalerweise sind Wildkatzen scheue Einzelgänger und jede hat ein Revier von mehreren Quadratkilometern, sodass man sie kaum zu Gesicht bekommt.

Der Nationalpark Hainich ist sowohl mit öffentlichen Verkehrsmitteln als auch mit dem Pkw gut zu erreichen.

Die Deutsche Bahn fährt die anrainenden Städte Eisenach und Bad Langensalza regelmäßig an; von dort verkehren die Buslinien 27a und 726. Von Mai bis Oktober sowie an Wochenenden und Feiertagen ist zusätzlich der Hainich-Express von Mülverstedt zum Ihlefeld im Einsatz.

Mit dem Auto gelangt man sowohl von Osten als auch von Westen über die Autobahn A 4 bis Eisenach, danach über Bundes- und Landstraßen zum Nationalpark.

INFO

Nationalpark Hainich
Bei der Marktkirche 9
D-99947 Bad Langensalza
Tel.: +49 (0)3603/3907-0
Fax: +49 (0)3603/3907-20
E-Mail: Nationalpark.Hainich@NNL.thueringen.de
www.nationalpark-hainich.de

Wildkatzendorf Hütschenroda
Wildtierland Hainich GmbH
Schloßstraße 4
D-99820 Hörselberg-Hainich
OT Hütschenroda
Tel.: +49 (0)36254/8651-64 oder -80
Fax: +49 (0)36254/8651-82
E-Mail: info@wildkatzendorf.de
www.wildkatzendorf.de

Biosphärenreservat Vessertal-Thüringer Wald

Von Petra Lindner

Bereits im September 1939 wurde ein Gebiet von rund 1384 Hektar im thüringischen Vessertal zum Naturschutzgebiet erklärt; 1979 erfolgte die Anerkennung als UNESCO-Biosphärenreservat. Heute umfasst das im südwestlichen Thüringen zwischen Ilmenau, Suhl und Schleusingen gelegene Biosphärenreservat eine Gesamtfläche von 17.000 Hektar. Das Vessertal mit knapp 279 Hektar gehört zur Kernzone; unter Schutz gestellt ist dabei ein repräsentativer Ausschnitt des europäischen Mittelgebirges. Das Biosphärenreservat Vessertal-Thüringer Wald erstreckt sich von Osten nach Westen über knapp 18 Kilometer, von Norden nach Süden über knapp 16 Kilometer und umfasst dabei Teile des Thüringer Waldes und des Thüringer Schiefergebirges. Der bekannte Thüringer Fernwanderweg Rennsteig durchquert auf einer Länge von gut 20 Kilometern das Reservat, in dem mit dem Großen Beerberg mit einer Höhe von knapp 983 Metern auch der höchste Berg Thüringens liegt, ebenso die beiden nächsthöheren Berge Großer Finsterkopf und Schneeberg.

Etwa 90 Prozent der Fläche des Biosphärenreservats sind von Waldgebieten bedeckt, die größtenteils uneingeschränkt bewirtschaftet werden, die restlichen zehn Prozent verteilen sich auf Moore, Wiesen und menschliche Ansiedlungen. Vor etwa 6000 Jahren existierten auf den Höhenlagen Mischwälder aus Eiche, Haselnuss und Fichte; vor ungefähr 4500 Jahren versumpften die Wälder, und es bildeten sich die Moore heraus. Mit dem Ende der letzten Eiszeit, vor rund 10.000 Jahren, siedelten sich erneut Bäume in dem Gebiet an; vor ungefähr 3000 Jahren breiteten sich Rotbuche, Fichte und Weißtanne aus. Heute finden sich in den tieferen Lagen des Mittelgebirges vor allem Laubwälder, in höheren Lagen Laubmischwälder und auf den Kämmen vor allem Fichten. Buchen, die charakteristische Baumart für die mitteleuropäischen Laubwälder, haben sich im Vessertal-Thüringer Wald auf fast allen Höhenlagen, bis auf die Bergkämme, angesiedelt und dominieren das Waldbild. Bedeutsam ist die Vielzahl der verschiedenen Waldbilder, die sich hier abhängig von ihrer Lage gut beobachten lassen. Mit etwa drei Viertel des Baumbestandes dominieren Fichten; vor allem in Kammlagen und auf der Nordostabdachung. Buchen hingegen finden sich vor allem an der Südostabdachung.

Erste Besiedlungen durch Menschen datieren rund 1000 Jahre zurück; in den nachfolgenden Jahrhunderten wurde der Waldbestand durch Bewirtschaftung, insbesondere Gewinnung von Buchenholz zur Köhlerei,

Waldwiese im Vessertal

stark geschädigt. Die Wiederaufforstung erfolgte vor allem mit schnell wachsenden Bäumen wie Fichten; heute besteht eines der Schutzziele darin, die Fichtenwälder erneut in Laubmischwälder mit Buchen, Bergahorn und Weißtannen zu verwandeln.

Braunerden und nährstoffarme Untergründe, Gleye und Ranker bestimmen die auf ihnen wachsende Vegetation. Das Klima im Biosphärenreservat variiert mit der Lage und liegt zwischen atlantischem und kontinentalem Klima; während die Hochlagen über 800 Meter ein raues Klima mit häufigen Niederschlägen bis zu 1200 Millimeter im Jahresmittel und einer Durchschnittstemperatur von etwa vier Grad aufweisen, fallen in Lagen bis 400 Meter ungefähr 400 Millimeter Niederschlag, und die Temperaturen sind mit sieben Grad im Jahresmittel deutlich wärmer als auf den Kammlagen.

Die Kernzone des Biosphärenreservats mit nur 3,3 Prozent der Gesamtfläche bleibt gänzlich ungenutzt, sodass der Wald sich hier den natürlichen Gegebenheiten entsprechend entwickeln kann. Der hohe Anteil von Totholz bietet Lebensraum für Pilze, Insekten und Bakterien, die den abgestorbenen Baum in den natürlichen Kreislauf zurückführen. Die restlichen 96,7 Prozent der Fläche dürfen leider weiterhin land- und forstwirtschaftlich „misshandelt" werden. Das bedeutet für den Wald: sehr wenig Schutz und viel wirtschaftliche Ausbeutung.

Im Frühjahr entwickelt sich unterhalb der noch kahlen Buchen ein reicher Vegetationsteppich aus unter anderem Buschwindröschen und Waldbingelkraut; die Buchenwälder beheimaten den Schwarzspecht.

Eine Besonderheit des Biosphärenreservats sind sogenannte Schneeinsekten, das heißt solche Insekten, die vor allem während der kalten Jahreszeit existieren und sich vermehren. Zu ihnen zählen Winterhaft, Schneeschnake und diverse Spinnenarten. Weitere Tiere, die sich im Biosphärenreservat wohlfühlen, sind das Birkhuhn und der Schwarzstorch; vereinzelt werden Luchs und Wildkatze gesichtet, und im Jahr 2009 war sogar ein Elch zu Gast in dem Gebiet.

Daneben bietet das Biosphärenreservat auch seltenen Pflanzen wie der Rosmarinheide, dem Holunder-Knabenkraut oder der Sumpf-Fetthenne ebenso ideale Lebensbedingungen wie bis zu 250 Flechtenarten.

Fünf Rundwanderwege erschließen das Biosphärenreservat für den Naturfreund; daneben bietet die Verwaltung des Biosphärenreservats zahlreiche Wanderungen zu verschiedenen Themen an; für Kinder und Jugendliche gibt es speziell zugeschnittene naturpädagogische Angebote.

Das Biosphärenreservat ist mit öffentlichen Verkehrsmitteln zum Beispiel mit Bahn und Bus über Zella-Mehlis oder Suhl zu erreichen. Mit dem Pkw gelangt man über die Autobahn A 73 von Süden, über die A 71 von Osten und Westen in die Region.

INFO

Biosphärenreservat Vessertal-Thüringer Wald
Verwaltung
Waldstraße 1
D-98711 Schmiedefeld am Rennsteig
Tel.: +49 (0)36782/666-0
Fax: +49 (0)36782/666-29
E-Mail: poststelle.vessertal@nnl.thueringen.de
www.biosphaerenreservat-vessertal.de

Von Petra Lindner

Biosphärenreservat Rhön

Über das Gebiet von gleich drei Bundesländern erstreckt sich das Biosphärenreservat Rhön in der Mitte Deutschlands – die insgesamt 185.262 Hektar verteilen sich mit 39,3 Prozent auf Bayern, 34,3 Prozent auf Hessen und 26,4 Prozent auf Thüringen. Nach der Wiedervereinigung wurde das Gebiet im September 1991 von der UNESCO zum Biosphärenreservat erklärt. Das Biosphärenreservat liegt etwa 28 Kilometer östlich des hessischen Fulda und 51 Kilometer nördlich von Bad Kissingen in Bayern.

Verschiedene Zonen gliedern das Biosphärenreservat: In der Kernzone, die etwa zwei Prozent der Gesamtfläche ausmacht, wird die natürliche Dynamik unbeeinflusst von menschlichen Eingriffen erhalten; die Pflegezone dient dem Erhalt der über Jahrhunderte entstandenen Kulturlandschaft, und die Entwicklungszone soll der nachhaltigen Entwicklung dienen und dabei die Belange von sowohl Mensch als auch Natur berücksichtigen. Von der Entstehungsgeschichte der Rhön zeugen heute noch die Kalisalze, die im Perm (vor knapp 300 bis etwa 250 Millionen Jahren) abgelagert wurden, sowie Buntsandstein und Muschelkalk aus der dem Perm folgenden Epoche des Trias, während starke vulkanische Tätigkeit im Tertiär vor rund 25 bis 11 Millionen Jahren Basalt hinterließ.

Charakteristisch für die Rhön als alte Kulturlandschaft ist ihr relativ geringer Waldanteil von rund 40 Prozent der Gesamtfläche, der überwiegend aus Buchenwäldern besteht; daneben prägen Moore, Muschelkalkfelsen, Basaltblockhalden, Borstgraswiesen und Kalkmagerrasen das Gesicht der Mittelgebirgslandschaft. Auf unbewaldeten Felshängen und Basaltblockhalden leben Pflanzen, die hier, im Gegensatz zu anderen Gebieten, nach der letzten Eiszeit nicht von Wäldern verdrängt werden konnten.

Die ansonsten dominierende Buche tritt in Schluchten oder auf schattigen Hanglagen gegenüber anderen Wäldern, zumeist aus Berg- oder Spitzahorn, Bergulme und Esche, zurück, während in gewässerreichen Senken vor allem Weiden, Erlen und Eschen entlang der Gewässerläufe angesiedelt sind.

Verschiedene Waldgebiete des Biosphärenreservats unterliegen als Kernzonen einem besonderen Schutz. Hierzu zählt das Naturschutzgebiet Klosterwald in etwa 575 Meter Höhe über N.N. auf dem Gebiet Gotteskopf auf nährstoffreichen Braunerden mit Basaltblockdecken als prägendem Untergrund. Er gilt als eines der naturnahesten Waldgebiete im Biosphärenreservat, da bereits vor vollständiger Unterschutzstellung aufgrund des unzugänglichen Standortes die Holznutzung nur eingeschränkt erfolgte und sich die natürliche Waldgesellschaft mit einem entsprechend hohen Totholzanteil entwickeln konnte. Diese ist geprägt durch einen edellaubholzreichen Buchenmischwald auf Basaltblockstandorten. Neben Buchen wachsen hier vor allem Esche, Bergulme und Bergahorn, während die reiche Bodenflora sich unter anderem aus Bärlauch, Waldmeister, Sauerklee und Frauenfarn zusammensetzt. Daneben finden sich auch die Waldgesellschaften des Eschen-Ahorn-Steinschuttwaldes und des Waldhaargersten-Buchenwaldes. Hier nisten Waldvögel wie Waldlaubsänger und Waldschnepfe. Zu den hier heimischen Säugetieren zählt neben dem üblichen Schwarz- und Rotwild auch der Europäische Mufflon, der irgendwann einmal hier angesiedelt wurde. Mufflons sind wahrscheinlich verwilderte

Hausschafe, die aus Asien stammen und schon vor Jahrhunderten nach Europa importiert wurden. Heute werden Mufflons im Wald aus rein jagdlichen Gründen toleriert und verursachen hier immense Schäden. So ist auch der schöne Buchenwald auf den Basaltblockstandorten des Biosphärenreservats leergefressen, das heißt, junge Laubbäume haben kaum eine Chance, und der alte Wald vergreist.

Auch das **Naturschutzgebiet Rhönwald** dient als Kernzone dem Schutz eines wertvollen Waldgebiets auf rund 166 Hektar, 44 Hektar davon in Hessen, 122 Hektar in Thüringen. Hier soll ein edellaubholz- und buchenreicher Bergwald geschützt werden, der sich in der Übergangszone zwischen mittleren und oberen Berglagen befindet. Wie im Klosterwald wachsen neben der dominanten Rotbuche vor allem Esche, Bergahorn und Bergulme. Insbesondere von letzteren beiden Baumarten finden sich im Naturschutzgebiet Rhönwald einige prachtvolle alte Exemplare. Im Rhönwald leben verschiedene Spechtarten, ebenso Fledermäuse, und eine Besonderheit der Quellgebiete ist ein „Urzeitkrebs", ein lediglich zwei Millimeter großes Tier, das ansonsten nur in Tiefengrundwasser, das in rund 1000 bis 3000 Meter Tiefe vorkommt, nachgewiesen werden konnte.

Das Birkhuhn ist eigentlich eine Tierart des hohen Nordens. Es ist schon vor Jahrhunderten als Kulturfolger in der Rhön heimisch geworden, und um es zu unterstützen, werden einige Waldflächen gerodet und künstliche Biotope mit verbuschter Landschaft geschaffen. An dieser Maßnahme ist der schmale Grat zwischen Naturschutz und der Pflege einer alten Kulturlandschaft besonders gut zu erkennen.

Das Klima in der Rhön ist kontinental geprägt; die Temperatur bewegt sich im Jahresdurchschnitt zwischen fünf und sieben Grad, auf Gipfeln und in Hochmooren kann es mit um die vier Grad auch noch deutlich kälter sein. Die Niederschläge variieren, abhängig von der Lage, im Jahresmittel zwischen 600 Millimetern um Fulda bis zu 1100 Millimetern auf der Wasserkuppe.

Das Biosphärenreservat lässt sich in Eigenregie zu Fuß oder mit dem Rad erkunden. Daneben wird eine Vielzahl an thematischen Wanderungen, Vorträgen und Ausstellungen angeboten; für Kinder und Jugendliche, auch für ganze Schulklassen, gibt es spezielle Naturbildungsangebote und Aktionswochen.

Das Biosphärenreservat Rhön erreicht man mit dem Auto aus Norden oder Süden über die Autobahn A 7, aus Westen über die A 66 und die A 7, aus Osten über die A 4 oder die A 71.

Die Deutsche Bahn unterhält regelmäßige Verbindungen in die an das Biosphärenreservat angrenzenden Städte wie Bad Kissingen, Bad Salzungen oder Fulda.

INFO

Biosphärenreservat Rhön
Bayerische Verwaltungsstelle
Oberwaldbehrunger Straße 4
D-97656 Oberelsbach
Tel.: +49 (0)931/380-1665 od. 1664
Fax: +49 (0)931/380-2953
E-Mail: brrhoen@reg-ufr.bayern.de

Biosphärenreservat Rhön
Hessische Verwaltungsstelle
Groenhoff Haus Wasserkuppe
D-36129 Gersfeld
Tel.: +49 (0)6654/9612-0
Fax: +49 (0)6654/9612-20
E-Mail: vwst@brrhoen.de

Biosphärenreservat Rhön
Thüringische Verwaltungsstelle
Propstei Zella
Goethestraße 1
D-36452 Zella/Rhön
Tel.: +49 (0)36964/8683-30
Fax: +49 (0)36964/8683-55
E-Mail: poststelle.rhoen@nnl.thueringen.de
www.biosphaerenreservat-rhoen.de

Von Ewald Lindner

Nationalpark Eifel

Der Nationalpark Eifel liegt im Norden der Eifel zwischen Nideggen im Norden, Gemünd im Süden und der belgischen Grenze im Südwesten. Für diesen 2004 gegründeten Nationalpark gelten die Regeln der „International Union for Conservation of Nature and Natural Resources, IUCN“. Diese Regeln sehen vor, dass innerhalb 30 Jahren mindestens 75 Prozent der Parkfläche der Natur überlassen werden, das heißt, dass diese von jeder menschliche Nutzung frei sein müssen. Ehemals von Menschenhand gestaltete Landschaften verwandeln sich nach und nach wieder in „Buchen-Urwälder“. So wird es jedenfalls von offizieller Seite dargestellt.

Der Nationalpark Eifel ist bislang der einzige im Westen und Südwesten Deutschlands. Neben offenen Graslandflächen setzt sich die Vegetation zu rund 70 Prozent aus Waldgebieten zusammen, die sich in eine wasserreiche Talsperrenlandschaft einbetten. Oberstes Ziel des Nationalparks ist es, den für die Landschaft typischen und vom atlantischen Klima geprägten Hainsimsen-Buchenwald zu schützen, der teilweise in der Nordeifel noch erhalten ist und ursprünglich die gesamte Eifel und große Teile Mitteleuropas bedeckte. Hier erstrecken sich zurzeit noch auf 80 Quadratkilometern Laub- und Nadelwälder, die Restfläche von 30 Quadratkilometern wird von Gras- und Buschland eingenommen.

So unterliegen in dem Entwicklungs-Nationalpark bisher etwa die Hälfte der insgesamt 10.700 Hektar dem Prozessschutz. Nach 30 Jahren, also bis 2034, sollen es dann über 75 Prozent, also rund 8000 Hektar sein.

Der Nationalpark Eifel ist unbestritten ein sehr wertvolles und schützenswertes Natur- und Waldgebiet und wir sollten all den Menschen dankbar sein, die sich für den Erhalt der Natur in diesem Gebiet einsetzen. In verschiedenen Bachtälern im Süden des Nationalparks verwandeln wilde Narzissen die Wiesen jedes

Von Ewald Lindner

Kritische Anmerkungen zum Nationalpark Eifel

Ob man mit der Ausweisung eines Nationalparks den Wäldern der Eifel geholfen hat, darf zumindest bezweifelt werden. Sicher ist, dass bis ins Jahr 2034 die Land- und Forstwirtschaft einen Freibrief für die bisher nicht geschützten Waldflächen hat. Hier werden wohl auch in Zukunft noch große Mengen Holz eingeschlagen, meist mit schwerstem Gerät und im Kahlschlagverfahren. Dies führt zu einer sehr lange andauernden starken Verdichtung des Waldbodens und eine spätere natürliche Entwicklung eines Buchen- oder Laub-Mischwaldes ist auf Jahrhunderte fast unmöglich. Da der mehrere Meter tief verdichtete Waldboden nur noch wenig Wasser aufnehmen kann, das Regenwasser an der Oberfläche abfließt und der Bodenerosion Vorschub geleistet wird, können junge Buchen und andere junge Laubbäume auf diesem Boden kaum Wurzeln schlagen, geschweige denn überleben. Es darf also noch mindestens 30 Jahre auf den nicht geschützten 5500 Hektar des Nationalparks forstwirtschaftlicher Raubbau betrieben werden. Es wäre sicher sinnvoller gewesen, die Waldgebiete als total geschützte Naturwaldresevate mit teilgeschützten Pufferrandzonen auszuweisen.

Nach offizieller Darstellung ist das primäre Ziel im Nationalpark Eifel *„ . . . der Schutz und die freie Entwicklung der bodensauren Rotbuchen-Mischwälder in Mittelgebirgslagen. Da sich das natürliche Verbreitungsgebiet der Rotbuche auf Europa beschränkt, kommt den Wald-Nationalparks wie dem Nationalpark Eifel auch global große Bedeutung zu. Rund 13 Millionen Hektar Wald werden jährlich weltweit vernichtet, das ist mehr als die deutschen Waldflächen. Nur wenn wir unserer Verantwortung zum Schutz der bei uns heimischen Wälder entsprechend nachkommen, können wir von anderen Ländern den großflächigen Schutz ihrer Wälder fordern."*

Zu viel Rotwild schadet dem Wald

So die offizielle Zielsetzung der Nationalparkverwaltung. Doch die natürliche Entwicklung kann nicht stattfinden, denn ein anderes Ziel des Nationalparks, nämlich Rotwild auch am Tage beobachtbar zu machen, ist unvereinbar mit der Rückkehr des Buchenwaldes. Die großen Pflanzenfresser, eigentlich Steppenbewohner, vertilgen den Laubbaumnachwuchs in großen Mengen. Statt der Buchen werden sich also die von ihnen verschmähten Nadelbäume ausbreiten. Raubtiere wie Wölfe und Luchse könnten hier langfristig Abhilfe schaffen und ein Gleichgewicht herstellen, bei dem die Buchen eine Chance hätten, sofern die verdichteten Böden es zulassen.

Doch Auswilderungsprogramme für Wölfe und Luchse sind im Nationalpark Eifel genauso wenig zu erwarten wie im Pfälzer Wald oder anderswo. Selbst wenn Wolf, Luchs und Bär wieder heimisch würden, so wäre die natürliche Verbreitung aufgrund des großen Raumbedarfs dieser Raubtiere so gering, dass hier bestenfalls ein kleines Rudel Wölfe mit maximal sechs Tieren oder ein bis zwei Luchse ein Revier fänden. Ohne die Unterstützung der menschlichen Jäger könnte also erst in vielen Jahrzehnten ein natürliches Gleichgewicht entstehen. So bleibt also das Rotwild den zweibeinigen Jägern vorbehalten, die ihr Jagdwild hegen und pflegen, damit alljährlich im Herbst für jeden Büchsenträger auch ein „Abschuss" frei ist. Die übertriebene Hege des Reh- und Rotwildes führt aber trotz der Jagd durch den Menschen zu unnatürlich hohen Rotwildbeständen, die den jungen Laubbäumen ein Überleben fast unmöglich machen. Man kann diese falsch motivierte Hege ohne Übertreibung auch als „Freiland-Rotwildzucht" bezeichnen. Dies ist aber nicht nur in der Eifel, sondern leider überall in Deutschland gängige Praxis der Waldbesitzer und Jäger. Zu allem Überfluss gibt es im Nationalpark Eifel auch noch große Bestände von freilebendem Muffelwild, das im Mittelalter aus Korsika bei uns als robustes Bergschaf eingeführt wurde.

Hinzu kommt, dass durch die Landwirtschaft dem Rot- und Rehwild Unmengen an Nahrung zur Verfügung stehen, die zu einer nie dagewesenen Vermehrung des Wildes (auch des Schwarzwildes) führt. Tierschützer mag dies freuen, aber zu viele Tiere sind für die Natur genauso schädlich wie zu viele Menschen. Die Bevölkerungsexplosion und die Industrialisierung der letzten dreihundert Jahre in Mitteleuropa sind die Hauptgründe für den dramatischen Rückgang der Waldflächen und die Ausdehnung der Landwirtschaftsflächen, Wohn- und Industriegebiete. Eine Folge der Überbevölkerung ist auch die Zersiedelung der Flächen durch immer neue Straßen, Autobahnen und Eisenbahnschienen. Angesichts solcher Auswirkungen auf unseren Lebensraum sollte man sich über rückläufige Bevölkerungszahlen und rückläufiges Wirtschaftswachstum freuen. Die Ressourcen unserer Erde sind nun einmal begrenzt und die Bäume wachsen nirgendwo in den Himmel.

Kompromisslösungen, wie sie bei der Gründung des Nationalparks Eifel eigegangen wurden und wie man sie fast überall in Deutschland im Zuge der Ausweisung neuer Schutzflächen feststellen kann, führen zu der Frage, ob wir Menschen es irgendwann noch begreifen werden, dass wir Teil dieser Natur sind und ohne sie langfristig nicht überleben können. Es bleibt zu hoffen, dass bei uns allen das Verständnis um die ökologischen Zusammenhänge und die Bereitschaft zu entsprechendem Handeln wächst.

Narzissen im Nationalpark Eifel

Frühjahr in ein gelbes Blütenmeer. Im Sommer wachsen auf den Wiesen duftende Wildkräuter, und wenn der Herbst die ersten kalten Nächte bringt, hallen die Brunftschreie der Rothirsche weithin hörbar durch den Wald. Das ist natürlich für jeden Naturfreund ein einmaliges Erlebnis. Man kann sich nur schwer vorstellen, dass die Rothirsche genau wie die Damhirsche Steppentiere sind, die hier eigentlich nicht hergehören und bereits im Mittelalter von den hochherrschaftlichen Jägern als Jagdwild ausgewildert wurden.

Kaum hörbar und sichtbar sind die Wildkatzen, die durch die Wälder schleichen, und nur die Spuren im Schnee verraten uns, dass die scheuen Tiere, die von unseren graugetigerten Hauskatzen nur schwer zu unterscheiden sind, hier auch ihren Lebensraum haben. Im Nationalpark Eifel haben rund 50 Wildkatzen ihre Heimat, und in den Gewässern des Nationalparks baut auch der Biber seine Wasserburgen. Die an die Wälder angrenzenden Stauseen bieten vielen Wasservögeln eine Lebensgrundlage. In den flachen Waldmoortümpeln findet der Schwarzstorch seine Nahrung. Rund 6200 Tier- und Pflanzenarten wurden im Nationalpark Eifel nachgewiesen, davon finden sich über 1400 auf der „Roten Liste" der vom Aussterben bedrohten Arten wieder. Der Nationalpark Eifel bietet annähernd tausend gefährdeten Tier- und Pflanzenarten eine Heimat und Lebensgrundlage. Allein 1300 verschiedene Käfer wurden bisher in seinen Wäldern entdeckt.

Die dichten Buchen-, Eichen- und Fichtenwälder säumen Bachläufe und Stauseen, die auch die Dreiborner Hochfläche begrenzen. Dieser Wald, der sechzig Jahre lang als Truppenübungsplatz genutzt und nicht bewirtschaftet wurde, hat bereits einen urwaldähnlichen Zustand erreicht. Er zieht sich an den Talhängen hinauf bis an das 500 Meter über N.N. gelegene Hochplateau. Die Erhaltung dieses Naturwaldes als Lebensraum für teilweise seltene Tierarten und die Einrichtung besonders geschützter Ruhezonen rund um die Brutgebiete an den Wasserflächen sind Zielsetzungen der Nationalparkverwaltung, die hoffentlich bald umgesetzt werden.

Ein markiertes Wegenetz macht den Nationalpark zum Erlebnispark für alle Naturliebhaber. Am besten lässt sich das Gebiet unter fachkundiger Führung entdecken. Man kann aus jährlich über 600 Ranger-Touren, Familientagen sowie speziellen Programmen für Schulklassen, Kinder- und Jugendgruppen auswählen. Barrierefreie Angebote, wie zum Beispiel in die Gebärdensprache übersetzte Führungen, lassen den Nationalpark für jedermann zum Naturerlebnis werden.

Eine körperliche Herausforderung ist der 85 Kilometer lange Wanderweg, genannt „Wildnis-Trail", der vom südlichen Ende des Parks bis zur nördlichen Spitze führt. In vier Tagesetappen führt dieser Weg durch den Nationalpark. Tagesstrecken zwischen 18 und 25 Kilometer Länge erschließen dabei alle Landschaftstypen und Lebensräume des Nationalparks. Verschiedene Touren für Wanderer und Familien werden mit Übernachtungen und Shuttle-Service angeboten. Gepäcktransport und Begleitung durch einen Nationalpark-Waldführer können ebenfalls gebucht werden.

INFO

Landesbetrieb Wald und Holz NRW
Nationalparkforstamt Eifel
Urftseestraße 34
D-53937 Schleiden-Gemünd
Tel.: +49 (0)2444/9510-0
Fax: +49 (0)2444/9510-85
E-Mail: info@nationalpark-eifel.de
www.nationalpark-eifel.de

Herbstwald am Urftsee

Von Peter Wohlleben

Urwaldprojekt „Wilde Buche"

Die kleine Eifelgemeinde Hümmel liegt im Landkreis Ahrweiler an der Landesgrenze Rheinland-Pfalz/Nordrhein-Westfalen. Hier stehen noch rund 100 Hektar urtümliche Buchenwälder. Geologischen Gutachten zufolge befinden sie sich auf unveränderten Waldstandorten, die seit Jahrtausenden mit Bäumen bedeckt sind. Nie wurde hier ein Baum gepflanzt, nie der Wald gerodet und der Boden gepflügt. Das ist mittlerweile eine absolute Seltenheit. Die Tierwelt ist weitgehend intakt, und die mächtigen, 200 Jahre alten Stämme vermitteln ein Gefühl dafür, wie einst der größte Teil Mitteleuropas ausgesehen hat. Mittel- und Schwarzspechte finden hier ihr Zuhause ebenso wie der vom Aussterben bedrohte Schwarzstorch oder die scheue Wildkatze. Die ungeheure Artenvielfalt eines Urwaldbodens wird wissenschaftlich von der RWTH Aachen (Institut für Umweltforschung) untersucht. Zahlreiche Spezies sind noch gar nicht entdeckt, und die bekannten sind in ihrem Tun noch völlig unverstanden. Über Springschwänze, Hornmilben und andere Kleinstlebewesen weiß man auch deshalb so wenig, weil es zu ihrer Erforschung kaum Gelder gibt. Als „Bodenplankton" sind sie wahrscheinlich wichtiger als viele Vogelarten, aber eben auch deutlich unattraktiver. Umso wichtiger ist es, solche einzigartigen Ökosysteme zu erhalten. Doch wie kann es sich ein kleines Dorf leisten, die wertvollsten Waldbestände einfach als Schutzgebiete auszuweisen? Die Antwort liefern scheckkartengroße Metallplaketten, die an den silbergrauen Riesen befestigt sind. Darauf stehen Namen und Daten, manchmal auch ein Gedicht. Denn ein Teil des Waldes wurde im Jahr 2003 unter der Bezeichnung „Ruheforst" zu einem Urnenfriedhof. Die Buchen werden für 100 Jahre als lebende Grabsteine verpachtet; beigesetzt wird hier in Form von Urnen, die natürlich aus unbehandeltem Buchenholz bestehen. So ist garantiert, dass hier bis zum Jahr 2115 kein Stamm mehr gefällt werden darf.

Manche Teile dieser alten Wälder sind jedoch zu abgelegen und unwegsam, als dass sie sich für Bestattungen eignen würden. Hier greift eine weitere Idee der findigen Bürger: Die „Wilde Buche". Mithilfe von Forest Finance, einem Dienstleister mit ökologischen Grundsätzen aus dem nahen Bonn, werden Patenschaften an Firmen vermittelt. Die ersetzen der Kommune den Verlust aus dem Verzicht auf die Holznutzung, sodass die Wälder für viele Jahrzehnte unangetastet bleiben. So ist es gelungen, alle alten Buchenwälder dauerhaft für die nächsten Generationen zu bewahren. Die übrigen Waldgebiete der Gemeinde Hümmel werden nach strengen ökologischen Kriterien bewirtschaftet: keine Erntemaschinen, stattdessen Waldarbeiter in Kombination mit Pferden und vor allem ein Zurückdrängen von Nadelbäumen zugunsten von Buchen.

Wer den alten Buchenwald erleben möchte, kann an den monatlich angebotenen kostenlosen Führungen durch den Ruheforst teilnehmen. Und wenn es ein bisschen rustikaler und ausführlicher sein soll, ist vielleicht ein Blockhauswochenende oder eine Survivaltour durch den urwüchsigen Hümmeler Wald das Richtige, wie sie der Forstbetrieb anbietet.

Öffentliche Verkehrsmittel gibt es in der dünnbesiedelten Eifel kaum; so ist der nächste Bahnhof Bad Münstereifel 12 Kilometer entfernt.

INFO

Forstbetrieb Hümmel
Forsthaus
D-53520 Hümmel
Tel.: +49 (0)2694-930256

Näheres zu den aktuellen Terminen und eine detaillierte Anfahrtsbeschreibung zum Waldparkplatz finden Sie unter: www.ruheforsthuemmel.de

Informationen zur Wilden Buche gibt es unter: www.wildebuche.de.

Baum Nr. 407 im Ruhewald Hümmel

Naturschutzgebiet Kühkopf-Knoblochsaue

Von Petra Lindner

In unmittelbarer Nähe zweier großer Ballungsgebiete liegt ein Naturschutzgebiet von besonderer Bedeutung. Im Norden die Metropolregion Rhein-Main, im Süden das Rhein-Neckar-Gebiet, befindet sich nur etwa 30 Kilometer südlich von Frankfurt am Main, 40 Kilometer südlich von Mainz und 20 Kilometer westlich von Darmstadt im Landkreis Groß-Gerau mit dem Naturschutzgebiet Kühkopf-Knoblochsaue eine einzigartige Flussauenlandschaft, die am Lauf des Rheins ihresgleichen sucht. Das Naturschutzgebiet ist mit 24 Quadratkilometern das größte in Hessen und ist auch als „Europareservat" durch die deutsche Sektion des Internationalen Rates für Vogelschutz e.V. ausgezeichnet.

In der Vergangenheit unterlag die Landschaft entlang des größten deutschen Stromes gravierenden Eingriffen durch den Menschen. So wurde 1829 die Rheinschleife begradigt, aus der die Binneninsel Kühkopf entstand, die heute in der 16 Kilometer langen Schleife des Altrheins liegt. Überhaupt trugen in den vergangenen beiden Jahrhunderten Flussbegradigungen, Fahrrinnenveränderungen und der Oberrheinausbau dazu bei, dass die für das flussnahe Ökosystem so bedeutenden Auenlandschaften zum größten Teil vernichtet wurden. Die besondere Bedeutung des Gebiets um Kühkopf und Knoblochsaue als größtem zusammenhängendem Auengebiet am Oberrhein wurde allerdings bereits 1952 mit der erstmaligen Unterschutzstellung anerkannt.

Heute erlebt man hier eine natürliche Auenlandschaft, wie sie sich in von menschlichen Eingriffen unbeeinflussten Überschwemmungsgebieten des

Am Altrhein bei Stockstadt

Kopfweiden im Kühkopf

Rheins darstellt, mit einem abwechslungsreichen, vielfältigen Lebensraum. Sie wird charakterisiert durch die gehölzfreie Aue mit Schlammfluren und Röhricht, Auenwiesen sowie Weich- und Hartholzauenwälder.

Insbesondere den Auenwäldern kommt aufgrund ihrer heutigen Seltenheit eine besondere Bedeutung zu. An den am tiefsten gelegenen Standorten finden sich die Weichholzauenwälder, die vor allem aus Silberweiden und Pappeln bestehen. Die Weiden können bis zu 300 Tage im Jahr im Wasser stehen, ohne geschädigt zu werden. Die häufig ausgehöhlten Stämme bieten vor allem Vögeln ideale Lebensbedingungen, unter anderem der Weidenmeise oder dem Waldkauz.

In den sich anschließenden etwas höheren Lagen finden sich Hartholzauenwälder – auf dem Karlswörth und auf dem Rindswörth gehören sie zu den ältesten Beständen in ganz Europa. Stieleichen von bis zu 250 Jahren, die unter den speziellen Bedingungen der Auenlandschaft damit ihr natürliches Alter bereits erreicht haben, Eschen von bis zu 150 Jahren sowie Ulmen, von denen verschiedene Exemplare dem anhaltenden Ulmensterben standgehalten haben, finden sich in diesen Wäldern. Daneben wachsen hier zahlreiche Sträucher und Wildobstarten. In den Hartholzauenwäldern nisten zahlreiche Greifvögel – im Naturschutzgebiet Kühkopf-Knoblochsaue ist auch der seltene Schwarzmilan heimisch, der hier mit über 30 Paaren in Mitteleuropa am häufigsten angesiedelt ist. Auch finden sich hier noch viele seltene und geschützte Insektenarten wie zum Beispiel der grüne „goldglänzende“ Rosenkäfer.

Der Schwarzmilan

Ein Naturschauspiel der besonderen Art bieten die Hartholzauenwälder vor allem im Frühjahr, wenn Bärlauch, Blaustern und Primel den Waldboden in ein buntes Farbenspiel tauchen.

Die zunehmend bessere Wasserqualität hat dazu beigetragen, dass der Rhein hier wieder Heimat für insgesamt 43 Fischarten (von ursprünglich 47 Arten) ist – im Altrhein laichen vor allem Hecht, Zander und Barsch, aber auch das schon vor 2000 Jahren von den Römern nach Deutschland eingeführte und hier nicht heimische „Wasserschwein“, der Karpfen.

Die Bodenbeschaffenheit in der Auenlandschaft ist durch die stetige neue Ablagerung von Sedimenten als Folge von Hochwasser unbeständig; zum Ende der letzten Eiszeit vor rund 10.000 Jahren lagerte der Rhein Ton und Lehm in der Aue ab, während die heutige Lehmschicht insbesondere dadurch entstand, dass infolge von Rodungen durch den Menschen Bodenerosionen stattfanden.

Das Klima ist subkontinental geprägt mit Niederschlagsmengen zwischen 600 und 700 Millimetern im Jahresdurchschnitt. Die Jahresdurchschnittstemperatur liegt bei 9,5 Grad.

Das Naturschutzgebiet ist mit dem Auto rechtsrheinisch über die Autobahn A 67 und die Bundesstraße B 44 zu erreichen sowie linksrheinisch über die Bundesstraße B 9. Die Deutsche Bahn unterhält regelmäßige Verbindungen nach Riedstadt und Stockstadt am Rhein. Beide Orte liegen unmittelbar am Naturschutzgebiet.

Das Hofgut Guntershausen e.V. bietet zahlreiche Informationen zur Flussauenlandschaft Kühkopf-Knoblochsaue an. Daneben erschließen geführte Wanderungen beispielsweise die vielfältige Vogelwelt, und auf dem über 60 Kilometer langen Wander- und Radwegenetz kann man sich die einzigartige Natur auch auf eigene Faust erschließen.

INFO

Hofgut Guntershausen
Förderverein Hofgut Guntershausen
Tel.: +49 (0)6158/82920/39
E-Mail: mail@hofgut-guntershausen.de
www.hofgut-guntershausen.de

Der Spessart

Von Petra Lindner

Gemeinhin bekannt dürfte der Spessart durch Wilhelm Hauffs Erzählung „Das Wirtshaus im Spessart", Bestandteil des Hauff'schen Märchenalmanachs, sein. Doch das Mittelgebirge zwischen Rhön, Vogelsberg und Odenwald, im Norden von der Kinzig, im Nordosten von der Sinn und im Westen, Süden und Südosten vom Main begrenzt, bietet viel mehr als lediglich die Kulisse einer Erzählung. Insbesondere wartet der Naturpark Spessart mit viel Natur auf – in seinem Kerngebiet findet sich keine größere Stadt, dafür aber zum Teil sehr urtümliche Waldflächen.

Der **Naturpark Spessart** erstreckt sich über eine Fläche von über 2400 Quadratkilometern und gilt als waldreichstes Mittelgebirge in Deutschland. 1961 wurde der 1710 Quadratkilometer große Naturpark Bayerischer Spessart gegründet, ein Jahr später folgte der Naturpark Hessischer Spessart mit einer Fläche von 730 Quadratkilometern.

Schon der Name deutet auf den Waldreichtum hin – entstanden ist er aus den Bestandteilen „Specht" und „Hardt" (= Bergwald). Die Entstehung des Spessarts reicht 500 bis 700 Millionen Jahren zurück. Zu dieser Zeit entwickelte sich zunächst das kristalline Grundgebirge; bis vor etwa 200 Millionen Jahren lagerten sich Rotliegendes, Zechstein und Buntsandstein ab und formten das auf dem Grundgebirge aufbauende Deckgebirge, das bis heute Erosionsvorgängen unterliegt. Auf dem Buntsandstein sind anlehmige bis lehmige Sandböden entstanden, die Böden sind überwiegend podsolige Braunerden.

Der Spessart ist ein relativ niedriges Mittelgebirge; der höchste Berg, der Geiersberg, erhebt sich bis auf lediglich 586 Meter. Klimatisch zählt der Spessart zum gemäßigten ozeanischen Typ; die Jahresdurchschnittstemperatur bewegt sich zwischen acht und neun Grad im Maintal und zwischen sechs und sieben Grad im Hochspessart. Die durchschnittliche Jahresniederschlagsmenge liegt zwischen 600 und 1000 Millimetern.

Naturwaldreservat Eichhall

Der Waldreichtum im Spessart mit seiner Artenvielfalt ist bemerkenswert, doch besonders herausragend ist der Bestand an alten Eichen, die der Naturliebhaber in verschiedenen besonders geschützten Gebieten in ihrer urtümlichen Pracht bewundern kann. Die Entstehung der alten Eichenwälder geht bis in die karolingische Zeit zurück; vor allem aus Gründen der Jagd wurden die Eichen geschützt, und Buchen, die den Eichen den Raum hätten streitig machen können, konsequent entfernt. Grundsätzlich muss man aber wissen, dass die berühmte „Deutsche Eiche" in Deutschland, Österreich und in der Schweiz meist nur als Einzelexemplar in Laubmischwäldern vorkam. Reine Eichenwälder wurden erst im Zuge der Umformung der Wälder zu Forstkulturen angepflanzt.

Auch bei den Bauern war die Eiche lange Zeit als Baum für die Waldbeweidung sehr beliebt, da Schweine und Ziegen sehr gern die Früchte (Eicheln) fressen. Es scheint aber so, als würde die Buche langfristig die Eiche wieder verdrängen, wenn nicht der Klimawandel diese Entwicklung wieder stoppt.

Im unterfränkischen Kreis Aschaffenburg westlich des Geiersbergs liegt das **Naturwaldreservat Eichhall**. Über 400 Jahre alt und bis zu 40 Meter hoch sind die hier wachsenden Eichen auf dem knapp 67 Hektar großen Areal. Das mit 1100 Millimetern Niederschlag im Jahresmittel feuchteste Gebiet des Spessarts ist wohl auf Brandrodungen im Dreißigjährigen Krieg zurückzuführen. In dem ursprünglichen Eichenwald wachsen seit fast 200 Jahren auch Buchen, manche Exemplare stammen noch aus der Zeit ihrer Erstansiedlung; die Nutzung zur Holzgewinnung wurde im Jahr 2002 komplett eingestellt, sodass der Wald sich seitdem den natürlichen Gesetzmäßigkeiten entsprechend entwickeln kann.

Die Buche verträgt die hohen Niederschläge besser als die Eiche und überwächst und überschattet diese; der Wald wird sich im Laufe der Zeit zu einem Buchenwald entwickeln. Im Naturwaldreservat Eichhall sind bislang mindestens zehn Fledermausarten nachgewiesen, darunter die Mopsfledermaus, eine mittelgroße Fledermausart, die einen Lebensraum mit hoher Strukturvielfalt der Alters- und Zerfallsphasen benötigt.

Alle bayerischen Naturwaldreservate beherbergen Urwaldreliktkäferarten – das Naturwaldreservat Eichhall führt mit insgesamt acht nachgewiesenen Arten, darunter eine Art, die als in Bayern ausgestorben bzw. verschollen galt, die Rangliste an. Urwaldreliktarten sind eng an die Kontinuität der natürlichen Waldentwicklung gebunden und benötigen qualitativ hochwertiges Totholz in großer Menge, wie es sich in bewirtschafteten Wäldern nur wenig findet. Insgesamt sind 200 Arten totholzbewohnender Käferarten hier nachgewiesen; zu den 80 vom Aussterben bedrohten Arten zählt auch der Eremit. Dieser Käfer ist auf Baumhöhlen und den Mulm aus verrottetem Holz angewiesen. Auch der Hirschkäfer, bekannt durch seine wie ein Geweih geformten Kauwerkzeuge, benötigt Totholz zum Überleben und findet aus diesem Grund im Naturwaldreservat Eichhall geeignete Lebensbedingungen.

Auch Spechte, die sich im Namen des Spessarts verewigt haben, fühlen sich naturgemäß wohl. Hierzu zählen Mittel- und Grauspecht, die urwaldähnliche Wälder mit Altbäumen und großem Totholzangebot benötigen. In den Spechthöhlen in alten Baumstämmen nistet der Halsbandschnäpper, ein hübscher, schwarz-weißer Vogel aus der Familie der Fliegenschnäpper, der als charakteristisch für alte Eichen- und Buchenwälder und in Bayern als selten gilt. Eine besondere Rarität im Naturwaldreservat Eichhall ist die Kolonie baumbrütender Mauersegler. Der Mauersegler bevorzugt in der Regel ein urbaneres Umfeld, hat aber in den Baumhöhlen des Naturwaldreservats einen geeigneten Brutplatz gefunden, an den das Tier über Jahrzehnte hinweg zurückkehrt.

Im „Rohrberg-Urwald"

die Lebensgemeinschaften eines Hangwalds.

In allen drei Schutzgebieten gedeihen besondere Pilzarten – darunter der bemerkenswerte Igelstachelbart. Charakteristisch sind die namensgebenden weißen Stacheln, die bis zu sechs Zentimeter lang werden können. Der Pilz wächst im Herbst auf abgestorbenen Eichen- und Buchenstämmen. Auch der Mosaikschichtpilz findet hier ideale Bedingungen zum Überleben, ist er doch auf ein großes Vorkommen an Eichentotholz angewiesen.

Auch der Luchs, die größte europäische Katze, ist wieder im Spessart heimisch geworden. Um den Befürchtungen von Landwirten, Jägern und auch Wanderern, die Tiere könnten Schäden anrichten, zu begegnen, wurde eigens eine Arbeitsgruppe „Spessart-Luchs" gegründet mit dem Ziel, sachlich über die Raubkatze zu informieren und ihre Existenz im Spessart umfassend zu dokumentieren.

In den Gewässern des Spessarts tummelt sich der Biber; das größte europäische Nagetier und seine imposanten Bauten kann man auf geführten Wanderungen beobachten.

In unmittelbarer Nähe des Naturwaldreservats Eichhall befinden sich auch die Naturschutzgebiete Rohrbrunn, östlich von Rohrbrunn gelegen, und Metzgersgraben & Krone, zwei Kilometer von Weibersbrunn. Ähnlich alte Eichen wie in diesen drei geschützten Gebieten finden sich lediglich an der nordhessischen Sababurg und in Bialowieza in der Grenzregion von Polen und Weißrussland.

Der **Rohrberg** liegt nur etwa zwei Kilometer südlich des Naturwaldreservats Eichhall und ist mit 11 Hektar Fläche deutlich kleiner. Bereits im Jahr 1928 wurde die Fläche unter Naturschutz gestellt, der Rohrberg gehört damit zu Bayerns ältesten Naturschutzgebieten. Ziel war es seinerzeit, die alten Eichen zu schützen, die mit 500 bis 800 Jahren den ältesten existierenden Bestand an Eichen im Spessart darstellen. Die ältesten Exemplare können in Brusthöhe einen Stammdurchmesser von bis zu eineinhalb Meter erreichen.

Mit heute 14 Hektar ist das **Naturschutzgebiet Metzgersgraben & Krone** etwas größer als der Rohrberg und wurde im selben Jahr wie dieser unter Schutz gestellt; zu Beginn umfasste es 7,5 Hektar, wurde aber im Jahr 2006 auf seine heutige Größe erweitert. Ursprünglich bestand dieser Wald aus Eichen und Buchen; da jedoch seit der Unterschutzstellung, die der Analyse der Waldentwicklung dienen sollte, keinerlei Eingriffe durch den Menschen mehr erfolgten, verdrängt die Buche auch hier zunehmend die Eiche. Teilweise stehen hier jedoch noch Eichen mit einem Alter von über 600 Jahren. Geschützt werden in diesen Naturschutzgebieten

Eine Wanderung zu den Königer Eichen

Die Königer Eichen sind über vierhundert Jahre alte Huteeichen auf einer Fläche von etwa 1,1 Hektar. Sie sind ein Relikt aus dem Mittelalter. Damals wurden große Teile des Spessarts noch als Waldweide genutzt. Die Menschen im Spessart trieben ihr Vieh, meist Schweine, Rinder und Ziegen, in die damals parkähnliche Landschaft, wo es sich von den Eicheln und Jungpflanzen dieser tiefbeasteten Eichen ernährte. Diese Eichen sind daher Zeitzeugen aus vergangenen Jahrhunderten. Aus jener Zeit stammt die Bezeichnung „Huteeichen", da man die Haustiere in diesen Wäldern „hütete". Heute steht dieser Wald unter strengem Schutz. Es darf keine dieser alten Eichen gefällt oder nach dem Absterben genutzt werden. Hier bleibt die Natur unberührt. Lediglich schwächere, Konkurrenz-Buchen, die mittlerweile in die Kronen der Eichen wachsen und diese zum Absterben bringen können, werden gefällt, um den Huteeichen noch ein langes Leben zu ermöglichen.

Dieser kleine Wald erhielt seinen Namen vom ehemaligen Forstmeister aus Wiesen, Anton Königer. Vor rund 100 Jahren brachte ihn wohl die Auerhahnjagd so in Aufregung, dass er an diesem Ort an Herzversagen starb. Ein steinernes Kreuz erinnert an diesen namensgebenden Forstmann. Besuchen Sie den schönen Ort Wiesen mit einer Wanderung über den Wanderweg W2 in den Bayerischen Staatswald mit Waldlehrpfad und den alten Huteeichen. Zurück in Wiesen besteht noch die Möglichkeit, in einer der Gaststätten einzukehren und sich zu stärken.

Anfahrt mit dem Auto: Fahren Sie bis in die Ortsmitte von Wiesen, anschließend Richtung Norden, und biegen Sie nach ungefähr hundert Metern rechts ab Richtung „Alte Dreschhalle". Hier ist der Start für den Wanderweg W2.

Der Naturpark Spessart bietet ein vielfältiges Spektrum an Führungen zu unterschiedlichen Themen, darunter auch speziell für Kinder oder Schulklassen konzipierte Angebote.

Das Naturwaldreservat Eichhall wird von einem etwa neun Kilometer langen Rundwanderweg von mittlerer Schwierigkeit erschlossen. Auch die Naturschutzgebiete Rohrberg und Metzgersgraben & Krone lassen sich auf Rundwegen erwandern und genießen.

Der Naturpark Spessart und die Naturwaldreservate sind mit dem Auto über die A 3 gut zu erreichen. Die Bahn unterhält regelmäßige Verbindungen in die an den Spessart angrenzenden Städte Aschaffenburg, Marktheidenfeld, Wertheim, Gemünden am Main, Lohr am Main und Miltenberg. Von Aschaffenburg aus ist das Naturwaldreservat Eichhall auch mit dem sogenannten „Untermainbus" zu erreichen.

INFO

Naturpark Spessart e.V.
Frankfurter Straße 4
D-97737 Gemünden a. Main
Tel.: +49 (0)9351/603446
E-Mail: info@naturpark-spessart.de
www.naturpark-spessart.de

Porträt

Von Ewald Lindner

Die Eiche

Von jeher hat die Eiche große Wertschätzung und mystische Verehrung von den Menschen erfahren. Sie war Sinnbild für Größe, Kraft und Beständigkeit. Unter ihren Zweigen wurde Recht gesprochen und an denselben Übeltäter gehenkt. Kelten, Griechen, Römer und Germanen verehrten sie gleichermaßen. Die vielgerühmte und zitierte „Deutsche Eiche" ist aber eigentlich gar nicht der typisch deutsche bzw. mitteleuropäische Baum, sondern die Buche. Wissenschaftlich belegt ist, dass es die Eiche schon im Tertiär-Zeitalter in der Niederrheinischen Tiefebene gab. Man findet sie fast in allen Lagen und auf verschiedensten Böden bis in Höhen von rund 1000 Metern über N.N. In Mitteleuropa macht sie rund acht Prozent der Waldbestände aus. In früheren Jahrhunderten wurden rund um das Mittelmeer ganze Wälder mit hohem Eichenanteil für den Schiffsbau abgeholzt. Von dieser Katastrophe haben sich diese Gebiete bis heute nicht erholt.

Die Eichen (Quercus) sind eine Pflanzengattung aus der Familie der Buchengewächse (Fagaceae). Die Gattung umfasst etwa 400 bis 600 Arten. In Mitteleuropa ist vor allem die Stieleiche zu Hause.

Die Stieleiche ist in fast ganz Europa verbreitet, von den Britischen Inseln über Südskandinavien bis nach Italien, Nordspanien und Nordgriechenland und vom Baltikum bis nach Russland. Als wichtiger europäischer Waldbaum ist sie in Mitteleuropa häufig anzutreffen. Sie kann bis zu 40 Meter hoch und bis zu 1000 Jahre alt werden.

Die Blätter sind etwa zehn Zentimeter lang und haben beiderseits vier bis sieben rundliche Lappen, die asymmetrisch angeordnet und bis zur Hälfte der Blattbreite eingebuchtet sind. Die männliche Stieleiche wird erst mit rund 80 Jahren fruchtbar und blüht im Mai/Juni. Die unscheinbaren Blüten hängen

als unauffällige Kätzchen am Grunde neuer Triebe. Die knöpfchenförmigen weiblichen Blüten sitzen einzeln oder zu zweit auf lang behaarten Stielen. Dies sind die Baumfrüchte, die bis September/Oktober zu Eicheln heranreifen. Sie sind zwei bis drei Zentimeter lang, eiförmig und im unteren Drittel mit Schuppen, dem Fruchtbecher, umhüllt.

Der Steigerwald

Von Petra Lindner

In Franken, zwischen Nürnberg, Bamberg, Schweinfurt und Würzburg in den Landkreisen Schweinfurt, Kitzingen, Neustadt an der Aisch-Bad Windsheim, Erlangen-Höchstadt, Haßberge und Bamberg, erstreckt sich das Mittelgebirge des Steigerwaldes bis auf eine Höhe von knapp 500 Metern über N.N. Der Scheinberg ist mit 499 Metern über N.N. der höchste Berg im Steigerwald. Drei Flüsse markieren die Grenzen des Steigerwalds: der Main im Westen und Norden, im Süden die Aisch und im Osten die Regnitz.

Geologisch besteht der Steigerwald aus verschiedenen Stufen. Die unterste bilden die Gipskeuperstufe mit großen Tonschichten und der Schilfsandstein, gefolgt vom Oberen Gipskeuper mit rotem Ton. Die oberste Schicht besteht aus dem Sandsteinkeuper mit Blasensandstein. Der Untergrund des Steigerwaldes geht damit zurück auf die Zeit vor etwa 230 bis 200 Millionen Jahren, als die Region von einem flachen Meer bedeckt wurde. Im Trias und im Jura entstanden durch tektonische Bewegungen die späteren Gebirgsformationen.

Die westlichen und südlichen Ausläufer des Steigerwaldes sind klimatisch begünstigt und bieten gute Bedingungen für den hier praktizierten Weinanbau. Generell ist das Klima im Steigerwald subatlantisch-subkontinental geprägt; die durchschnittliche Jahrestemperatur liegt bei sieben bis acht Grad, der Niederschlag im Jahresmittel bei 850 Millimetern.

Der **Naturpark Steigerwald**, im März 1988 vom Bayerischen Staatsministerium für Landesentwicklung und Umweltfragen ausgewiesen, erstreckt sich auf einer Fläche von 1280 Quadratkilometern, von denen rund 675 Quadratkilometer als Landschaftsschutzgebiet ausgewiesen sind.

Im Steigerwald finden sich rare urwaldnahe Rotbuchenwälder mit einer großen Artenvielfalt; aus diesem Grunde sollten etwa 11.000 Hektar als Nationalpark ausgewiesen werden. Im Juli 2011 erteilte die Bayerische Staatsregierung diesen Plänen eine Absage, nachdem sich vor Ort von unterschiedlichen Seiten Widerstand gegen die Nationalparkpläne gebildet hatte. Ein äußerst prominenter Befürworter und Förderer eines Nationalparks Steigerwald war der Naturfilmer und Forscher Bernhard Grzimek, der im Steigerwald seinen Altersruhesitz hatte. Grzimek war maßgeblich an der Wiederansiedlung der Wildkatze im Steigerwald beteiligt, und mit seiner Unterstützung erwarb der Bund Naturschutz im Jahr 1979 einen Hangschluchtwald am Steigerwaldrand, heute das Kerngebiet des Naturschutzgebietes Spitalgrund – Oberes Volkachtal. Zwar sind die Pläne, einen Nationalpark ins Leben zu rufen, bis auf Weiteres gescheitert, aber zumindest kleinere, besonders schützenswerte Waldinseln sind dennoch der menschlichen Nutzung entzogen worden und dürfen sich ungestört dem natürlichen Kreislauf gemäß entwickeln.

Hierzu zählt das Naturwaldreservat Brunnstube im Ebracher Forst, das eine Fläche von knapp 50 Hektar besitzt und einen Buchen-Eichen-Hainbuchenwald schützt. Kennzeichnend für dieses Naturwaldreservat sind die alten sogenannten „Schaufelbuchen“. Diese Schaufelbuchen sind über 300 Jahre alt; derart alte Buchen wurden in der Vergangenheit dazu verwendet, aus ihnen Getreideschaufeln aus einem Stück herzustellen, woraus auch der Name resultiert.

Das Naturwaldreservat Brunnstube wurde im Jahr 1978 ausgewiesen; 1997 erfolgte die Erweiterung auf die heutige Größe, nachdem eine Nutzung bereits seit 1950 unterblieben war und auch in der Zeit davor nur wenige Bäume geschlagen worden waren. Das Reservat schützt einen Buchenwald an bodensaurem Standort sowie Eichen-Hainbuchenwälder an trockenwarmen Standorten. Zu den ganz alten Baumriesen zählt die Napoleonbuche, die bereits weit über 100 Jahre alt war, als der französische Kaiser und General im Jahr 1806 durch die Region zog. Ein weiterer Baummethusalem ist die Hans-Eisenmann-Buche; die Krone fiel einem Sturm zum Opfer, doch der imposante Stumpf lässt noch immer auf die einstige Größe des alten Baumes schließen. Die alten Buchen des Naturwaldreservats besitzen in 1,30 Meter Höhe, der sogenannten Brusthöhe, Durchmesser von bis zu 135 Zentimetern.

In der Nähe des **Naturwaldreservats Brunnstube** befindet sich auch einer der ältesten Buchenbestände außerhalb der Naturwaldreservate. Die Buchen in der Waldabteilung Brucksteig sind teilweise mehr als 250 Jahre alt und bieten Waldfledermäusen geeignete Schlafplätze.

Auch in der Waldabteilung Hochkreuz, ebenfalls in der Nähe des Naturwaldreservats, wachsen noch einige sehr alte Buchen. Der Forstbetrieb Ebrach hat einige von ihnen als sogenannte Methusalembäume markiert, die von einer wirtschaftlichen Nutzung ausgeschlossen bleiben sollen. An dieser Stelle sei dem langjährigen engagierten Forstamtsleiter von Ebrach, Herrn Georg Sperber, herzlich gedankt, der sich während seiner Amtszeit als Förster sehr für den Erhalt der Buchenwälder im Steigerwald eingesetzt hat.

Unweit des Naturwaldreservats Brunnstube und auf Wanderwegen ebenfalls von Ebrach aus zu erreichen ist das **Naturwaldreservat Waldhaus**, das mit rund 90 Hektar knapp doppelt so groß wie das Naturwaldreservat Brunnstube ist und ebenfalls Buchenwälder auf bodensauren Standorten sowie daneben Erlen-, Ulmen-, Auen- und Feuchtwälder schützt. Ursprünglich umfasste es lediglich 10 Hektar, wurde aber 1998 auf die heutige Größe erweitert. Zusammen mit dem Waldgebiet wurden die Handthalweiher unter Naturschutz gestellt.

Das Naturwaldreservat Waldhaus ist wissenschaftlich untersucht worden und lieferte wertvolle Informationen über die natürliche Entwicklung und Artenvielfalt in sich selbst überlassenen Buchenwäldern. Neben der Tierwelt wurden auch Insekten, Pflanzen und Pilze umfassend untersucht. Insbesondere die Pilze weisen eine besondere Vielfalt auf: Im Naturwaldreservat Waldhaus wurden Zunderschwamm, Ästiger Stachelbart und Mosaikschichtpilz identifiziert. Insbesondere dem Mosaikschichtpilz kommt dabei eine besondere Bedeutung zu, denn er besiedelt ausschließlich Eichenkernholz in einem fortgeschrittenen Stadium der Zersetzung. Damit gilt er als Urwaldreliktart und als Zeichen für die besondere Naturnähe des Waldes.

Eine weitere Besonderheit im Naturwaldreservat Waldhaus ist das Vorkommen einer Moosart – Moose finden sich in lichtarmen Buchenwäldern nur selten, doch in diesem Wald wächst an einigen dicken, alten Buchen das Grüne Besenmoos, das in Bayern als gefährdet gilt.

Ebenfalls in der Nähe von Ebrach liegt das 25 Hektar große, 1987 ausgewiesene Naturschutzgebiet Spitzenberg. Ein speziell als „Methusalemweg“ ausgewiesener Wanderweg führt vorbei an alten, imposanten Bäumen, die einen spektakulären Wuchs aufweisen.

Ein weiteres Naturwaldreservat befindet sich mit dem „Mordgrund“ in der Nähe von Zell a. Ebersberg. Der blutrünstige Name geht auf eine Legende zurück, nach der ortsansässige Bauern im Dreißigjährigen Krieg schwedische Soldaten ermordet und in die hiesige Schlucht geworfen haben sollen. Die idyllische Waldgemeinschaft auf 27 Hektar gibt keinerlei Hinweis auf eine derart blutrünstige Vergangenheit – vielmehr dürfen sich hier seit der Ausweisung im Jahr 1998 Schlucht- und Laubmischwälder ungestört entfalten. Dies sind hier vor allem Eichenmisch- und Waldmeister-Buchenwälder.

Erst im Jahr 2010 wurde ein echter Schatz als Naturwaldreservat ausgewiesen: Kleinengelein umfasst knapp 54 Hektar, und hier finden sich Buchen, die zu den ältesten in ganz Deutschland gehören. Einige Bäume datieren möglicherweise aus der Zeit des Dreißigjährigen Krieges, viele weitere reichen bis ins 18. Jahrhundert zurück. Die Buchen konnten hier ein so hohes Alter erreichen, weil Eichen ihnen gegenüber für die wirtschaftliche Nutzung der Vorzug gegeben wurde.

Nicht nur die Wälder im Steigerwald sind abwechslungsreich, auch die Tierwelt ist vielfältig: Neben den normalen Waldbewohnern wie Reh- und Schwarzwild leben in den alten Buchenwäldern insbesondere auf dieses Habitat angewiesene Vogelarten. Hierzu zählen verschiedene Spechtarten, wie Schwarz-, Grün-, Grau- und Buntspecht. Hohltauben nutzen das Angebot an alten Spechthöhlen, um ihre Eier zu legen und die Jungen aufzuziehen, ebenso Stare, Kleiber und Meisen, und auch Waldkäuzchen sind in den Buchenwäldern heimisch. Verschiedene Schnäpperarten sind ebenso auf den Buchenwald als Lebensraum angewiesen. Im Steigerwald kommen der Trauer- und der Halsbandschnäpper vor, selten auch der Zwergschnäpper, ein nur etwa 11 Zentimeter großer Vogel, der in Mitteleuropa nicht häufig anzutreffen ist. Eichen wiederum bieten den geeigneten Lebensraum für verschiedene Greifvogelarten, wie Mäuse- und Wespenbussard, Rotmilan und Habicht. Und im Naturwaldreservat Kleinengelein fühlt sich auch der Kolkrabe, wohl.

Das Laub der Buchen bildet im Sommer ein dichtes Dach, das kaum Licht bis an den Waldboden durchlässt. Die Bodenvegetation ist daher im Frühling darauf angewiesen, die kurze Zeit der laubfreien Buchen zu nutzen. Dann aber verwandeln Buschwindröschen, Leberblümchen, Immergrün und Seidelbast den Waldboden in ein farbenprächtiges Mosaik.

Wander- und Radwege erschließen den Steigerwald, darunter auch der Steigerwald-Panoramaweg, der auf einer Strecke von über 160 Kilometern Länge zwischen Bamberg und Bad Windsheim verläuft.

Zu erreichen ist der Steigerwald mit dem Pkw von Norden über die A 70, aus Westen über die A 7 und aus Osten über die A 73 sowie die A 3, die den Naturpark durchquert. Von Norden nach Süden kann man den Steigerwald auch auf der Steigerwald-Höhenstraße durchfahren.

Bahnverbindungen bestehen in alle an den Steigerwald angrenzenden Städte. Von Bamberg aus existiert eine Busverbindung nach Ebrach; von hier aus gelangt man auf Wanderwegen in die Naturwaldreservate Brunnstube und Waldhaus.

Das Naturwaldreservat Mordgrund ist unter der Woche mit einer Busverbindung von Haßfurt nach Zell a. Ebersberg zu erreichen.

INFO

Tourismusverband Steigerwald
Naturpark Steigerwald
Hauptstraße 1, D-91443 Scheinfeld
Tel.: +49 (0)9162/124-24
Fax: +49 (0)9162/124-33
E-Mail: info@steigerwald-info.de
www.steigerwald-info.de

Bund Naturschutz in Bayern e.V.
Waldreferat der Landesfachgeschäftsstelle
Bauernfeindstraße 23, D-90471 Nürnberg
Tel.: +49 (0)911/81878-0
E-Mail: lfg@bund-naturschutz.de
www.bund-naturschutz.de

Von Petra Lindner

Naturwaldreservat Wasserberg

Eibenwald bei Gößweinstein

Als Fränkische Schweiz wird der im Norden der Fränkischen Alb in der Region um den Fluss Wiesent gelegene Landstrich auch bezeichnet. Der Naturpark Fränkische Schweiz erstreckt sich auf einer Fläche von mehr als 240.000 Hektar. Innerhalb dieses Gebietes wurden im Jahr 1978 gut 31 Hektar Waldgebiet in der Nähe der Gemeinde Gößweinstein zwischen der Burg Gößweinstein und der Stempfermühle als Naturwaldreservat ausgewiesen und erhielten, in Anlehnung an die Stempfermühlquelle, den Namen „Wasserberg". Der Status als Naturwaldreservat wurde dem Wald verliehen, da dieser Buchenwald, genauer ein Waldgersten-Kalk-Buchenwald, den größten Eibenbestand – etwa 4000 sind es – in Nordbayern aufweisen kann. Darüber hinaus gilt das Naturwaldreservat als einer der größten zusammenhängenden Eibenwälder Deutschlands, der erstmalig bereits in den 1840er-Jahren erwähnt worden sein soll. Der Wald erstreckt sich auf dem Nordhang des Wiesenttals auf Dolomitgestein. Entstanden ist das Gebiet zum Ende des Juras, als sich das Meer, das sich hier erstreckt hatte, zurückzog. Mehr als 40 Millionen Jahre wirkten tropische Temperaturen und starke Niederschläge auf die abgelagerten Dolomit- und Kalkgesteine ein, sodass eine charakteristische Karstlandschaft entstand. In der Epoche der Oberkreide überflutete erneut das Meer die Region und lagerte Sedimente ab; am Ende der Kreidezeit fiel die Fränkische Alb endgültig trocken. Heute ragen Felsformationen von bis zu 30 Meter Höhe empor, während die Hänge teilweise tiefe Einschnitte aufweisen.

Das Naturwaldreservat ist auf einer Höhe von 320 bis 490 Metern über N.N. gelegen. Die Temperatur beträgt im Jahresmittel 7,3 Grad, die durchschnittliche Jahresniederschlagsmenge liegt bei gut 890 Millimetern. Die Steilhanglage in dem engen Flusstal der Wiesent mit Neigungen von bis zu 30 Grad ist verantwortlich dafür, dass die Sonneneinstrahlung geringer ist als in manchen anderen Regionen der Fränkischen Schweiz. Dennoch ist die Bodenvegetation unter den dicht wachsenden Bäumen nicht spärlich, sondern sehr ausgeprägt, unter anderem mit Sträucherarten und dem Süßgras Waldschwingel.

Die hier wachsende Eibenart ist die Gemeine Eibe, die einzige Eibenart, die in Europa heimisch ist. Da sie sehr schattenverträglich ist, kann sie gut in einem dichten Buchenwald wie dem im Naturwaldreservat Wasserberg als Unterstand existieren. Die giftigen Eiben können sehr alt werden, manche Exemplare erreichen ein Alter von 500 Jahren; bei den im Naturwaldreservat wachsenden Vertretern handelt es sich jedoch noch um relativ junge Bäume. Das höchste Exemplar mit einem Umfang in Brusthöhe von 29 Zentimetern ist ungefähr 15 Meter hoch. Die Eibe wird in Deutschland auf der Roten Liste der gefährdeten Arten geführt und steht überall unter Naturschutz.

Verschiedene Vogelarten leben im Naturwaldreservat Wasserberg; zu den gefährdeten unter ihnen gehören Wanderfalken und Uhus, die im Naturreservat und seinem weiteren Umfeld noch eine Lebensgrundlage finden.

Bemerkenswert ist im Naturwaldreservat Wasserberg jedoch insbesondere die große Vielfalt verschiedener Schnecken; 65 Arten sind es hier insgesamt, von denen 19 auf der Roten Liste der gefährdeten Arten Bayerns stehen. Hierzu zählt als endemische, das heißt, nur in einem eng begrenzten Gebiet lebende Art die Fränkische Berg-Schließmundschnecke.

Daneben fühlt sich im Schluchtwald des Naturwaldreservats der Schluchtwald-Laufkäfer wohl, der eng an diese Naturform gebunden ist.

Naturinteressierte Wanderer können das Naturwaldreservat Wasserberg auf einem Wanderweg erleben, und Sportler können sich auch auf dem Felsensteig ausprobieren.

Das Naturwaldreservat Wasserberg befindet sich im Dreieck zwischen Bamberg (48 Kilometer) im Nordwesten, Bayreuth (32 Kilometer) im Nordosten sowie Nürnberg (60 Kilometer) im Süden. Mit dem Pkw ist es von Norden über die A 70, von Süden über die A 3, von Osten über die A 9 und von Westen über die A 73 zu erreichen. Mit der Bahn fährt man bis Pegnitz und Ebermannstadt, von dort aus besteht eine Busverbindung nach Gößweinstein.

INFO

Haus des Gastes
Burgstraße 6, D-91327 Gößweinstein
Tel.: +49 (0)9242/456
Fax: +49 (0)9242/1863
E-Mail: info@goessweinstein.de
www.ferienzentrum-goessweinstein.de

Von Petra Lindner

Der Urwald bei Saarbrücken

Zahlreiche urwüchsige und naturbelassene Waldgebiete befinden sich in weiterer Entfernung von dicht besiedelten Gebieten und Industriestandorten. Eine bemerkenswerte, ja einzigartige Ausnahme hiervon bildet der „Urwald vor den Toren der Stadt", der Saar-Urwald nördlich und in unmittelbarer Nähe der Landeshauptstadt Saarbrücken.

Der Saar-Urwald liegt inmitten des mehr als 61 Quadratkilometer großen Saarkohlenwalds, der sich zwischen Völklingen über Saarbrücken bis nach Neunkirchen erstreckt und das größte zusammenhängende Waldgebiet des Saarlands ist. 1997 begann der Naturschutzbund NABU Saarland, sich für ein Waldschutzgebiet unter dem Motto „Urwald vor den Toren der Stadt" einzusetzen; 1997 wurde mit dem Umweltministerium die Ausweisung des oberen Steinbachtals als Naturschutzgebiet mit einer Fläche von 375 Hektar vereinbart. Diese Ausweisung erfolgte 1998; 2002 folgte das Netzbachtal, sodass der heutige „Urwald" eine Fläche von 1000 Hektar umfasst. In einem Wettbewerb der Heinz-Sielmann-Stiftung wurde der Saar-Urwald unter 42 deutschen Naturwundern auf den respektablen Platz 13 gewählt. Im Saar-Urwald unterbleibt jegliche menschliche Einwirkung, sodass eine natürliche Entwicklung der Waldgesellschaften ermöglicht wird und sich das Bild des Waldes nach und nach den natürlichen Prozessen von Entstehen, Wachsen und Vergehen entsprechend wandelt. Biodiversität lautet das Motto: Ziel ist es, eine dauerhafte Grundlage für eine große Artenvielfalt von Pflanzen, Mikroorganismen und Tieren zu entwickeln und den Wald nach und nach zu seinen natürlichen Gegebenheiten zurückkehren zu lassen.

Das Klima ist gemäßigt und subatlantisch geprägt; die Niederschläge betragen um die 800 Millimeter jährlich und die Jahresdurchschnittstemperatur bewegt sich bei etwa neun Grad. Geologisch zählt die Region zum Saar-Nahe-Bergland, das aus dem Paläozoikum stammt, in dem vor etwa 350 Millionen Jahren die Karbonschicht entstand. Die

heute noch im Saarkohlenwald existierenden Kohleflöze sind die Relikte der echten Urwälder, die in dieser Epoche in der Region existierten und in der Folge zur Kohle versteinerten.

Der Baumbestand des Urwaldes bei Saarbrücken besteht heute überwiegend aus Buchen und Eichen mit einem Anteil von über 65 Prozent; Laubbäume machen insgesamt mehr als 85 Prozent der Wälder aus.

Verschiedene Spechtarten fühlen sich im Urwald an der Saar zu Hause, darunter der seltene Schwarzspecht oder der Grauspecht und der Kleinspecht, deren Bestände sich erfreulicherweise wieder erholt haben. Weitere hier heimische Vogelarten sind der Wanderfalke, der Waldkauz und die Sumpfmeise. Insgesamt 150 der rund 250 in Deutschland heimischen Moosarten finden sich im Saar-Urwald, darunter die seltene Moosart Dicranum tauricum, die von den Mineralstoffen der Industriestäube aus der Stahlproduktion – die einst zu den Haupterwerbszweigen im Saarland gehörte – profitiert.

Auch unter der Insektenpopulation sind einige seltene Arten im Saar-Urwald zu finden. Hierzu zählen unter anderem der Hirschkäfer, die Rote Waldameise und die Kahlrückige Waldameise. Waldameisen sind aber Kulturfolger und haben sich infolge des Nadelholzanbaus in ganz Deutschland ausgebreitet. Sie werden in diesem Urwaldbereich verschwinden, sobald die letzten Nadelbäume absterben, denn Waldameisen können ihre Hügel nur aus Nadeln bauen, nicht aus Laub.

Viele Wanderwege erschließen das Urwaldgebiet und unterstützen somit die Zielsetzung, dass der Mensch aktiv an der natürlichen Entwicklung des Waldes teilhaben soll. Dafür sorgen auch zahlreiche Veranstaltungen um verschiedene waldbezogene Themen, die wie das Wildniscamp sowohl Kinder zum Mitmachen einladen als auch Erwachsene auf eine spannende Reise in den Wandel des Waldes mitnehmen.

Sogenannte „Urwaldpfade“ bieten Abenteuerlustigen ganz besondere Einblicke, dürfen aber nur auf eigene Gefahr begangen werden. Zentraler Anlaufpunkt für Veranstaltungen ist die Scheune Neuhaus, die mitten im Saar-Urwald gelegen ist und in der das ganze Jahr über verschiedenste Programme für Groß und Klein angeboten werden.

Der Saar-Urwald ist mit dem Pkw über die Autobahnen A 1 im Westen und A 623 im Osten gut zu erreichen. Mit der SaarBahn erschließt auch eine S-Bahn-Verbindung von Saarbrücken aus das Waldgebiet mit öffentlichen Verkehrsmitteln.

INFO

Urwaldbüro Forsthaus Wolfsgarten
D-66115 Saarbrücken
Tel.: +49 (0)6806/309545
E-Mail: p.schneider@fl.saarland.de
www.saar-urwald.de
und www.saarforst.de

Scheune Neuhaus – Zentrum für Waldkultur
Scheunenbüro
D-66115 Saarbrücken
Tel.: +49 (0)6806/102-419
E-Mail: scheune.neuhaus@sfl.saarland.de

Wald-Erlebnis-Camps für Jugendliche und Kinder und Aktion „Urwald macht Schule“
Anmeldung und Informationen
Naturschutzbund (NABU) Saarland e.V.
Günther v. Bünau
Antoniusstraße 18
D-66822 Lebach-Niedersaubach
Tel.: +49 (0)68 81 - 9 36 19 15
Fax: +49 (0)68 81 - 9 36 19 11
E-Mail: Guenther.Buenau@NABU-Saar.de

Naturpädagogikseminare „Wildnis leben“
NAJU im NABU LV Saarland
Nina Lambert (Landesjugendreferentin)
Tel.: +49 (0) 68 81 – 9 36 19 17
E-Mail: NAJU@NABU-Saar.de

Biosphärenreservat Pfälzerwald

Von Petra Lindner

Das Biosphärenreservat Pfälzerwald befindet sich in Rheinland-Pfalz im Südwesten Deutschlands und im Schnittpunkt der Ballungsgebiete Saarbrücken, Rhein-Neckar und Karlsruhe und erstreckt sich bis zur französischen Grenze. Dort bildet es ein gemeinsames Biosphärenreservat mit dem der Nordvogesen, das im Nordosten Frankreichs in den Regionen Elsass und Lothringen liegt. Die Gesamtfläche erstreckt sich auf insgesamt 310.500 Hektar, wovon circa 180.000 Hektar auf den deutschen Teil im Pfälzerwald entfallen, was ihn zum größten ländlichen Biosphärenreservat in der Bundesrepublik Deutschland macht.

Der Naturpark wurde 1959 mit dem Primärziel gegründet, eine großräumige, naturnahe und weitgehend unberührte Landschaft zu erhalten und zu erschließen, um den Menschen in den Verdichtungsgebieten in der Umgebung einen Ort der Erholung und Begegnung mit der Natur zu bieten. Offiziell unter Schutz gestellt wurde er schließlich im Jahr 1967 als Landschaftsschutzgebiet „Naturpark Pfälzerwald“. 1983 gab es erste Überlegungen vonseiten der Träger des Naturparks Pfälzerwald und des Regionalen Naturparks Nordvogesen, die deutschen und die französischen Wanderwege zu verbinden und entsprechend zu kennzeichnen. Nachdem 1989 die Anerkennung des Regionalen Naturparks Nordvogesen als Biosphärenreservat durch die UNESCO erfolgte, erhielt 1992 auch der pfälzische Naturpark die Auszeichnung. 1996 erfolgte schließlich eine weitere Vereinbarung zur Schaffung eines gemeinsamen Biosphärenreservats, welche im Jahr 1998 offiziell von der UNESCO anerkannt wurde und das Gebiet somit zum ersten grenzüberschreitenden Biosphärenreservat Europas machte.

Das Gebiet um das Biosphärenreservat umfasst zwei große Naturräume: zum einen den Pfälzerwald selbst, zum anderen die sich östlich anschließende sogenannte „Weinstraße“, deren Landschaft von Reben für den Weinbau geprägt ist. Der Pfälzerwald wird von Westen nach Osten von drei großen Bachtälern durchschnitten. Im Norden verläuft das Isenachtal, in der Mitte das Hochspeyerbachtal, und das Queichtal zieht sich durch die Südlandschaft des Gebiets. Die Vielgestaltigkeit der Mittelgebirgslandschaft, mit der 673 Meter hohen Kalmit als höchstem Berg, resultiert aus einer Vielzahl von weiteren Seitentälern und Bachläufen, die in mehreren kleinen Stillgewässern münden, wie Moore, Moorseen sowie kleine Seen, sogenannte Wooge. Die bekanntesten sind der Gelterswoog am nordwestlichen Rand, der Clausensee im Südwesten und der im Nordosten befindliche Eiswoog.

Die ehemaligen und leider immer noch erstaunlich gut erhaltenen Triftbäche sind auch eine traurige Besonderheit. Sie wurden vor allem in der ersten Hälfte des 19. Jahrhunderts ausgebaut, um die Holzflößerei zu erleichtern, und so „zieren“ bis heute senkrechte Ufermauern aus Sandstein einen großen Teil der Bäche, die so ihres natürlichen Verlaufs beraubt wurden und das Überlaufen der Bäche in natürliche Wasserrückhalteräume verhindern.

Der Pfälzerwald gilt aufgrund seiner Bewaldungsdichte als das größte zusammenhängende Waldgebiet Deutschlands. Wäh-

rend der besiedelte Anteil nur ungefähr fünf Prozent beträgt, sind mehr als drei Viertel des Reservatsgebiets mit Wald bedeckt, wobei sich dem Betrachter in weiten Teilen zunächst ein Mischwaldgebiet präsentiert. In Wahrheit allerdings bestehen rund 70 Prozent der Bewaldung der Reservatsfläche aus Nadelhölzern. Vor allem die Kiefern waren dank der ihnen entgegenkommenden trockenen und nährstoffarmen Sandböden des Buntsandsteins und durch menschliche Ansiedelung weitverbreitet und machten noch vor gut 50 Jahren knapp die Hälfte aller im Pfälzerwald wachsenden Bäume aus. Besonders in der Haardt, ein etwa 30 Kilometer langer Mittelgebirgszug im Pfälzerwald, ist die Kiefer mit 60 bis 70 Prozent auch heute noch sehr weit verbreitet.

Insgesamt geht der Kiefernbestand aber zurück, was dem heimischen Mischlaub- und Buchenwald zugute kommt. Hier gibt es auch Bereiche, in denen der Mischlaubwald aufgrund des trockenen Sandsteinbodens keine Lebensgrundlage findet, und so stehen hier, durch menschliche Verbreitung, heute vielfach nur Kiefern, wo von Natur aus die Traubeneiche Krüppelwälder bilden würde. Vermutlich ist der trockene Sandsteinboden das Ergebnis von Waldrodungen, die schon vor vielen Hundert Jahren stattfanden und so die für Laubwälder lebensnotwendige Humusschicht der Bodenerosion zum Opfer fiel. Das bedeutet aber nicht, dass sich vielleicht in einigen Hundert oder Tausend Jahren die Laubbäume hier wieder ausbreiten können, weil die Kiefern und andere Pionierpflanzen, dafür gesorgt haben, dass sich wieder eine ausreichende Humusschicht über dem Sandstein gebildet hat, die auch genügend Wasser für das Überleben der Laubbäume speichern kann. So ist es durchaus denkbar, dass hier in einigen Hundert Jahren eine deutlich veränderte Pflanzengesellschaft anzutreffen ist. Nach Aussagen glaubwürdiger Forstfachleute gibt es Beispiele, die zeigen, dass durch die Anpflanzung von Jungbuchen in Kiefernwäldern in weniger als 200 Jahren eine ausreichende Humusschicht entstehen kann und somit wieder natürliche Buchen-Mischwälder leben können. In der Waldentwicklung muss man grundsätzlich in sehr langen Zeiträumen rechnen, und jeder verantwortliche Forstwirt ist sich darüber im Klaren, dass alles, was er tut, noch in zehntausend Jahren seine Auswirkungen haben kann. Bedenkt man nur, dass eine Buche unter natürlichen Lebensbedingungen leicht 400 Jahre alt werden kann und dass sie nach 20 bis 30 Jahren des Vermoderns auf dem Boden wieder Nahrung für die nächsten Generationen liefert, so wird einem bewusst, in welchen Zeitdimensionen man denken muss

Pfälzerwald: Blick vom Luitpoldturm nach Norden

und wie schnell der Mensch auch die Lebengrundlage des Waldes auf Jahrtausende hinaus zerstören kann.

Die Buchen im Pfälzerwald bevorzugen die schattigen und feuchten Hänge, Hochlagen und Mulden, während die Kiefern eher in sonnigen trockenen Hanglagen wachsen. Beide Bestände beherbergen teilweise mehrere Hundert Jahre alte Bäume. Neben den ebenfalls anzutreffenden uralten Eichen sind weitere Besonderheiten die im Innern häufig vorkommenden Furniereichenbestände und die Edelkastanienwälder im Haardtrand am Fuß des Gebiets zur Weinstraße hin. Die Kastanie ist keine heimische Baumart, sondern wurde durch die Römer nach Mitteleuropa gebracht. Allerdings können wir uns der Schönheit dieser Bäume kaum entziehen. Sei es im Frühling während der Blüte oder auch im Herbst, wenn das Laub sich bunt

Porträt

Von Ewald Lindner

Der Sperlingskauz

Der Sperlingskauz ist die kleinste Eule Europas und etwa so groß wie eine Amsel. Die Oberseite ist dunkelbraun mit kleinen weißen Flecken, die Unterseite hellgrau mit schmalen braunen Längsstreifen. Die Schwanzfedern zeigen schmale weiße Querstreifen und können je nach Erregungszustand wie beim Zaunkönig aufgerichtet werden. Auch der Kopf kann rund und plump oder kantig aufgeplustert werden.

Im Fluge erkennt man den Sperlingskauz an den kurzen runden Flügeln. Seine Flugbahn verläuft wellenförmig wie beim Specht oder schnell und gerade wie beim Star. Die Männchen wiegen rund 60 Gramm, die etwas größeren Weibchen um die 70 Gramm; eine Amsel im Vergleich dazu wiegt rund 100 Gramm.

färbt. Aber wer weiß schon, welche Bäume durch die Klimaveränderung in tausend Jahren bei uns heimisch sein werden? Dennoch sollten wir versuchen, die ursprüngliche mitteuropäische Fauna und Flora zu schützen, da diese am besten an klimatische und geologische Voraussetzungen angepasst sind und für das Gleichgewicht der natürlichen Prozesse sorgen.

Trotz der dichten Wälder gliedern besonders im südlichen Teil des Reservats, dem Wasgau, auch offene Wiesentäler, landwirtschaftliche Ackerflächen und interessant anmutende, verwitterte Buntsandsteinformationen, wie der sogenannte Teufelstisch, die Landschaft. Im Norden dominieren lange Höhenzüge und durch Kerbtäler gegliederte Bergstöcke.

Über das Gebiet des Biosphärenreservats sind zwar Kern-, Pflege- und Entwicklungszonen gleichmäßig verteilt, und es wurden auch die von der UNESCO vorgeschriebenen Kernschutzzonen festgelegt, doch diese machen leider nur rund 2,3 Prozent der Gesamtfläche aus. Besonders hervorzugeben ist das Quellgebiet der Wieslauter mit seinen urwaldartigen Buchen-Eichen-Kiefern-Mischbeständen als größte Kernschutzzone mit rund 2300 Hektar. Dieses ist wirklich ein Kleinod und als sehr schützenswert einzustufen.

In den Pflege- und Entwicklungszonen mit 97,7 Prozent der Fläche darf aber noch immer – mit der Zielsetzung des Erhaltens des Landschaftscharakters, des sanften Tourismus und der umweltschonenden Erzeugung regionaler Produkte – Holz eingeschlagen, Wald gerodet und in jeglicher anderer Weise in die Naturlandschaft eingegriffen werden. Selbst in den Kernzonen dürfen Förster und Jäger teilweise noch immer nach eigenem Gutdünken schalten und walten. Man darf sich fragen, ob dem Pfälzerwald mit seiner Fauna und Flora nicht mit der Ausweisung von größeren zusammenhängenden Waldflächen als Totalschutzgebiete mehr geholfen wäre.

Noch sind große Teile der Mischwaldgebiete des Pfälzerwaldes Schutzraum einer enormen Vielfalt von Tieren aller Art. Vertreten sind hier, wie auch in anderen Mittelgebirgen, vor allem Paarhufer wie Rehe, Rothirsche und Wildschweine. Hinzu kommen kleinere Raubtierarten wie Fuchs, Dachs, Iltis und Wiesel, aber auch viele seltene und bedrohte Tierarten wie Baummarder, Wildkatze und Luchs. Außerdem sollen hier in jüngster Zeit auch Wölfe auf der Suche nach neuen Revieren immer wieder gesichtet worden sein.

Seltene Vögel wie Wiedehopf, Eisvogel, Steinschmätzer, Braun- und Schwarzkehlchen sowie der Schwarzspecht sind hier ebenfalls heimisch. Hervorzuheben sind außerdem der Sperlingskauz, der in Rheinland-Pfalz sonst nur noch im Bienwald anzutreffen ist, sowie der Wander-

Porträt

Von Ewald Lindner

Der Weiße Waldportier

Der Weiße Waldportier ist der größte heimische Augenfalter wozu auch häufigere Arten wie Schachbrett, Ochsenauge, Wiesenvögelchen und Waldbrettspiel gehören. Auffällig ist der Weiße Waldportier aufgrund seiner Augenflecke auf der Flügeloberseite. Die Grundfärbung der Flügel ist allerdings recht dunkel – grau, braun, weiß, manchmal auch in Richtung orange. Die Flügelunterseite ist graufleckig mit weißen Binden und mit einem winzigen Auge. Wenn er typischerweise mit zusammengeklappten Flügeln auf Zweigen oder Steinen sitzt, ist der Weiße Waldportier deshalb nahezu unsichtbar. Er bevorzugt sonnige Waldränder, südexponierte, warme und blütenreiche Hänge sowie Lichtungen mit Gebüschen. Die Falter fliegen in Mitteleuropa meist erst im Hochsommer, einzelne Exemplare können noch im September angetroffen werden. Besucht werden wohl vor allem violette Blüten wie Wirbeldost, Karden, Tauben-Skabiose und Flockenblumen. Die Eiablage erfolgt in der Nähe von Felsen, niemals im offenen Gelände. Die schlanke, grau-braun-grün gestreifte Raupe frisst an Gräsern, bevorzugt an Arten der Wärmestandorte wie Aufrechter Trespe und Schafschwingel. Der Waldportier überwintert im Jungraupenstadium.

falke. Dieser hat erst seit einigen Jahrzehnten wieder seine Heimat im Felsenland des Wasgaus, während allerdings Hasel- und Auerhuhn auch weiterhin im Gebiet des Pfälzerwaldes ausgestorben zu sein scheinen.

Bei den Spezies der Schmetterlinge zeigt sich eine außerordentliche Vielfalt. So kommen hier Arten wie der Weiße Waldportier oder der Violette Feuerfalter vor, die normalerweise ihren Verbreitungsschwerpunkt eher im Mittelmeerraum haben. Auch Arten, die sonst hauptsächlich in Nordeuropa verbreitet sind, wie der Hochmoor-Perlmutterfalter, sind hier anzutreffen.

Wie das übrige Mitteleuropa liegt auch der Pfälzerwald in der gemäßigten Klimazone. Allerdings werden diese allgemeinen Bedingungen stark von den landschaftlichen Gegebenheiten der Region beeinflusst. Das Gebiet liegt genau im Übergangsgebiet zwischen atlantischem und kontinentalem Klima. Das Mittelgebirge stellt die erste größere Barriere für aus dem Westen heranziehende Wetterfronten dar, weshalb, mit Ausnahme des östlichen Gebirgsrands, die atlantischen Einflüsse überwiegen. Dies spiegelt sich in Niederschlägen sowie Temperatur- und Windverhältnissen wider. Durch die feuchten, mäßig warmen Luftmassen und der damit einhergehenden starken Wolkenbildung werden in den Bereichen des westlichen und zentralen Pfälzerwalds Jahresniederschläge von 800 bis 1000, in höheren Lagen bis zu 1100 Millimeter gemessen.

Am östlichen Gebirgsrand herrschen dagegen Verhältnisse mit wärmerer Luft und reduzierter Wolkenbildung mit längeren Sonnenphasen vor. Dieser Effekt zieht sich über die Vorderpfalz bis ins südliche Rheinhessen, wo teilweise Niederschläge von nur 500 bis 600 Millimeter im Jahr verzeichnet werden. Die Temperaturen liegen im Jahresdurchschnitt bei etwa acht Grad in den mittleren Berglagen, in den höchsten Lagen bei sieben Grad und in den Ostgebieten bei neun bis zehn Grad. Die atlantischen Wetterströmungen verursachen relativ geringe Temperaturschwankungen von 16 bis 17 Grad innerhalb eines Jahres. Zudem führen sie zu häufig vorkommenden starken, lang anhaltenden West- und Südwestwinden.

Der Betreiberverein Naturpark Pfälzerwald e.V. bietet interessierten Besuchern eine Vielzahl von Möglichkeiten der Freizeitgestaltung. Insgesamt stehen 92 Wanderparkplätze bereit, von denen aus man auf die Rundwanderwege mit einer Gesamtlänge von 2200 Kilometern gelangt. Diese ermöglichen den Besuchern Spaziergänge und Wanderungen durch die schönsten Bereiche und zu den bekanntesten Ausflugzielen des Pfälzerwalds.

Die Rundwege haben, je nach Anspruch der Besucher, verschiedene Längen, die mit einer Dauer von einer halben bis zu drei Stunden durchlaufen werden können. In und um das Reservat befinden sich außerdem Waldgaststätten, Naturfreundehäuser und bewirtschaftete Hütten des Trägervereins, welche jedoch überwiegend nur am Wochenende geöffnet sind.

Angeboten werden auch Naturführungen mit verschiedenen Themeninhalten. So kann man an verschiedenen Naturerlebniswanderungen teilnehmen, und es gibt Sonderprogramme für Schulklassen und Jugendgruppen, verschiedenste Entdeckungsreisen, Wochenendseminare und Sportangebote, die Wanderungen oder Nordic Walking beinhalten können.

Leider trifft man auch hier im Pfälzerwald häufig Mountainbiker, die sich nicht an die vorgegebenen Wege halten und meinen, sie müssten kreuz und quer durch die schutzbedürftigen Wälder sprinten und sie zu ihrem privaten „Waldparcours" machen.

Es wäre sehr wünschenswert, wenn die verantwortliche Forstverwaltung und der Betreiber des Naturparks das Angebot auf zielgerichtete Wandertouren und Waldlehrpfade, möglichst unter fachlicher Führung eines kompetenten Forstwirtes, begrenzen würde. Rad- und Mountainbike-Strecken sollten keinesfalls durch die Wälder führen, sondern diese nur in den Randgebieten streifen.

Ein Naturschutzgebiet darf nicht als Rummelplatz oder Vergnügungspark verstanden werden, was nicht heißt, dass es nicht auch räumlich abgegrenzte Waldspielplätze und Erlebnispfade geben sollte.

Kinder und Jugendliche sollten mit Spaß den Wald und die ganze Natur erleben können, aber auch die überlebenswichtige Bedeutung des Waldes für uns Menschen im Zusammenspiel aller Lebewesen und Lebensräume verstehen lernen.

INFO

Naturpark Pfälzerwald e.V.
Franz-Hartmann-Straße 9
D-67466 Lambrecht (Pfalz)
Tel.: +49 (0)63 25 / 95 52-0
Fax: +49 (0)63 25 / 95 52-19
E-Mail: info@pfaelzerwald.de
www.pfaelzerwald.de

Sonstige Informationsseiten:
www.natura2000.rlp.de
www.wald-rlp.de
www.biosphaerenhaus.de
www.hdn-pfalz.de

Fichtelgebirge: Blick vom Großen Waldstein

Naturwald Großer Waldstein, Fichtelgebirge

Von Petra Lindner

Im Nordosten Bayerns, zwischen den Städten Hof und Weiden und im Grenzgebiet zu Tschechien, liegt das Fichtelgebirge, ein Mittelgebirgszug, dessen Entstehung auf das Erdaltertum zurückdatiert werden kann. Vor etwa 300 Millionen Jahren, als die Region noch der Boden eines urzeitlichen Meeres war, erstarrte geschmolzener Granit unterhalb der Erdoberfläche. Im Laufe der Jahrmillionen wurde das den Granit umgebende Gestein nach und nach abgetragen, Regenwasser ließ die heute noch sichtbaren spektakulären Felsformationen in der sogenannten Wollsackverwitterung mit abgerundeten Kanten entstehen.

Derartige Felsformationen finden sich auch auf dem Gipfel des Großen Waldsteins, dem mit 877 Metern über N.N. höchsten Berg des nördlichen Fichtelgebirges. Während in anderen Regionen des Fichtelgebirges die Granitfelsen bereits zu Blockmeeren zusammengestürzt sind, sind sie am Großen Waldstein noch erhalten. Diese beeindruckenden Felsen waron der ursprüngliche Anlass, im Jahr 1950 ein rund 20 Hektar großes Areal auf dem Berggipfel unter Naturschutz zu stellen. Etwa 20 Jahre später folgte dann aufgrund der Naturbesonderheiten die Ausweisung als Naturwaldreservat. Seitdem darf der Wald sich ungestört von menschlichen Einflüssen in natürlichen Prozessen entwickeln. Die Ostseite des Großen Waldsteins wird durch ein feucht-kühles Klima charakterisiert; hier wachsen vor allem Fichten und nur wenige Buchen, Hängebirken und Vogelbeeren. Während die Fichte in anderen Gebieten des Fichtelgebirges häufig angepflanzt wurde, besitzt sie hier ein natürliches Vorkommen. Auf West- und Südseite, die klimatisch etwas begünstigter sind, findet sich Buchen-Fichtenwald, dem Bergahorn, Tanne, Esche und Vogelbeere beigemischt sind – einer der wenigen, die überhaupt noch im Fichtelgebirge existieren, dessen Mischwälder im Laufe der Jahrhunderte weitgehend Bergbau und Glashütten zum Opfer fielen und durch Fichtenmonokulturen ersetzt wurden.

Im Schnitt beträgt die Jahrestemperatur am Großen Waldstein etwa fünf Grad, die durchschnittliche Niederschlagsmenge pro Jahr liegt bei knapp 1160 Millimetern.

Das Naturwaldreservat Großer Waldstein bietet zahlreichen Pflanzen- und Tierarten einen geschützten Lebensraum. So wächst hier beispielsweise der

Von Weißenstadt und Sparneck aus führen Straßen bis zum Gipfelbereich. Die Felsformationen „Teufelstisch" und „Waagstein", sind zu allen Jahreszeiten sehenswert.

Auf dem Waldsteingipfel befindet sich die Ruine der „Rotes Schloss" genannten Burg aus dem 14. Jahrhundert mit den Resten eine spätromanischen Kapelle oder das Jagddenkmal Bärenfang aus dem 17. Jahrhundert. Von der „Schüssel", der kesselartigen Vertiefung auf dem höchsten der Waldstein-Felsen, bietet sich von einem Aussichtspavillon ein spektakulärer Blick auf die Landschaft des Fichtelgebirges.

Alpen-Milchlattich, ein Korbblütler, der ansonsten vor allem in Hochgebirgen auf Höhen zwischen 1000 und 2000 Metern vorkommt und möglicherweise bereits seit der letzten Eiszeit am Großen Waldstein heimisch ist. Da der Wald sich selbst überlassen bleibt und natürliche Zersetzungsprozesse stattfinden können, bietet Totholz auch zahlreichen Flechten, Pilzen und Moosen eine dauerhafte Lebensgrundlage.

Zu den Tieren, die am Großen Waldstein ein Refugium finden, gehören der Schwarzspecht, der Sperlings- und der Raufußkauz und die Nordfledermaus. Auch Luchs und Wildkatze sind im Fichtelgebirge wieder heimisch geworden.

Das Naturschutzgebiet liegt im Landkreis Hof, rund 37 Kilometer nordöstlich von Bayreuth und etwa 30 Kilometer südlich von Hof, und ist mit dem Pkw über die Autobahnen A 9 und A 93 zu erreichen.

Die Bahn unterhält regelmäßige Zugverbindungen nach Hof. Von hier aus geht es weiter mit dem Bus nach Weißenstadt oder Sparneck.

Das Naturschutzgebiet Großer Waldstein wird von verschiedenen Ortschaften, beispielsweise vom rund vier Kilometer nordöstlich liegenden Weißenstadt, durch Wanderwege erschlossen und ist ein beliebtes Ausflugsziel, das am Waldsteingipfel mit dem Waldsteinhaus, dem Unterkunftshaus des Fichtelgebirgsvereins, auch eine ganzjährig bewirtschaftete Einkehrmöglichkeit bietet.

INFO

Naturpark Fichtelgebirge e.V.
Jean-Paul-Straße 9, D-95632 Wunsiedel
Tel.: +49 (0)9232/80423
www.naturpark-fichtelgebirge.org

Fichtelgebirgsverein e.V.
Theresienstraße 2, D-95632 Wunsiedel
Tel.: +49 (0)9232/700755
www.fichtelgebirgsverein.de

Gasthaus Waldsteinhaus
Heidi & Thomas Heidenreich
Waldstein 1, D-95239 Zell
Tel.: +49 (0)9257/264
www.waldsteinhaus.de

Von Ewald Lindner

Nationalpark Bayerischer Wald

Das bedeutendste Waldgebiet in Deutschland ist der Bayerische Wald. Da dieser sowohl von der Größe, der biologischen Vielfalt und dem Naturmanagement her als einmalig und vorbildlich gelten kann, wird ihm in diesem Buch auch der größte Umfang in der Darstellung eingeräumt.

Im Osten Bayerns an der Grenze zu Tschechien gelegen, im Jahr 1970 gegründet und 1997 erweitert, erstreckt sich der Nationalpark Bayerischer Wald über mehr als 24.000 Hektar in den Landkreisen Regen und Freyung-Grafenau. Zusammen mit dem angrenzenden tschechischen Nationalpark Šumava, der sich über 68.000 Hektar im Böhmerwald erstreckt, bildet der Bayerische Wald eines der größten zusammenhängenden Waldgebiete Europas.

Innerhalb des Bayerischen Waldes gibt es aufgrund unterschiedlicher geologischer und klimatischer Voraussetzungen viele verschiedene Waldarten und kleine, aber doch bedeutsame Rest-Urwälder. Man kann ohne Übertreibung behaupten, dass trotz vieler forstwirtschaftlicher „Todsünden" im 19. Jahrhundert und Anfang des 20. Jahrhunderts der Bayerische Wald immer noch über eine einmalige biologische Substanz verfügt und in Flora und Fauna noch viele Spezies vorzuweisen hat, die anderswo längst ausgestorben sind. Leider hat der Bayerische Wald noch heute mit den forstwirtschaftlichen Sünden der Vergangenheit zu kämpfen. Saurer Regen, schwere Stürme, trockene Sommer und der Borkenkäfer haben die anfälligen Monokulturen in den 1980er- und 1990er-Jahren vor allem in den Hochlagen schwer geschädigt. Die Schäden sind vielerorts noch gut sichtbar und im ersten Moment schockierend anzusehen. Doch hatten diese Katastrophen auch ihre heilsame Wirkung und führten zu einem generellen Umdenken in der Forstwirtschaft. So wird sich der Wald, dank intensiver Schutzmaßnahmen aller Verantwortlichen, in den nächsten zwanzig bis dreißig Jahren sicher soweit erholen, dass neue, verjüngte, geschlossene und widerstandsfähige Wälder entstehen, die dann in etwa 50 bis 100 Jahren wieder als „Urwälder" funktionieren können.

Durch den konsequenten Schutz und die Betreuung der Forstbehörden konnten sich viele Waldgebiete im Nationalpark in den letzten 40 Jahren bereits sehr gut entwickeln und in neue, noch junge „NatUrwälder" zurückverwandeln. Selbst die seinerzeit als „katastrophal" empfundenen Waldschäden durch Stürme und Borkenkäfer führten durch menschlich weitgehend unbeeinflusste und natürliche Regeneration zu neuen, widerstandsfähigen jungen Baum- und Pflanzengemeinschaften.

„Grenzenlose Waldwildnis" und „Natur Natur sein lassen" lautet die Philosophie der Naturparkverwaltung des Bayerischen Waldes. Es gibt in Mitteleuropa kein anderes Gebiet, in dem sich die Wälder und Hochmoore auf so großer Fläche natürlich und durch den Menschen weitgehend unbeeinflusst zu einer einmaligen wilden Landschaft entwickeln dürfen.

Gleichzeitig versucht man auch die ursprüngliche Tierwelt zu schützen und in Deutschland ausgestorbene Tiere wieder anzusiedeln. Während Luchs, Wildkatze, Elch und Biber aus den benachbarten Ländern Tschechien und Polen wieder eingewandert sind, gibt es Bestrebungen, Wölfe, Bären, Wildrinder und andere wieder anzusiedeln oder auszuwildern. Wölfe und Bären werden in großen Freigehegen als natürlichen Lebensräumen gehalten, um den Artenschutz zu unterstützen. Ob diese jemals ausgewildert werden können, ist fraglich, da Wölfe und Bären sehr große Lebensräume beanspruchen. Es bedarf großer Anstrengungen, viel Überzeugungskraft und Aufklärung, um bei der einheimischen Bevölkerung sowie der betroffenen Land- und Forstwirtschaft Verständnis und Kooperationsbereitschaft zu erreichen.

Nach offiziellen Angaben gab es im Jahr 2012 keine frei lebenden Wölfe und Braunbären im Bayerischen Wald. Aber es ist hoffentlich nur eine Frage der Zeit, wann auch diese wieder in stabilen Populationen anzutreffen sind.

Wölfe zum Beispiel werden seit dem Fall des „Eisernen Vorhangs" im Jahr 1990 fast in ganz Deutschland als Durchzugsgäste registriert, und so gibt es durchaus Hoffnung, dass sie uns wieder willkommen sind und heimisch werden. In den Gebieten früherer Truppenübungsplätze Ostdeutschlands haben sich bereits einige kleine, aus Polen eingewanderte Wolf-Populationen fest angesiedelt.

Blick vom Falkenstein über den Bayerischen Wald zum Rachel

Leider gibt es aber auch immer wieder schreckliche Beispiele für menschliche Dummheit, Vorurteile und Ignoranz im Umgang mit den Wölfen. So wurde im April 2012 ein durchziehender Wolf bei Montabaur im Westerwald in Rheinland-Pfalz, also schon recht weit im Westen Deutschlands, durch einen Jäger erschossen, weil dieser den Wolf (angeblich) für einen wildernden Hund hielt. Was ist das für ein Jäger, der Wolf und Hund nicht unterscheiden kann?

Wölfe und auch Braunbären wandern immer wieder aus Polen, Tschechien, der Slowakei, Slowenien und Norditalien bei uns ein und durchstreifen auch die bayerischen Wälder auf der Suche nach neuen Revieren. Ein trauriges Beispiel dafür ist der Bär „Bruno“, der im Jahr 2006 wochenlang durch Oberbayerns Wälder streifte, aber keine Menschen bedrohte. Doch da die Bevölkerung bei uns den Umgang mit Bär und Wolf nicht mehr gewohnt ist, zuständige Landespolitiker und inkompetente Jäger die Nerven verloren, wurde der Jungbär auf der Suche nach einer neuen Heimat zum Abschuss freigegeben. Das Tier wurde über sechs Wochen von rund 500 Jägern förmlich zu Tode gehetzt und abgeknallt. In anderen Ländern Europas und Amerikas ist das Zusammenleben der Bevölkerung mit Bären und Wölfen alltäglich und weitgehend unproblematisch.

Problematisch wird es meist, wenn Mensch und Wildtier zu dicht beieinander leben und dem Tier zu wenig ungestörter Lebensraum geboten wird. Wichtig ist im Zusammenhang mit der Wanderung der Wildtiere auch die Schaffung geschützter Naturkorridore zwischen den großen Naturschutz- und Waldgebieten, damit alle Tiere ihrem natürlichen Trieb der Wanderung auf der Suche nach Nahrung und Lebensräumen folgen, neue Reviere besiedeln und für den genetischen Austausch sorgen können.

Das war Bruno auf der Suche nach neuem Lebensraum

Rothirsch: Ein Prachtexemplar der Jagdtrophäenzucht

Im Bayerischen Wald sind die unnatürlich hohen Bestände an Rot-, Schwarz- und Rehwild ein Problem, da diese sich durch das Fehlen der großen Raubtiere und zusätzliche Fütterung stark vermehrt haben. Im Winter wird das Rotwild (Rothirsche) in Gehege getrieben, um die Jungbäume vor Verbiss zu schützen. Teilweise wird in Randgebieten auch die Bejagung durch den Menschen zugelassen, um den Wald zu schützen. Diesbezüglich gibt es auch immer wieder Streitigkeiten zwischen Tier- und Waldschützern. Es ist daher sehr wichtig, dass Forst- und Naturschutzbehörden, Tierschützer, Jäger sowie Land- und Waldbesitzer zu tragfähigen Konzepten finden. Dass dies möglich ist, wird im Bayerischen Wald an vielen Stellen sichtbar.

Der naturschonende Tourismus spielt im Bayerischen Wald eine wichtige Rolle, da dieser der einheimischen Bevölkerung den wirtschaftlichen Ausfall aus der Wald- und Landwirtschaft ersetzt. So gibt es im Nationalpark ausgewiesene Teilgebiete, die von Naturfreunden auf bestimmten Wanderwegen besichtigt werden dürfen. Das Verständnis über das Zusammenwirken der Naturelemente und die Rolle des Menschen in der Natur wird durch Lehr- und Erlebnispfade, Jugendwaldheime, Wildniscamps und ein 50 Hektar großes Waldspielgelände für Kinder und Jugendliche gefördert. Das Motto für das Kinderkonzept Bayerischer Wald heißt: „Spielend die Natur begreifen“.

Wir modernen Menschen müssen wieder lernen, dass auch wir ein Teil der Natur sind und langfristig nur im Gleichklang mit der Natur überleben können.

Die Zusammensetzung der Schutzzonen im Bayerischen Wald

Die Richtlinien der IUCN (International Union for Conservation of Nature) sehen grundsätzlich die Möglichkeiten der Zonierung für Nationalparks der Kategorie II vor. Nach entsprechenden Übergangszeiten sollen jedoch mindestens drei Viertel der Fläche entsprechend dem primären Schutzzweck verwaltet werden. Im Anlageband zu diesen Richtlinien „Walderhaltungs- und Waldpflegemaßnahmen“ sind die Zonen abgegrenzt und näher beschrieben. Gleichzeitig sind dort die in den einzelnen Zonen zulässigen Maßnahmen beschrieben.

Die Naturzone

Hier hat der Ablauf natürlicher Prozesse Vorrang. Es sind grundsätzlich keine menschlichen Maßnahmen vorgesehen. Die Naturzone soll 55 Prozent der Gesamtfläche einnehmen.

Die Entwicklungszonen

Die Entwicklungszonen werden je nach Bestand, Struktur und Lage in drei Teilgebiete (2a, 2b, 2c) untergliedert. Diese Wälder sollen schrittweise der natürlichen Entwicklung überlassen und bis zum Jahr 2027 zur Naturzone deklariert werden. Sie entsprechen ungefähr 21 Prozent der Gesamtfläche.

Die Randbereiche

In den Randbereichen werden dauerhaft wirksame Waldschutzmaßnahmen zum Schutz angrenzender Wälder installiert. Diese Bereiche betragen 22 Prozent der Gesamtfläche.

Die Erholungszone

Hier werden Besuchereinrichtungen und Verkehr sichergestellt. Diese Zone beträgt etwa zwei Prozent der Gesamtfläche.

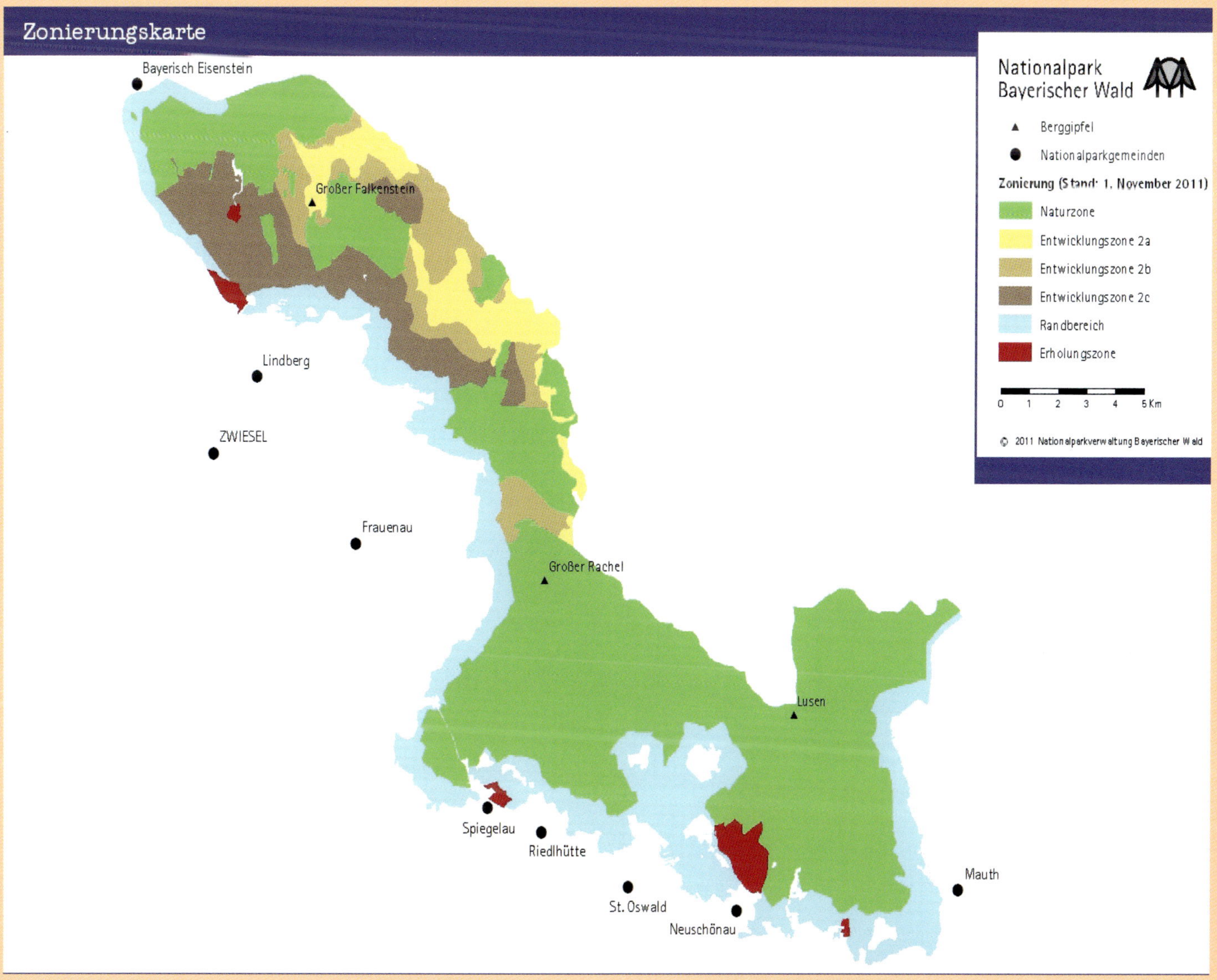

Organisierter Schutz durch die Naturparkverordnung Bayerischer Wald

Die Naturparkverordnung Bayerischer Wald (NP-VO) bestimmt als Schutzzweck des Nationalparks „eine für Mitteleuropa charakteristische, weitgehend bewaldete Mittelgebirgslandschaft mit ihren heimischen Tier- und Pflanzengesellschaften, insbesondere ihren natürlichen und naturnahen Waldökosystemen zu erhalten, das Wirken der natürlichen Umweltkräfte und die ungestörte Dynamik der Lebensgemeinschaften zu gewährleisten sowie zwischenzeitlich ganz oder weitgehend aus dem Gebiet zurückgedrängten Tier- und Pflanzenarten eine artgerechte Wiederansiedlung zu ermöglichen".

Leitbild Nationalpark Bayerischer Wald

(Auszug aus der Naturparkverordnung Bayerischer Wald)

„Der Nationalpark Bayerischer Wald schützt auf der Grundlage des Bayerischen Naturschutzgesetzes und der Nationalparkverordnung eine für Mitteleuropa charakteristische, weitgehend bewaldete Mittelgebirgslandschaft mit ihren natürlichen und naturnahen Ökosystemen als nationales Naturerbe für jetzige und künftige Generationen. Das Wirken der natürlichen Umweltkräfte und die ungestörte Dynamik der Lebensgemeinschaften werden dabei vornehmlich gewährleistet. So entwickeln sich die Wälder des Nationalparks ohne lenkende Eingriffe des Menschen langfristig wieder zu Naturwäldern. Naturereignisse wie Windwurf und Schneebruch sind zusammen mit Insekten- und Pilzbefall wesentliche Faktoren einer natürlichen Waldentwicklung."

Waldmanagement im Bayerischen Wald

(Auszug aus der Naturparkverordnung Bayerischer Wald)

Die Walderhaltung: Grundsätzlich sind Walderhaltungsmaßnahmen (Pflanzungen) im Hochlagenwald nur unter folgenden Voraussetzungen vorgesehen: Soweit die natürliche Walderneuerung flächig und längerfristig ausbleibt, soll die Entwicklung einer standortgerechten, natürlichen Waldzusammensetzung unterstützt werden.

In den Hochlagenwäldern des Falkenstein-Rachel-Gebietes soll die natürliche Walderneuerung dort, wo die Borkenkäferbekämpfung die Verjüngung beeinträchtigt oder keine ausreichende Verjüngung vorhanden ist, durch Ausbringung autochthoner Hochlagenpflanzen (aus dem Samen wildwachsender Stammpflanzen vermehrt) unterstützt werden.

In den Jahren 1997 bis 2001 wurden in den Hochlagen des Falkenstein-Rachel-Gebietes noch etwa 40.000 Fichten-Kleinballenpflanzen ausgebracht. Durch periodische Inventuren wird die Entwicklung der Verjüngung in den Hochlagen des Rachel-Lusen-Gebietes genau beobachtet. Die Ergebnisse dieser Inventuren zeigen, dass auf Pflanzungen verzichtet werden kann. Laut Hochlageninventur 2005 finden sich durchschnittlich etwa 4500 Verjüngungspflanzen (größer als 20 Zentimeter) je Hektar.

Die Waldpflege: Entsprechend den Festlegungen im Nationalparkplan sind Waldpflegemaßnahmen grundsätzlich möglich, allerdings auf den Randbereich beschränkt. Durch Waldpflegemaßnahmen soll erreicht werden, dass der Randbereich des Nationalparks seine Schutzfunktion gegenüber dem angrenzenden Wirtschaftswald bestmöglich erfüllen kann. Im Randbereich des Falkenstein-Rachel-Gebietes sollen vorrangig in jüngeren und mittelalten sowie weniger naturnahen Beständen Mischbaumarten gefördert werden. In älteren Beständen ist in erster Linie die Einbringung von Tanne und Laubbaumarten vorgesehen, wo diese sich nicht ausreichend natürlich verjüngen.

Auch im Randbereich des Rachel-Lusen-Gebietes sind Waldpflegemaßnahmen in weniger naturnahen

Waldbeständen grundsätzlich möglich. Sie beschränken sich in der Regel auf die Pflanzung von Mischbaumarten in ausgeräumten „Käferlöchern" und fichtenreichen Altbeständen, sofern keine ausreichende natürliche Verjüngung von Tanne und Laubbaumarten zu erwarten ist.

Wildtiermanagement im Bayerischen Wald
(Auszug aus der Naturparkverordnung Bayerischer Wald)

Der § 3 Abs. 1 der Naturparkverordnung legt als Schutzzweck des Nationalparks fest, „eine für Mitteleuropa charakteristische, weitgehend bewaldete Mittelgebirgslandschaft mit ihren heimischen Tier- und Pflanzengesellschaften, insbesondere ihren natürlichen und naturnahen Waldökosystemen zu erhalten, das Wirken der natürlichen Umweltkräfte und die ungestörte Dynamik der Lebensgemeinschaften zu gewährleisten sowie zwischenzeitlich ganz oder weitgehend aus dem Gebiet zurückgedrängten Tier- und Pflanzenarten eine artgerechte Wiederansiedlung zu ermöglichen".

Der Nationalpark Bayerischer Wald stellt aufgrund seiner Ausformung (40 Kilometer Länge und nur etwa sechs Kilometer Breite) und seiner Höhenlage (rund ein Drittel der Fläche liegt über 1000 Meter) keinen abgeschlossenen, ganzjährigen Lebensraum für die hier vorkommenden Schalenwildarten dar. Für einen Großteil dieser Tiere wären die überwiegenden Flächen des Nationalparks ohne menschliche Einflussnahme nur Sommerlebensraum. Im Winter – bei Schneelagen bis zu drei Meter in den Kammlagen – würde das Schalenwild zumeist in tiefere Lagen bzw. in das klimatisch begünstigte Vorfeld abwandern und dort überwintern.

Aufgrund der menschlichen Nutzung (Siedlungen, Verkehrswege, landwirtschaftliche Nutzung etc.) haben sich aber dort die Lebensräume entscheidend verändert. Rehe und Wildschweine sind nicht so sehr auf ausreichend große und ungestörte Wintereinstände im Vorfeld angewiesen und kommen mit den geänderten Lebensbedingungen zurecht. Für Rothirsche fehlen dagegen ausreichend große und ungestörte Wintereinstände im Vorfeld – nicht zuletzt durch die gesetzlich festgelegte Abgrenzung des Rotwildgebietes sowie die geringe Toleranz vieler Waldbesitzer wegen möglicher Schälschäden.

Noch stärker als bei den großen Pflanzenfressern wurde das Artengefüge der großen Fleischfresser (Raubtiere) vom Menschen verändert. Bär, Wolf und Luchs wurden zu Anfang bzw. Mitte des 19. Jahrhunderts ausgerottet, sodass die Schalenwildarten seit etwa hundertfünfzig Jahren ohne natürlichen Feinde waren. Erst seit einigen Jahren ist der Luchs aus Tschechien wieder eingewandert und trägt in begrenztem Umfang zur natürlichen Regulierung der Schalenwildarten bei. Insgesamt ist jedoch bei Reh, Rothirsch und Wildschwein derzeit keine ausreichende Regulierung über Prädatoren (große Raubtiere) gewährleistet und es bedarf menschlicher Unterstützung durch gezielte Maßnahmen der Wiederansiedlung der großen Raubtiere und maßvoller Bejagung durch den Menschen in den Randgebieten.

Anmerkung des Herausgebers:
In den Randbereichen der Schutzwälder sollen vor allem die angrenzenden Baumbestände der privaten Waldbesitzer geschützt werden. Hier werden vom Borkenkäfer befallene Bäume gefällt und mit schwerstem Gerät aus dem Schutzwald gebracht, sodass sie als Totholz-Nahrung dem Wald nicht mehr zur Verfügung stehen. Da diese Randschutzzonen dauerhaft etwa 22 Prozent des Nationalparks ausmachen werden, muss man diese real von der Schutzfläche abziehen.

Bergfichtenwald

Bergfichtenzweige

Das Klima

Das Klima des Bayerischen Waldes entspricht weitgehend dem aller deutschen Mittelgebirge und darf mit Ausnahme der Hochlagen über 1000 Metern als gemäßigt bezeichnet werden. Das heißt, dass die Wetterbedingungen weder im Sommer noch im Winter sehr extrem ausfallen. Natürlich unterscheiden sich Bedingungen in den Hochlagen immer von denen in den Tälern. Wie in ganz Mitteleuropa wird das Wetter überwiegend von atlantischen Strömungen aus westlichen Richtungen beeinflusst. Diese bringen oft feuchte und warme Luftmassen und reichlich Niederschläge mit sich. Spürbar ist jedoch auch schon die relative Nähe zu den kontinentalen Landgebieten im Osten Europas, durch die immer wieder auch längere trockene, im Winter sehr kalte und im Sommer auch trocken-heiße Luftmassen herangeführt werden.

Die Vegetationszonen im Bayerischen Wald

Die oberen Bergregionen beginnen bei über 1000 Meter Höhe über N.N. Hier liegen die durchschnittlichen Jahrestemperaturen bei drei bis fünf Grad. Die durchschnittlichen Niederschläge liegen bei 1000 bis 2000 Millimeter pro Jahr. Typisch für die Hochlagen sind Bergfichtenwälder, die in geringem Umfang von Vogelbeere und Bergahorn durchmischt werden.

Die untere Grenze des Bergwaldes der Hochlagen wird durch die Ansiedlung der Rotbuche markiert. Die Sträucher und Kräuter des Unterholzes werden überwiegend durch Heidelbeere, Siebenstern, Frauenfarn, Pannonischer Enzian, Wald-Reitgras und Eisenhut repräsentiert.

Von Ewald Lindner

Die Weißtanne

Die europäische Weißtanne ist ein Nadelbaum aus der Gattung Tannen in der Familie der Kieferngewächse. Der Name leitet sich von ihrer hellen Borke ab, die sie von der Fichte unterscheidet. Sie ist auch an der unterschiedlichen Färbung ihrer Nadeln auf Ober- und Unterseite zu erkennen.

In früheren Jahrhunderten war die Weißtanne in Europa weitverbreitet, doch ihr Bestand hat in den letzten 200 Jahren stark abgenommen. Die Gründe dafür sind vor allem in natürlichen Belastungen, Umweltbelastungen und unvernünftiger Waldwirtschaft zu sehen. Zu den natürlichen Einflüssen gehören der Befall durch eingeschleppte Schädlinge wie der Weißtannentrieblaus sowie Schäl- und Verbissschäden durch Reh- und Rotwild. Zu den menschlichen Einflüssen zählen die Übernutzung der Wälder, Luftverschmutzung und damit einhergehender saurer Regen sowie die Bevorzugung der schneller wachsenden Fichte.

Das Holz der langsam wachsenden Weißtanne ähnelt dem der Gemeinen Fichte, ist aber in der Struktur dichter und ölhaltiger und wird deshalb häufig im Erd- und Wasserbau eingesetzt.

Die Weißtanne kann ein Höchstalter von bis zu 600 Jahren und eine Wuchshöhe bis 50 Meter, im Einzelfall sogar bis 65 Meter bei einem Brusthöhendurchmesser von bis zu zwei, in Extremfällen bis zu 3,80 Meter erreichen. Im Vergleich dazu werden Buchen nur etwa 400 Jahre alt.

Weißtannenzweig Oberseite

Weißtannenzweig Unterseite

Bei mittleren Berglagen zwischen 600 und 1000 Metern Höhe liegen die Temperaturen im Jahresmittel bei fünf bis acht Grad und die Niederschläge im Durchschnitt bei 800 bis 1800 Millimeter pro Jahr. Dieses Klima erweist sich für den Bergmischwald als vorteilhaft, sodass sich Waldgemeinschaften aus Rotbuche, Weißtanne und Fichte zusammenfinden beziehungsweise durch die Förster zusammengeführt wurden.

Die Weißtanne war lange Zeit bei den Waldbauern nicht sehr beliebt, wächst sie doch sehr langsam und ist relativ anfällig für Umweltbelastungen wie sauren Regen, Borkenkäfer und Stürme. Der Anteil der Tannen liegt heute nur noch bei rund fünf Prozent des Baumbestandes in den Bergmischwäldern. Sie können bis zu 600 Jahre alt werden und leben oft doppelt so lange wie Buchen. Sie können über 60 Meter hoch werden. Ein hoher Tannenbestand ist deshalb die Voraussetzung für den aus ökologischen Gründen gewünschten mehrstufigen Bestandsaufbau im Bergmischwald. Durch intensive Forstwirtschaft von 1850 bis 1970 wurden die meisten alten Bestände zerstört. Es wird viele Baumgenerationen, also Jahrhunderte ungestörter Entwicklung dauern, bis der Bestand von 1850 wieder erreicht ist.

Reife Heidelbeere am Strauch

In der Kraut- und Strauchebene des Bergmischwaldes finden sich Heidelbeere, Himbeere, Greiskraut, Weidenröschen, Holunder, Ähriges Christophskraut, Türkenbundlilie, Alpen-Milchlattisch, Hasenlattich und verschiedene Farne wie Dornfarn, Wurmfarn und Rippenfarn. Alle diese Sträucher und Farne sind aber hier nicht natürlich. Diese gibt es nur in Wirtschaftswäldern, weil diese meist offener und am Boden deutlich heller sind. „NatUrwälder“ sind aus der Sicht der Pflanzen am Boden fast stockdunkel, sodass diese Sträucher hier nicht Fuß fassen.

Die niederen Tallagen des Bayerischen Waldes liegen auf einer Höhe von rund 500 bis 700 Metern. Da sich oftmals kalte Luftströmungen von den Berglagen in den Waldtälern festsetzen, unterscheiden sich die Durchschnittstemperaturen und Niederschlagsmengen nicht sehr stark von den mittleren Berglagen. Die Niederschläge halten sich in den bewaldeten Tälern jedoch meist viel länger und sammeln sich im Boden zu Nass- und Sumpfböden. Wärme liebende Laubbäume wie die Buche mögen keine „nassen Füße“ und können sich hier nicht behaupten. In Waldtälern wird man also überwiegend die Mitglieder der Waldgesellschaft des Aufichtenwaldes, also Fichten, Erlen, Birken und Weiden antreffen. In der Kraut- und Strauchebene des Aufichtenwaldes trifft man auf Heidelbeere, Himbeere, diverse Gräser, Moose und Farne.

Auf den nährstoffarmen Waldböden gedeiht die Heidelbeere auf Lichtungen

Porträt

Von Ewald Lindner

Der Wolf

Der Wolf ist ein Raubtier aus der Familie der Wildhunde. Der Wolf war bis ins 19. Jahrhundert in ganz Europa verbreitet, wurde jedoch in West- und Mitteleuropa ausgerottet.

Wölfe haben eine hoch entwickelte Sozialstruktur und Sozialkompetenz. Sie leben und jagen im Rudel überwiegend kleines bis mittelgroßes Schalenwild. In Notsituationen wagen sie sich auch an große Hirsche und Elche. Aber auch Hasen, Kaninchen und größere Vögel verachten sie nicht. Auch wenn man einzelne Wölfe in der Wildnis antrifft, so ist die normale Sozialordnung des Wolfes immer das Rudel. Das Wolfsrudel besteht aus einem Elternpaar, das im Regelfall lebenslang zusammenbleibt, und dessen Nachkommen. Wölfe werden erst mit zwei Jahren geschlechtsreif und verbleiben bis zur Geschlechtsreife bei den Eltern.

Mit Erreichen der Geschlechtsreife wandern die Jungwölfe in der Regel aus dem elterlichen Territorium ab und suchen sich mitunter über Hunderte Kilometer ein freies Revier und einen anderen Jungwolf als Lebenspartner, um eine eigene Familie zu gründen.

Der Wolf hat von jeher seinen Platz in der Mythologie und in Märchen. Oft wurde er als blutrünstige Bestie dargestellt. Doch ist er von Natur aus ein sehr vorsichtiges und menschenscheues Tier, das man in freier Wildbahn kaum zu Gesicht bekommt.

Der in Deutschland vor seiner Ausrottung letzte freilebende Wolf wurde am 27. Februar 1904 in der Lausitz erschossen. Schon nach dem Zweiten Weltkrieg wanderten immer wieder Wölfe nach Ostdeutschland ein. Seit Februar 2012 leben in der Lausitz in Sachsen und Brandenburg elf Rudel und ein Wolfspaar. In Sachsen-Anhalt in der Altengrabower Heide gibt es ein Rudel mit ständigen Nachkommen und mehrere stationäre Einzeltiere oder Paare in anderen Regionen Sachsen-Anhalts, Brandenburgs, in Mecklenburg-Vorpommern und in Niedersachsen.

Wölfe sind in Deutschland streng geschützt und nicht jagdbar, doch wurden sie immer wieder von Jägern erschossen – angeblich wegen Verwechslungen mit wildernden Hunden.

Zum 30. April 2013 meldeten die Naturschützer in Deutschland insgesamt 18 Wolfsrudel, vier Wolfspaare und sechs bis acht Einzelwölfe, sodass man von rund 100 bis 120 freilebenden Wölfen in Deutschland ausgehen kann.

Auch in Österreich und der Schweiz wird die Wiederansiedlung des Wolfes vorangetrieben. Leider gibt es auch hier viele Gegner der Wölfe.

In den französisch-italienischen Westalpen, wo es Wölfe gibt, haben sich in den letzten zwanzig Jahren etwa 35 Rudel mit rund 200 Tieren gebildet.

Die Gegner aus dem Bereich der Landwirtschaft fürchten um wirtschaftliche Verluste durch vom Wolf gerissene Weidetiere und schüren deshalb die Angst vor dem „bösen" Wolf bei der Bevölkerung. Dabei gibt es sehr preiswerte und wirkungsvolle Schutzmaßnahmen, wie große Herdenhunde, Schreckschussanlagen und elektrische Schutzzäune für die Weidetiere. Hier bedarf es noch intensiver Aufklärung und Überzeugungsarbeit. Man kann davon ausgehen, dass unter den derzeitigen Raumbedingungen kaum mehr als 300 bis 400 Wölfe in Deutschland einen passenden Lebensraum finden würden.

Blick vom Rachel in Richtung Großer Arber

Teilweise abgestorbene Bergfichtenwälder am Lusen

Die höchsten Berge im Nationalpark Bayerischer Wald

Der Rachel ist mit 1453 Metern der höchste Berg des Nationalparks und der zweithöchste Berg des Bayerischen Waldes insgesamt (nach dem Arber mit 1456 Metern). Bergmischwald reicht bis etwa 1150 Meter, und oberhalb dieser Grenze findet sich Bergfichtenwald, der allerdings durch Borkenkäferbefall fast vollständig abgestorben ist. Im Gegensatz zum Waldgebiet um den Lusen ist die Verjüngung hier relativ gering, da die Nährstoffe der abgestorbenen Fichten zunächst größere Farn- und Grasarten begünstigt haben und die Keimung von Fichtensamen behinderten. Außerdem erschweren die Höhenlage über 1250 Meter im Rachelmassiv und der nährstoffreiche Humus-Boden die Verjüngung der Bäume.

Der Lusen ist 1373 Meter hoch und befindet sich im östlichen Teil des Nationalparks an der Grenze zu Tschechien. Der Bergmischwald reicht hier bis in eine Höhe von 1250 Metern, darüber findet sich Bergfichtenwald, der ebenfalls durch Borkenkäferbefall abgestorben ist. Im Unterschied zum Rachelgebiet sind hier deutlich größere Flächen von Jungfichten bedeckt, die selbst in der Gipfelregion teilweise mehrere Meter hoch sind.

Der Große Falkenstein
Der 1305 Meter hohe Falkenstein ist der höchste Berg im Erweiterungsgebiet des Nationalparks. Im Unterschied zum Altgebiet sind im Falkensteinmassiv die Bergfichtenwälder nicht abgestorben.

Der Rachelsee auf 1072 Meter über N.N. mit Blick auf den Rachel

Waldschutzgebiete und Rest-Urwälder im Bayerischen Wald

Das Höllbachgspreng ist ein etwa 50 Hektar großer Bergurwald unterhalb der Ostseite des Großen Falkensteins nahe der tschechischen Grenze bei Lindberg. Er liegt in einer engen, feucht-kalten Schlucht auf einer Höhe von 900 bis 1200 Metern. Hier fließen mehrere kleine Felsbäche zusammen und bilden den Höllbach, der dem Gebiet seinen Namen gibt.

Am nördlichen Ende des Gebietes stürzt sich der Höllbach dann als Wasserfall durch die Felsen abwärts. Bereits um das Jahr 1860 wurde von romantischen Naturfreunden der Schutz dieses Waldgebietes betrieben und durch den damaligen bayerischen König Maximilian II. verfugt, dass dieses schwer zugängliche Gebiet von der forstwirtschaftlichen Nutzung verschont bleiben soll. So blieb der damals noch urwaldartige Charakter bis heute erhalten. Die höheren Lagen werden überwiegend durch Fichtenwald besiedelt, während die Lagen unterhalb von 1000 Metern durch Bergmischwald bestimmt werden. An den Hängen finden sich Fichte, Rotbuche, Bergahorn, Weißtanne und Bergulme. Ein Wanderweg führt durch die Schlucht zum Gipfel des Großen Falkensteins. Der wildromantische Weg ist nur geübten Wanderern zu empfehlen, da er sehr steil ist und über Stock und Stein geht.

Wasserfall am Höllbachgspreng

Urwald am Rachelsee
Am Rachelsee unterhalb des Berggipfels an der sogenannten Rachelseewand gab es bis in die 1990er-Jahre auch noch einen Rest-Urwald. Dieser ist aber zu großen Teilen dem sauren Regen und dem aus den Fichtenkulturen übergreifenden Borkenkäfer zum Opfer gefallen. Der Wald wird heute noch immer von menschlichen Eingriffen weitgehend verschont und inzwischen bildet sich langsam ein neuer, verjüngter Urwald als Bergmischwald.

Urwaldgebiete Mittelsteighütte und Hans-Watzlik-Hain

Östlich des Ortsteils Zwieslerwaldhaus unterhalb des Falkensteins befindet sich das 38 Hektar große Urwaldgebiet Mittelsteighütte mit riesigen alten Fichten, Tannen und Buchen.

Westlich davon liegt der elf Hektar große Hans-Watzlik-Hain mit der Dicken Tanne (auch Westhütter Tanne genannt), die einen Stammdurchmesser von zwei Metern und eine Höhe von über 50 Metern hat. Sie ist damit der stärkste Baum des Bayerischen Waldes. Ihr Alter wird auf 400 Jahre geschätzt. Im Hans-Watzlik-Hain befinden sich zahlreiche andere große Bäume der Arten Fichte, Buche und Tanne.

Riesige Stämme der Rotbuche und der Gemeinen Fichte im Urwaldgebiet Mittesteighütte

Schachten und Filze

Zwischen dem Rachel und dem Falkenstein bei Buchenau liegen mehrere Schachten und Filze, also ehemalige Waldweiden mit alten, einzeln stehenden Bäumen und Mooren. Besonders interessant ist das Moorgebiet Latschenfilz mit einem Bergkiefernmoor und dem Latschensee. In der Nähe befinden sich der Kohlschachten und der Große Schachten.

Felsen-Urwald

Das Felswandergebiet bei Neuschönau besteht aus bizarren Felstrümmern um die Berge Kanzel und Kleine Kanzel. Der umliegende Wald ist nur schwer zugänglich, sodass er größtenteils forstwirtschaftlich nicht genutzt werden konnte. Deshalb sind viele alte Bäume, insbesondere Weißtannen, erhalten geblieben. Seit 1970 ruht jede forstliche Nutzung, sodass der Wald sich hier zum Urwald zurückentwickelt.

Großer Filz

Der Große Filz liegt bei Sankt Oswald-Riedlhütte auf rund 750 Meter Höhe. Ein Holzsteg führt an den Rändern des Hochmoores entlang. Hier dominiert Fichtenmoorwald, weiter innen Bergkiefernwald mit Zwergsträuchern, Besenheide und Torfmoosen. Die Moorfläche ist nicht direkt zugänglich, kann aber von einem Aussichtsturm beobachtet werden.

Dicke Tanne im Hans-Watzlik-Hain

Großer Filz bei Sankt Oswald-Riedlhütte

Porträt

Von Ewald Lindner

Der Auerhahn

Der Auerhahn oder das Auerhuhn ist ein Vogel aus der Familie der Fasanenartigen und der Ordnung der Hühnervögel. Er ist gleichzeitig auch der größte Hühnervogel Europas und besiedelt Nadel-, Misch- und Laubwaldzonen von Nordeuropa bis nach Sibirien. In Europa besiedelt er gewöhnlich gemäßigte Klimazonen über 1000 Höhenmeter. Hin und wieder kommt er auch in tieferen Lagen vor wie beispielsweise in der Niederlausitz.

Er ist sehr scheu und stellt große Bedingungen an seine Umwelt, wie sie in Mitteleuropa nur noch selten und nur in alten, unberührten Bergwäldern anzutreffen ist, zum Beispiel in Österreich, der Schweiz, Slowenien, dem Bayerischen Wald, dem Fichtelgebirge und im südlichen Berchtesgadener Land. Da der Auerhahn ein kleines Ausbreitungsgebiet hat, sind Kleinpopulationen schnell in der Isolation und es ist kein natürlicher genetischer Austausch mehr möglich, was innerhalb weniger Jahre zum Aussterben eines Bestandes führen kann. Es werden daher oft Vögel aus anderen Beständen zur genetischen Auffrischung der Erbanlagen von den Förstern eingebracht.

Der Auerhahn gehört wie die Birk-, Schnee- und Haselhühner zu den Raufußhühnern und verfügt über eine sehr gute Anpassungsfähigkeit in kalten und schneereichen Gebieten. Seine Nasenlöcher sind durch Federn geschützt, Beine und Füße zu zwei Dritteln befiedert, und auch die Zehen sind dicht befiedert. Die Füße mit den dichtbefiederten Zehen wirken wie Schneeschuhe und verhindern das Einsinken in den Schnee.

Auerhühner lieben stille, zusammenhängende, naturnahe Nadel- und Mischwälder auf trockenen bis feuchten Böden. Geschlossene Waldbestände und reiner Laubwald werden gemieden. Brut- und Aufzuchtsplätze, Sommer- und Wintereinstände und die Balzplätze müssen unterschiedlichen ökologischen Ansprüchen genügen und wegen der Standorttreue der Art nahe beieinander liegen.

Ein Naturerlebnis der ganz besonderen Art ist die Auerhahnbalz, die bei milden Spätwintern schon im Februar beginnt, meistens jedoch im März.

Ein Naturerlebnis der besonderen Art ist die Auerhahnbalz

TIPPS UND INFOS ZUM BAYERISCHEN WALD

Der Naturerlebnispfad „Die Natur mit allen Sinnen begreifen" ist etwa zwei Kilometer lang und lädt zu einer besonderen Wanderung ein. Auf neun Stationen können Kinder und Erwachsene den Lebensraum „Wald" mit allen Sinnen erleben. Hier kann man zum Beispiel den Waldklängen lauschen, Pflanzen ertasten und erriechen, mit Naturmaterialien musizieren, sich im Baumpavillon ausruhen oder sich im Märchenkobel Geschichten erzählen.

Bei der Station „Tieren auf der Spur" erfahren die Kinder Näheres zu den Waldbewohnern und ihrer Fortbewegung. Ein großes „Spinnennetz" demonstriert die vielfältige Vernetzung des Ökosystems Wald. Bei der Station „Nationalpark-Einsichten" lernen die Kinder, dass alles, was die Natur hervorbringt, egal ob Tier oder Pflanze, im Nationalpark gleichberechtigt ist.

Nationalparkzentrum Lusen
Seit 1982 gibt es das Informationszentrum bei Neuschönau, das Hans-Eisenmann-Haus, mit einer waldökologischen Ausstellung, einem Baumkronenpfad sowie einem Tier-, Pflanzen-, und Steinfreigelände. Im Tierfreigelände sind in weiträumigen Gehegen aktuelle und ehemals ansässige Tiere wie Fischotter, Kauz, Wildkatze, Luchs, Uhu, Wisent, Rothirsch, Wildschwein, Braunbär und Wolf zu sehen.

Nationalparkzentrum Falkenstein
Bei Ludwigsthal befindet sich das 2005 errichtete Infozentrum „Haus zur Wildnis" des Nationalparks Bayerischer Wald sowie ein 65 Hektar großes Tierfreigehege. Hier sind in Mitteleuropa ausgestorbene Tierarten wie das Wildpferd und das Urrind (Rückzüchtung) zu beobachten, ebenso Wölfe und Luchse. Der Eintritt in die Nationalpark-Informationszentren und die Tierfreigelände ist kostenlos. Allerdings haben Besucher auch keine Garantie, alle Tiere in den großräumigen Gehegen zu Gesicht zu bekommen. Für die Parkplätze werden Gebühren erhoben. Die Nationalparkzentren können allerdings auch mit den Bussen erreicht werden.

Waldspielgelände im Nationalpark Bayerischer Wald: „Spielend die Natur begreifen!" Unter diesem Motto lädt das Waldspielgelände im Nationalpark Bayerischer Wald zu Spiel- und Naturerlebnis für die ganze Familie ein. In dem 50 Hektar großen, parkartig angelegten Waldgebiet erwarten die Waldspielplatz-Besucher Spielplätze, ein schöner Naturerlebnispfad und eine Waldwiese mit Grillmöglichkeit.

Wanderwege im Waldspielgelände: Der Rundwanderweg „Tagpfauenauge" ist ideal für Kinderwagen und Rollstühle geeignet und führt durch das Waldspielgelände. Die Gehzeit beträgt etwa eine Stunde. Öffentliche Toiletten befinden sich am Spielplatz und auf der Waldwiese.

Attraktionen im Waldspielgelände
Hier finden die „kleinen" Besucher herrliche Plätze zum Krabbeln, Schaukeln, Rutschen und Klettern – zahlreiche Wasserspiele begeistern bei heißen Temperaturen. Eine kleine Triftanlage lädt ein, Holz „zu Tale" zu transportieren, eine hölzerne Lokomotive erinnert an die Zeit der Waldeisenbahn. Und für die gemütliche Brotzeit bieten sich die Holzhütten an. Für die älteren Kids gibt es große Schaukeln, mehrere Klettergeräte und eine Seilbahn.

Die Waldwiese: Direkt neben einer großen Waldwiese liegt ein Tümpel, der zu Naturerkundungs-Touren einlädt. Hier können die Kinder und Eltern schlüpfende Libellen, Gelbrandkäfer und Frösche beobachten. Eine Hütte bietet bei schlechtem Wetter Unterschlupf. Grillmöglichkeiten sind hier ebenfalls vorhanden.

Das Jugendwaldheim

Das bereits 1974 eröffnete Jugendwaldheim bei Neuschönau bietet gegenwärtig 55 Plätze für Schulklassen und Jugendgruppen. Neben seiner Erhaltungsfunktion hat der Nationalpark auch den Auftrag, seine Besucher und besonders junge Menschen über natürliche Zusammenhänge zu informieren. Das Jugendwaldheim bietet für Kinder im Grund- und Mittelschulalter ein Standardprogramm an. Für ältere Kinder der Klassen fünf bis acht wurde ein attraktives Programm mit Wanderungen (Felswandergebiet, Lusen, Tierfreigelände), Besichtigungen des Hans-Eisenmann-Hauses und des Baumkronenpfades und einem Nationalparkerlebnistag ausgearbeitet. In Letzterem sollen die Kinder mit allen Sinnen erfahren, was wilde Natur bedeutet. Sie werden zum Beispiel dazu angehalten, mit vorbundenen Augen einen Baum zu umarmen, den Geräuschen der Natur zu lauschen und sie zu identifizieren oder die unterschiedlichen Grüntöne der Pflanzen zu malen. Neben dem Standardprogramm können Klassen und Gruppen auch eigene, selbst erarbeitete Projekte realisieren, wenn sie etwas mit dem Nationalpark zu tun haben.

Das Wildniscamp

Nach einem anderen Konzept als das Jugendwaldheim wird das Wildniscamp am Falkenstein im Ortsteil Zwieslerwaldhaus betrieben. Die Übernachtung erfolgt hier in kleinen Gruppen in Themen- oder Länderhütten. Das Konzept für Kinder und Jugendliche besteht darin, dass die Kleingruppen während der Aufenthaltsdauer eigenständig Projekte erarbeiten, die im thematischen Zusammenhang mit der jeweiligen Übernachtungshütte stehen. Im Mittelpunkt steht hier die Naturerfahrung und die Vermittlung von Wissen über den Nationalpark. Ein Aufenthalt ist auch für Gruppen von Erwachsenen oder Familien möglich.

Lehr- und Erlebnispfade im Nationalpark

- Urwald-Erlebnisweg im Hans-Watzlik-Hain im Ortsteil Zwieslerwaldhaus.
- Erlebnisweg Schachten und Filze. Rundwanderweg um den Hochschachten, den Latschenfilz mit dem Latschensee und den Kohlschachten.
- Aufichtenwaldsteig bei Spiegelau.
- Seelensteig am Großen Rachel in der Nähe des Parkplatzes Gfäll. In einem typischen Tannen-Buchen-Fichten-Mischwald wird ein seit 50 Jahren nicht mehr genutzter Wald naturschonend zugänglich gemacht. In Texttafeln werden Gedanken bedeutender Schriftsteller zum Wald mitgeteilt.
- Eiszeitlehrpfad am Rachelsee.
- Wildbachlehrpfad an der Kleinen Ohe beim Lusen.
- Waldgeschichtlicher Lehrpfad bei Finsterau.

Alle wichtigen Kontaktdaten und aktuelle Informationen findet man im Internet unter: www.nationalpark-bayerischer-wald.de

Von Petra Lindner

Naturschutzgebiete im Schwarzwald

Wohl kaum ein Name ist so sehr mit der Vorstellung einer urtümlichen deutschen Naturlandschaft verbunden wie der Schwarzwald. Er ist nicht nur das Mittelgebirge mit den höchsten Gipfeln in Deutschland (der Feldberg erhebt sich auf 1493 Meter über N.N.), sondern auch zugleich das größte zusammenhängende Waldgebiet.

Der Name Schwarzwald hat jedoch nichts mit den hier noch immer zahlreich wachsenden Tannen zu tun, sondern geht vermutlich zurück auf die Römer, die das damals noch unzugängliche Urwaldgebiet als „schwarzen Wald" bezeichnet haben sollen.

Weder schwarz noch finster und abweisend mutet der Schwarzwald heute an, sondern erfreut sich bei in- und ausländischen Besuchern großer Beliebtheit, und das nicht nur aufgrund von Kuckucksuhren oder des Bollenhuts der Schwarzwälder Tracht, sondern auch und gerade wegen seiner Naturschönheiten. Auch wenn der Schwarzwald ebenfalls nicht jahrhundertelanger land- und forstwirtschaftlicher Nutzung entgangen ist, so besitzt er dennoch einen großen Reichtum an Tannen, die sein Gesicht prägen.

Dies ist vor allem darauf zurückzuführen, dass das hier herrschende Klima geradezu ideale Bedingungen für die Tanne liefert. Es ist unter ozeanischem Einfluss oft feuchtkühl, die Niederschläge sind zahlreich und können im Hochschwarzwald bis zu 2200 Liter pro Quadratmeter im Jahr auf dem Berg Hornisgrinde im sogenannten Grindenschwarzwald erreichen. Die Temperaturen sind im Grindenschwarzwald niedriger als in tieferen Lagen und betragen im Jahresmittel zwischen 5,5 und 6,5 Grad. Der Name Grindenschwarzwald geht zurück auf das schwäbische Wort „Grinde" für „kahler Kopf" und verweist auf die baumlosen Hochflächen, deren Untergrund aus Oberem

und Mittlerem Buntsandstein besteht. Sie sind entstanden unter menschlichem Einfluss durch Rodung und Beweidung und zeichnen sich durch offene Feuchtheiden aus, wo nicht der Wald sich den Raum zurückerobert hat. Deren Erhalt ist nur möglich durch weitere Eingriffe des Menschen, der durch Beweidung mit Rindern, Schafen und Ziegen dafür sorgt, dass Bäume sich nicht ausbreiten können.

Im Grindenschwarzwald liegt auch das Naturschutzgebiet **„Wilder See – Hornisgrinde"** auf den Höhen zwischen der 1163 Meter hohen Hornisgrinde und der Passhöhe des Ruhesteins, die immerhin auch noch eine Höhe von 915 Meter über N.N. erreicht.

Hier befindet sich der älteste Bannwald in Baden-Württemberg, dessen besonderer Wert bereits im Jahr 1911 erkannt und der damals als Totalreservat mit einer Größe von 86 Hektar unter Schutz gestellt wurde. Eine Erweiterung auf 150 Hektar erfolgte 1998. Im Osten des Seekopfs, eines 1054 Meter hohen Berges, liegt an dessen steiler Flanke der Wilde See, der seine Entstehung der letzten Eiszeit verdankt.

Den Baumbestand dominieren Fichten, auch Waldkiefern und Tannen sind anzutreffen sowie Buchen und die vom Menschen eingebrachte Douglasie.

Im Schutze des Bannwalds können sich Flora und Fauna ungehindert entfalten; Pilze, Flechten und Moose finden hier ideale Lebensbedingungen und sorgen für den Erhalt des natürlichen Kreislaufs. Auch auf den Moorflächen der Hochebenen hat sich eine gebietstypische Artenvielfalt entwickelt. Zu den hier wachsenden seltenen Pflanzen gehören die Moosbeere und das Scheidige Wollgras.

Doch nicht nur seltene Pflanzen können in diesem Gebiet existieren, auch verschiedene seltene

Bannwald am Ruhestein

Blick vom Lotharpfad aus

Tierarten wie der Gartenschläfer, eine Bilchart, oder der Sperlingskauz, die kleinste Eulenart Mitteleuropas mit einer Größe von gerade einmal 16 bis 19 Zentimetern, tummeln sich hier. Sogar der stark an die Fichte gebundene Dreizehenspecht, der auf der Roten Liste der gefährdeten Arten steht, ist hier wieder heimisch geworden und ebenso das anspruchsvolle Auerhuhn, der größte europäische Hühnervogel, der spezielle Anforderungen an seinen Lebensraum stellt.

Gleichfalls im Umfeld der Hornisgrinde liegt das 1992 ausgewiesene Naturschutzgebiet **„Hornisgrinde-Biberkessel"** mit einer Fläche von rund 95 Hektar auf einer Höhe von 990 bis 1160 Metern über N.N. Auf dem südlichen Gipfel der Hornisgrinde erstreckt sich ein Hochmoor, für dessen gewaltige Torfschichten ein Alter von etwa 6000 Jahren vermutet wird. Wenig naturnah hingegen muten die Sendemasten und Windräder an, die auf den Höhen der Hornisgrinde stehen.

Der Name des Naturschutzgebiets verweist nicht nur auf den Berg, sondern auch auf die Karseen Großer und Kleiner Biberkessel, deren Entstehung auf Riß- und Würm-Kaltzeit zurückgeht und die in der eiszeitlichen Epoche noch gletschergefüllt waren.

Im Kleinen Biberkessel existiert heute noch ein Moor, während der Große Biberkessel bereits zum Teil trockengefallen ist. Charakteristisch für dieses Gebiet ist die Bergkiefer auf dem Hochmoor, während an den Wänden des Biberkessels Fichten gedeihen. Hier leben auch Wanderfalke und Kolkrabe, der der größte europäische Rabenvogel ist.

Ein weiteres bereits sehr altes Naturschutzgebiet im Nordschwarzwald ist das **Naturschutzgebiet Schliffkopf**, das 1938 ausgewiesen und 1986 erweitert wurde. Heute umfasst es eine Fläche von etwa 1380 Hektar in Höhenlagen von 700 bis 1056 Metern, mit dem Schliffkopf als höchster Erhebung. Klimatisch ähnelt dieses Gebiet dem der Hornisgrinde, und auch die Vegetation ist ähnlich – weitläufige, von Fichten dominierte Wälder und die Grinden der Hochflächen.

Hier, auf den Grinden, sieht man Heidekraut, Gräser und Beerensträucher, während im Frühjahr Schweizer Löwenzahn, Gelber Enzian und Geflecktes Knabenkraut für hübsche Farbtupfer in der ansonsten eher von Grün- und Brauntönen geprägten Landschaft sorgen. Hier leben auch Kreuzotter und der Zitronenzeisig, eine Finkenart mit gelblichgrünem Federkleid und einer Größe von circa etwa Zentimetern. Alpenspitzmaus und Nordfledermaus bevorzugen ebenfalls die Grinden oder weniger dichte Waldflächen.

In der Nähe des Schliffkopfs und nahe Kälberbronn, einem Ortsteil von Pfalzgrafenweiler, liegt das **Naturschutzgebiet Hohe Tannen**. Hier sieht man die früher für den Großteil des Schwarzwalds typische Baumartenmischung: viele Buchen und Tannen, durchsetzt mit einigen Fichten. Obwohl die Orkane etliche Bäume fällten, sieht man es diesem Wald heute kaum noch an, da es immer nur einzelne Bäume, niemals ganze Flächen (wie im Wirtschaftswald) waren. Hier wird deutlich, wieviel stärker natürliche Ökosysteme gegenüber Naturgewalten sind.

Der Name „Hohe Tannen“ ist bezeichnend, denn die hier wachsenden Bäume zeichnen sich durch ihr beträchtliches Alter und ihre imposanten Höhen aus. Das bereits 1939 ausgewiesene Naturschutzgebiet wurde 1989 zum Bannwald. 1999 raste am zweiten Weihnachtsfeiertag der Orkan Lothar über das Gebiet hinweg und setzte fort, was neun Jahre zuvor die Orkane Vivian und Wiebke begonnen hatten. 30 Millionen Kubikmeter Holz fielen dem Wüten der Naturgewalten zum Opfer. Auch eine rund 300 Jahre alte Weißtanne, die mit einer Höhe von 55 Metern als Deutschlands älteste Tanne galt, überlebte den Sturm nicht, doch andere Altbestände mit ähnlich alten Bäumen blieben wie durch ein Wunder erhalten. Aus der Not und der Verwüstung des Sturms machte das Naturschutzzentrum Ruhestein eine Tugend; man beschloss, die zehn Hektar zerstörte Fläche sich selbst zu überlassen und die nach dem Sturm einsetzenden Entwicklungen zu beobachten. Im Jahr 2003 wurde der sogenannte Lotharpfad eröffnet, der auf etwa einem Kilometer Länge als Lehr- und Erlebnispfad über die natürlichen Prozesse in dem Sturmschädengebiet informiert und sich seitdem zu einer Besucherattraktion entwickelt hat.

Das im Jahr 1996 ausgewiesene **Naturschutzgebiet Kniebis-Alexanderschanze** grenzt im Norden an das Naturschutzgebiet Schliffkopf und liegt bei der Passhöhe der Alexanderschanze auf einer Fläche von rund 190 Hektar in Höhen von knapp 880 bis knapp 960 Metern. In den Höhenlagen finden sich ebenfalls neben Fichtenwäldern auch Grinden mit der typischen Vegetation, während in der Umgebung des Dorfes Kniebis, heute ein Stadtteil von Freudenstadt, noch vereinzelt Borstgrasweiden existieren. Im Sommer sorgen Blütenpflanzen wie Quendelblättrige Kreuzblume mit violetten Blüten oder das gelb blühende Öhrchen-Habichtskraut für farbige Akzente.

Hier lebt nicht nur die Kreuzotter, sondern auch die Alpine Gebirgsschnecke, die sich an karge Gebirgslebensräume angepasst hat und sich überwiegend von Moosen, Flechten und Gräsern ernährt. Die Alpine Gebirgsschnecke des Nordschwarzwalds gilt als Eiszeitrelikt, da das hiesige Vorkommen seit der letzten Eiszeit regional völlig getrennt ist von dem der Alpen.

Seit dem Jahr 2011 sind Bestrebungen des Naturschutzbundes (NABU) im Gange, im Nordschwarzwald um die Waldgebiete „Kaltenbronn“, „Hoher Ochsenkopf“ und „Schliffkopf-Wildsee“ einen großflächigen Nationalpark zu errichten. Es sind bereits viele Vorbereitungen, Analysen und Gutachten erstellt worden, die darauf hoffen lassen, dass es zu der Aus-

Bannwald Zweribach

weisung dieses Nationalparks kommt. Das Projekt Nationalpark Nordschwarzwald ist eine Initiative zur Ausweisung des ersten Nationalparks in Baden-Württemberg. Am 4. Juni 2013 wurde der Landesregierung und der Öffentlichkeit ein Vorschlag präsentiert, der den Standort auf Gebiete im Bereich vom Ruhestein und dem Hohen Ochsenkopf im Nordschwarzwald beschränkt, aber die zuvor ebenfalls berücksichtigte Region um Kaltenbronn nicht mehr vorsieht. Das Projekt ist in der Bevölkerung leider sehr umstritten.

In Richtung Rheintal erhebt sich das Eckenfels-Massiv, dessen Entstehung auf vulkanische Aktivitäten vor rund 250 Millionen Jahren zurückzuführen ist. Heute zeigen sich große Blockhalden-Felder am Fuße der Quarzporphyr-Felsen, die in der letzten Eiszeit entstanden sind. Im Jahr 1997 wurde auch hier ein Naturschutzgebiet ausgewiesen, das etwa 32 Hektar umfasst und das sich auf Höhen zwischen 430 und 655 Metern über N.N. erstreckt. Das Klima ist hier etwas milder, die durchschnittliche Jahrestemperatur liegt bei acht Grad, im Mittel fallen 1600 Millimeter Niederschlag. In diesem Naturschutzgebiet wechseln sich karge Felsen und Blockschutthalden ab mit Traubeneichenwäldern und Zwergstrauchheiden sowie Nadelwäldern. Während Farne feucht-kühle Bedingungen bevorzugen, sind die Felsregionen Standort für Moose und Flechten. Hier nisten auch der Wanderfalke, einer der größten Falken, der Kolkrabe und der Hausrotschwanz, der vor mehreren Jahrhunderten noch ein reiner Gebirgsbewohner war, sich aber mittlerweile auch in tieferen Lagen zu Hause fühlt.

Im Südschwarzwald in der Nähe von St. Märgen liegt der im Jahr 1970 ausgewiesene **Bannwald Zweribach**, der eine Fläche von gut 77 Hektar umfasst. Etwa 20 Kilometer westlich von hier liegt Freiburg im Breisgau. Mittelpunkt des Bannwaldes sind auf einer Höhe von etwa 800 Metern die Zweribachwasserfälle, einer der zahlreichen Wasserfälle des Schwarzwaldes. Das Wasser stürzt über drei Stufen insgesamt 40 Meter die Karwand, das Produkt eiszeitlicher Vergletscherung, hinunter. Der Bannwald Zweribach gehört zu den ältesten Naturwaldreservaten in Deutschland, und hier trifft man auf eine vielfältige Vegetation, von mit Buchen und anderen Laubbäumen durchsetzten Tannenwäldern über Blockschutthaldenfauna bis hin zu Ahorn, Esche und Bergulme. Der Bannwald Zweribach ist nur zu Fuß erreichbar, belohnt den teils beschwerlichen Weg aber mit spektakulären Eindrücken urtümlicher Natur.

Für die meisten Naturschutzgebiete des Schwarzwalds gilt, dass der große touristische Andrang für zum Teil starke Beeinträchtigungen der empfindlichen Lebensräume sorgt. Achtsamkeit im Umgang mit der Natur ist daher gefragt. Das Naturschutzzentrum Ruhestein widmet sich der Aufgabe, den Menschen die Schönheiten der Region des Grindenschwarzwaldes auf nachhaltige Weise nahezubringen und Verständnis für die besonderen Belange der schützenswerten Naturräume zu wecken.

Auch die Schwarzwaldhochstraße, die als älteste deutsche Ferienstraße auch an Kniebis, Schliffkopf und Hornisgrinde vorbeiführt, sorgt zwar einerseits dafür, dass der Besucher die Region problemlos erreichen kann, ist aber andererseits dafür verantwortlich, dass die Natur starken Belastungen ausgesetzt ist.

Die Naturschutzgebiete im Grindenschwarzwald sind mit dem Auto über die Autobahn A 5 und die Bundesstraße B 500, die als Schwarzwaldhochstraße von Baden-Baden bis Freudenstadt führt, gut zu erreichen.

Von Baden-Baden, Achern, Bühl und Freudenstadt aus bestehen Busverbindungen zu den Naturschutzgebieten des Grindenschwarzwalds.

Mit öffentlichen Verkehrsmitteln besteht eine Bahnverbindung von Freiburg nach Hinterzarten, von dort aus geht es weiter mit dem Bus bis St. Märgen. Der Bannwald Zweribach ist nur zu Fuß zu erreichen.

INFO

Naturschutzzentrum Ruhestein im Schwarzwald
Schwarzwaldhochstraße 2
D-77889 Seebach
Tel.: +49 (0)7449/910-20
E-Mail: NAZ.Ruhestein@naturschutzzentren-bw.de
www.naturschutz.landbw.de/servlet/is/67496/

Naturschutzgebiet Taubergießen

Von Petra Lindner

Ein besonderes Stück Natur und das am häufigsten besuchte Auengebiet am Rhein ist das Naturschutzgebiet Taubergießen. Es erstreckt sich auf eine Fläche von knapp 17 Quadratkilometern in Baden-Württemberg in der Oberrheinischen Tiefebene, einem Tiefland zwischen Basel und Frankfurt am Main, im Naturraum der Offenburger Rheinebene. Es liegt in der Nähe von Lahr und den Gemeinden Rheinhausen, Kappel-Grafenhausen und Rust zwischen Freiburg im Breisgau und Offenburg auf dem Gebiet der Landkreise Ortenau und Emmendingen.

Unter Landschaftsschutz wurde das Gebiet bereits im Jahr 1955 gestellt; die Ausweisung als Naturschutzgebiet mit einer Fläche von knapp 1700 Hektar erfolgte im September 1979, es ist damit eines der größten Naturschutzgebiete in Baden-Württemberg.

Ziel des Naturschutzgebietes ist es, eine noch teilweise überflutete Rheinauenlandschaft zu erhalten und zu entwickeln und so den für ein solches Gebiet typischen Tier- und Pflanzenarten einen dauerhaften Lebensraum zu bieten.

Das gesamte Gebiet des Taubergießen erstreckt sich von Norden nach Süden auf mehr als 12 Kilometer und erreicht in der breitesten Ost-West-Ausdehnung über zwei Kilometer.

Die Entstehung des Oberrheingrabens begann vor rund 35.000 Millionen Jahren im Eozän mit einem Grabenbruch. Die Gebirgszüge von Schwarzwald und Vogesen entstanden

in dieser Zeit infolge einer Erdabsenkung. Der Rhein war ein Strom mit einer Vielzahl von Seitenarmen, deren fortlaufender Fluss die Landschaft beständig veränderte. Er trug Schotter, Kies, Schutt, Sand und Ton in die spätere Region des Taubergießen – die Basis für eine vielfältige Vegetation war geschaffen.

Nach der letzten Eiszeit grub der Rhein sein Flussbett immer tiefer; gleichzeitig sank der Grundwasserspiegel und zahlreiche Auengebiete fielen trocken. Eine Ausnahme bildete die Region des Taubergießen: Auf der Strecke zwischen den Orten Meißenheim und Weisweil in unmittelbarer Nähe der heutigen deutsch-französischen Grenze veränderte der Strom sein Niveau nicht, ein ausgedehntes Auengebiet hatte die Möglichkeit, sich hier zu entwickeln. Bei Hochwasser wurde dieses Gebiet regelmäßig überflutet mit der Folge, dass der Mensch eingriff und im 19. Jahrhundert unter Leitung des Ingenieurs Tulla eine Rheinbegradigung vorgenommen wurde, ergänzt durch einen Hochwasserdamm. Die Folgen für die Natur waren jedoch gravierend: Zwar konnte das Rheinwasser nun schneller abfließen, doch sank in der Folge der Grundwasserspiegel, ehemalige Auengebiete trockneten aus und Pflanzen und Tiere verloren ihren bisherigen Lebensraum. Auch die Rheinkorrektur im 20. Jahrhundert ließ den Grundwasserspiegel noch weiter sinken. Erst die „Schlingenlösung“, gemeint ist hiermit ein Steuerungssystem durch künstliche Aufstauungen und Flutungen sowie die Einrichtung eines durchgängigen Wasserlaufs

Hirschkäfer

Natürliche Flussaue

des Altrheins, sorgte dafür, dass der Wasserspiegel wieder stieg und einige Auengebiete, darunter der Taubergießen, erhalten werden konnten.

Der Name des Naturschutzgebietes leitet sich ab von einem der vielen Gewässer, die in der Gemeinde Kappel entspringen. „Gießen" bedeutet einen unterirdisch fließenden Stromteil, der in niedrigen Talsohlenbereichen wieder an die Oberfläche austritt, während „taub" ein Gewässer mit geringem Nährstoffangebot und schwachem Fischbestand beschreibt.

Ungefähr 60 Prozent des Gebiets des Taubergießen sind waldbedeckt, während die übrigen 40 Prozent als landwirtschaftliches Grünland genutzt werden. Der Besucher erlebt im Taubergießen zwei unterschiedliche Landschaften – die Aue zwischen Hochwasserdamm und Leinpfaddamm mit malerischen Wäldern, in denen Eichen, Silberweiden, Ulmen und Schwarzpappeln dominieren, während sich die trockengelegte Altaue offener präsentiert.

Der Taubergießen ist durch das milde Klima des Oberrheingrabens mit geringen bis mäßigen Niederschlägen und Jahresdurchschnittstemperaturen von über zehn Grad begünstigt und bietet daher einer Vielzahl von Pflanzen- und Tierarten einen Lebensraum – darunter etwa 1000 Käferarten wie dem geschützten Nashornkäfer oder dem markanten Hirschkäfer. In dem feuchtwarmen Klima der Auen fühlen sich auch rund 40 Libellenarten wohl – das ist knapp die Hälfte aller überhaupt in Mitteleuropa vorkommenden Libellenarten. Auch eine Vielzahl von Vögeln nutzt den Taubergießen entweder ganzjährig oder als Rastplatz. So sind hier im Winter Kormorane anzutreffen, ebenso gelegentlich Singschwäne und zahlreiche Entenarten. Daneben leben im Taubergießen verschiedene Greifvogelarten wie Rot- und Schwarzmilan, Rohr-, Korn- und Wiesenweihe, Habicht, Fisch- und Schreiadler sowie Turm- und Baumfalke. Charakteristisch für ein Auengebiet ist der Pirol, der auch im Taubergießen anzutreffen ist.

Die Naturschönheiten des Taubergießen können zum Beispiel auf einer Bootsfahrt mit geführter Wanderung erlebt werden.

Oder man wählt einen der vom Naturzentrum Rheinauen in Rust eingerichteten thematischen Wanderwege und erkundet die Landschaft per pedes.

Die Anfahrt mit dem Auto erfolgt über die Autobahn A 5; mit öffentlichen Verkehrsmitteln ist Rust mit Bahn und Bus zu erreichen.

INFO

Naturzentrum Rheinauen
Postanschrift: Fischerstraße 51
Hausanschrift: Allmendweg 5
D-77977 Rust
Tel.: +49 (0)7822/8645-36
E-Mail: info@naturzentrum-rheinaue.de
www.naturzentrum-rheinaue.de

Von Petra Lindner

Paterzeller Eibenwald

Im Südwesten Oberbayerns, im Voralpenland südöstlich des Ortes Wessobrunn im sogenannten Pfaffenwinkel, befindet sich bei Paterzell eine der größten zusammenhängenden Flächen mit einem bemerkenswerten Eibenbestand in Deutschland. Die Europäische Eibe ist nicht nur der am langsamsten wachsende und auch der am längsten in Deutschland heimische Baum (nämlich über 600.000 Jahre), sondern auch der einzige giftige Baum in Europa – alle ihre Teile, bis auf den roten Fruchtbecher, sind äußerst giftig für den Menschen und zahlreiche Tiere; lediglich Rehe und Vögel können von ihr fressen, ohne Schaden zu nehmen.

Die Eibe gilt seit Langem als gefährdet und steht bereits seit 1936 unter Naturschutz. Reine Eibenbestände existieren nicht; doch das Waldgebiet bei Paterzell ist dadurch so bemerkenswert, dass hier ein ungewöhnlich großer Bestand von über 2000 Eiben zwischen Fichten, Buchen und anderen Mischbaumarten wächst.

Die Eibe begnügt sich mit einem geringen Lichtangebot und fühlt sich daher auch im Schatten dichter Buchenwälder wohl. Dabei ist die Eibe einzigartig: Zwar ist sie ein Nadelbaum, doch bildet sie im Gegensatz zu anderen Nadelgehölzen keine Samenzapfen, wie beispielsweise Fichte, Tanne oder Kiefer, sondern Scheinbeeren, deren Fruchtbecher den Samenkern einschließt. Ihr Stamm wächst häufig gewunden, ihr Alter ist oft schwer zu bestimmen, denn die Jahresringe sind lediglich schmal ausgeprägt. Der Eibenwald bei Paterzell wurde bereits im Jahr 1939 unter Schutz gestellt – damals mit einer Fläche von 22 Hektar, die im Jahr 1983 auf 88 Hektar vervierfacht wurde.

Die Eiben im Wald von Paterzell gelten als die ältesten in Deutschland und werden zum Teil auf bis zu 1000 Jahre geschätzt. Die ältesten Exemplare haben einen Umfang von bis zu einem Meter, viele bis zu 80 Zentimetern; die Bäume erreichen Höhen von etwa 15 bis 20 Metern.

Eiben bevorzugen nährstoff- und kalkreiche Böden, wachsen aber grundsätzlich auf unterschiedlichen Böden. Die bevorzugten Bedingungen, ein Jungmoränenboden, der zum Ende der Würm-Hochglazialzeit entstand und der mit dicken Schichten aus Kalktuff durchsetzt ist, bietet das Gebiet bei Paterzell, sodass die Eibe hier günstige Wachstumsbedingungen vorfindet. Ihr besonders biegsames und dauerhaftes Holz wurde bereits in der Steinzeit genutzt und zum Beispiel zu Waffen verarbeitet. Das war wohl der Hauptgrund für das Verschwinden der Eibe, deren Holz

Im Paterzeller Eibenwald

zur Herstellung der englischen Langbögen massenhaft auch aus Bayern nach England exportiert wurde, und zwar so lange, bis niemand mehr liefern konnte. Andererseits wurden Eiben aufgrund ihrer Giftigkeit, insbesondere für Pferde, das kostbare Fortbewegungsmittel vergangener Zeiten, gezielt ausgerottet, sodass diese Baumart überwiegend nur in Parks und Gärten sowie auf Friedhöfen überlebte.

Auch der Eibenwald bei Paterzell wurde bis in das 19. Jahrhundert hinein wirtschaftlich genutzt; unter anderem für Holzarbeiten im Kloster Wessobrunn, in dessen Besitz sich der Wald bis zur Säkularisation des Klosters befand. Im Gegensatz zu anderen Eibenbeständen fiel er jedoch keiner gezielten Vernichtung zum Opfer. Den besonderen Wert des Eibenwaldes dokumentierte als Erster zu Beginn des 20. Jahrhunderts der Arzt Dr. Friedrich Kollmann, der den Wald erforschte und sich für den Schutz des Wald-Kleinods einsetzte.

1913 erhielt der Eibenwald den Status eines staatlichen Naturdenkmals, bevor 26 Jahre später die Unterschutzstellung als Naturschutzgebiet erfolgte.
Im Frühjahr blühen in diesem Wald zahlreiche Waldveilchen, Leberblümchen, Seidelbast, Waldschlüsselblumen und Schwalbenwurzenzian.

Zu den hier heimischen Vögeln gehören der seltene Schwarzspecht und weitere Spechtarten, Uhu, Mäusebussard, Milan und der ebenfalls rare kleine Sperlingskauz. Natürlicher Feind so mancher Vogelart ist hier der Baummarder; auch verschiedene Mäusearten leben im Eibenwald von Paterzell.

Das Klima der Region ist recht kühl, die Temperatur liegt im Jahresdurchschnitt bei etwa 7,5 Grad, während der durchschnittliche Niederschlag 1200 Millimeter beträgt.

Der Paterzeller Eibenwald wird seit 1995 von einem knapp zwei Kilometer langen Eibenlehrpfad erschlossen, auf dem Tafeln dem interessierten Besucher Informationen über die Besonderheiten des Waldes liefern. Vom Parkplatz in Wessobrunn aus kann man diesen ganz besonderen Wald und seine Umgebung auch auf einer leichten Strecke von rund sechs Kilometer Länge erforschen.

Der Eibenwald liegt 63 Kilometer südwestlich von München, südlich vom Ammer- und westlich vom Starnberger See und ist mit dem Auto über die A 96 und Landstraßen zu erreichen.

Mit öffentlichen Verkehrsmitteln erreicht man den Eibenwald Paterzell von München aus mit der Regionalbahn bis Weilheim in Oberbayern und von dort mit dem Bus bis Zellsee. Hier führt ein Forstweg in den Wald. Alternativ kann man die Bahnverbindung bis Peißenberg nehmen, von dort aus eine Busverbindung nach Paterzell.

INFO

Gemeindeverwaltung
Zöpfstraße 1
D-82405 Wessobrunn
Tel.: +49 (0)8809/313
E-Mail: gemeinde@wessobrunn.bayern.de
www.wessobrunn.de

Urwaldrelikt Totengraben bei Wildbad Kreuth

Von Petra Lindner

In Oberbayern, in der Nähe von Wildbad Kreuth im Landkreis Miesbach, befindet sich das Naturwaldreservat Totengraben, das Urwaldrelikt eines typischen Bergmischwaldes in den deutschen Alpen, wie er sich in dieser Form nur in schwer zugänglichen Bergregionen hat erhalten können. Das Naturwaldreservat liegt am Nordhang des Plattenecks, eines knapp 1620 Meter hohen Gipfels im Südwesten des Mangfallgebirges. Das Mangfallgebirge ist der östlichste Teil der Bayerischen Voralpen, die wiederum zu den Nördlichen Kalkalpen zählen, und wurde insbesondere durch die letzte Eiszeit beeinflusst, in der unter anderem der in der Nähe von Wildbad Kreuth gelegene Tegernsee entstand.

Das Naturwaldreservat erstreckt sich auf Höhen zwischen 970 und knapp 1400 Metern über N.N.; sein Gesicht ist geprägt zum einen von Gräben und Bächen, die den Hang strukturieren, zum anderen im untersten Teil von Felsschrofen, im oberen Teil von steilen Hängen.

Hier, an den Steilhängen, wächst ein Bergmischwald aus Tannen, Buchen, Bergahorn und dominierenden Fichten – jedoch in dieser Zusammensetzung nur bis zu einer Höhe von 1350 Metern über N.N., denn oberhalb dieser Höhe findet die Buche keinen angemessenen Lebensraum mehr.

Das Naturwaldreservat Totengraben wurde im Jahr 1978 ausgewiesen und umfasst eine Fläche von knapp 47 Hektar. Das Klima ist rau mit schneereichen Wintern und feucht-kühlen Sommermonaten. Die durchschnittliche Jahrestemperatur beträgt gut fünf Grad, die Niederschläge liegen im Jahresmittel bei knapp 1000 Millimetern.

Der Boden ist typisch für zahlreiche Gebirge und besteht überwiegend aus Rendzinen, flachgründigen Böden aus Kalksteinschutt der Eiszeit sowie einigen Braunerden.

In einem windgeschützten Bereich in einer Mulde auf etwa 1260 Meter Höhe findet sich ein Bergmischwald mit besonders altem Baumbestand und großem Totholzanteil.

Durch ihre schwer zugängliche Lage entgingen die Wälder im heutigen Naturwaldreservat der Holzgewinnung für wirtschaftliche Zwecke, insbesondere für die Verheizung in der Rosenheimer Saline, sodass sich hier die Waldgesellschaft weitgehend ungehindert den natürlichen Gegebenheiten entsprechend entwickeln konnte. Dennoch hat es wohl in der Vergangenheit Nutzungen gegeben (es gibt zum Beispiel eine verfallene Trifthütte im Reservat, die nur dem Holzeinschlag dienen konnte), aber der Zustand des Waldes ist trotzdem sehr urwaldnah mit einem respektablen Totholzbestand von rund 160 Kubikmetern je Hektar.

Die ältesten Baumexemplare sind bis zu 450 Jahre alt, aber auch zahlreiche andere Bäume erreichen ein Alter zwischen 200 und 400 Jahren. Die höchsten Buchen sind bis zu 34 Meter hoch, die imposanteste Fichte sogar knapp 42 Meter.

Für das Naturwaldreservat Totengraben sind fünf xylobionte Käferarten (das heißt Käfer, die sich vollständig oder teilweise von Holz ernähren) als sogenannte Urwaldreliktarten identifiziert; weitere werden vermutet. Urwaldreliktarten sind sehr anspruchsvoll, was den natürlichen Ablauf von Wachstum und Zerfall im Wald betrifft, und verlangen ein großes Angebot an qualitativ hochwertigem Totholz. Sie sind daher ein relevanter Indikator für die weitgehende Naturbelassenheit eines Waldgebietes.

Das Naturwaldreservat Totengraben ist nur zu Fuß zu erschließen, verlangt dem Wanderer aber einiges ab, da der Aufstieg auf das Platteneck Erfahrung, Ausdauer und Trittsicherheit verlangt; daher ist der Besuch für Familien mit kleinen Kindern nicht zu empfehlen.

Ausgangspunkt für eine solche Tour kann der Waldparkplatz Bayerwald sein, der an der Bundesstraße B 307 zwischen Kreuth und Achenpass auf einer Höhe von knapp 900 Metern liegt.

Die überregionale Anreise mit dem Pkw nach Wildbad Kreuth, gut neun Kilometer südlich des Tegernsees gelegen, erfolgt aus Richtung Norden von München über die Autobahn A 8 und die Bundesstraßen B 318 und B 307. Eine Bahnverbindung von München nach Tegernsee bietet die Bayerische Oberlandbahn; von hier aus geht es weiter mit dem Bus bis nach Wildbad Kreuth.

INFO

Bayerische Landesanstalt für Wald und Forstwirtschaft
Bayerisches Staatsministerium für Ernährung, Landwirtschaft und Forsten
Ludwigstraße 2, D-80539 München
Tel.: +49 (0)89/2182-0
E-Mail: poststelle@stmelf.bayern.de
www.lwf.bayern.de

Von Ewald Lindner

Bannwald Brunnenholzried

Der Bannwald Brunnenholzried liegt zwischen Michelwinnaden, Bad Waldsee und Bad Schussenried in Oberschwaben. Es handelt sich hier um den Forst Nr. 17 des Staatswaldes im Bezirk Ravensburg. Der Wald erstreckt sich über rund 160 Hektar in nordwest-südöstlicher Richtung. An seiner Südwestseite verläuft direkt die Landesstraße 275 zwischen Bad Waldsee und Bad Schussenried.

Nach offiziellen Angaben steht dieser Wald an der Stelle eines früheren Hochmoores, das allerdings bereits im 18. Jahrhundert weitgehend trockengelegt wurde. Der frühere Fichtenwald wird bereits seit 1924 nicht mehr bewirtschaftet und seitdem offiziell als Bannwald geführt. Er liegt im Alpenvorland etwa 570 bis 590 Meter über N.N. und wird aus südwestlicher Windrichtung mit durchschnittlich 950 Millimeter Niederschlag pro Jahr versorgt.

Wenn man sich den heutigen Zustand anschaut, so findet man im zentralen Bereich noch immer überwiegend Fichten, die zu einem großen Teil absterben oder bereits tot am Boden liegen, aber auch Jungfichten, die auf dem Totholz und drum herum nachwachsen. Auf Brachen und Lichtungen breiten sich verschiedenste Moose und Farne aus. Auch viele Heidelbeersträucher sind zu finden. Frühere Entwässerungsgräben verlanden mehr und mehr. Hierdurch bilden sich neue Wasseransammlungen in den Senken und moosüberwachsene Moraste. In den Randbereichen zeigen sich ebenfalls verlandende ehemalige Entwässerungsgräben und Wassersenken und hier findet man auch Buchen, Kiefern, Erlen und Birken. Viele der Buchen und Fichten, die zwischen 50 und 100 Jahre alt sein dürften, kränkeln oder sind bereits abgestorben und umgefallen. Teilweise scheint hier das frühere Hochmoor zurückkehren zu wollen. Vermutlich würde sich das ehemalige Hochmoor viel besser neu bilden können, wenn das Gebiet nicht von vielen sehr breiten und stark befestigten Wegen durchzogen würde.

Leider muss man den Eindruck gewinnen, dass der Naturschutz

hier nicht wirklich ernsthaft umgesetzt wird, obwohl das Gebiet als Bannwald höchsten Schutz genießen sollte. So führen durch den Wald, der teilweise nur etwa 500 Meter breit ist, viele breite und stark befestigte Wege, auf denen sich nicht nur viele Wanderer, Läufer und Radfahrer durch den Wald drängen, sondern leider auch Motorräder, Autos und landwirtschaftliche Fahrzeuge. Damit nicht genug, veranstaltet die Gemeinde Bad Waldsee regelmäßig Marathonläufe durch den Bannwald, bei denen die Läufer scharenweise auf Rundwegen mehrmals den Wald durchlaufen müssen. Es führen viele befestigte Wege in das Waldgebiet hinein und fast überall findet man an den Eingängen Hinweisschilder, dass es sich hier um einen Bannwald und ein Naturschutzgebiet handelt, doch nur an einer einzigen Stelle ist ein Hinweisschild zu entdecken, dass der Weg nur für Wanderer, Radfahrer und forstwirtschaftliche Fahrzeuge zugelassen ist. Die breiten Wander- und Fahrwege werden regelmäßig von umgestürzten Bäumen befreit und auch Jagdpfade durch Motorsägen frei geschnitten.

Totholz liefert die Nahrung für die neue Pflanzengemeinschaft.

Hier fragt man sich, was die verantwortlichen Forstleute unter einem Bannwald und einem Naturschutzgebiet verstehen. Nach den üblichen Regeln sollten sich in diesem Wald bestenfalls schmale Wanderwege befinden, auf denen naturverbundene und verantwortungsvolle Menschen nur mit fachkundiger Führung hindurchgeleitet werden. Alles andere wird dem Naturschutz hier nicht gerecht (siehe auch Exkursion Bannwald auf Seite 122). Dabei ist dieser vergleichsweise kleine Wald mehr als schützenswert.

Bedenklich ist jedoch, dass man bei der zuständigen Försterei noch immer der Meinung zu sein scheint, dass man den Borkenkäfer mit chemischen Fallen (Pheromon-Fallen) bekämpfen muss, anstatt den Selbstheilungskräften der Natur zu vertrauen. Doch dies scheint hier eines der geringeren Probleme zu sein, da die Wirkung dieser Käferfallen nach jüngeren Erkenntnissen stark begrenzt ist und ohnehin nur zwischen 25 und 30 Prozent der männlichen Käfer (also nur etwa 12,5 bis 15 Prozent der Gesamtpopulation) gefangen werden, was der Käferpopulation nicht sonderlich schadet und dem Wald auch nicht wirklich hilft.

Leider verhindern noch immer breite Fahrwege die Vernetzung der Waldparzellen und den Wasseraustausch.

Schwarz- und Rehwild ist hier zwar heimisch, doch offensichtlich in recht überschaubarem Maße. Man kann nur an sehr wenigen Stellen den Verbiss von Jungbäumen feststellen. Offensichtlich wird das Wild auch stark bejagt, denn man findet mitten im Bannwald und an den Rändern überall die Hochsitze der menschlichen Jäger. Dies ist aber nicht zum Nachteil des Waldes, denn zu hohe Wildbestände schaden dem Wald. Erfreulich hoch ist das Vorkommen an Waldvögeln wie verschiedenen Spechtarten, Kleiber, Dompfaff, Kreuzschnabel, Stieglitz und Tannenmeise. Ein einheimischer Waldläufer will sogar schon Tan-

nenhäher gesehen haben.
Fazit: Will man dauerhaft einen funktionierenden „Urwald“ oder ein Hochmoorgebiet ins natürliche Gleichgewicht bringen, so müssten hier sehr viel weitreichendere Schutz- und Renaturierungsmaßnahmen ergriffen werden. Wichtig wäre es vor allem, grüne Schneisen zu benachbarten Waldgebieten und natürliche Pufferzonen mit reduzierter Land- und Forstwirtschaft rund um den Bannwald zu schaffen. Wichtig scheint auch ein zumindest teilweiser Rückbau der vielen befestigten Wege, die den Wasseraustausch zwischen den Waldparzellen behindern. Das Bemühen um den Waldschutz im vergleichsweise kleinen Brunnenholzried ist schon erkennbar, allerdings sollte hier zumindest der Zugang nur noch geführten Wandergruppen gestattet werden, damit sich Flora und Fauna weitgehend ungestört entwickeln können.

Dennoch: Eine Wanderung durch das Brunnenholzried ist ein Erlebnis, bei dem man sehr viel Interessantes entdecken kann. Es wäre sehr begrüßenswert, wenn die Gemeinde Bad Waldsee in Zukunft ihren Besuchern Waldlehrpfade unter Führung geeigneter Fachkräfte anstatt Marathonläufen durch den Bannwald anbieten würde. Das wäre ein sinnvoller Beitrag zum aktiven Naturschutz.

Wo der Wind offene Flächen geschaffen hat, siedeln sich Heidelbeeren an

INFO

Anfahrt: Zum Brunnenholzried fahren Sie am besten über die B 30 nach Bad Waldsee und von hier aus bis nach Michelwinnaden. Dort stellen Sie Ihr Auto bei der Kirche oder dem alten Schloss ab und nähern sich dann zu Fuß über die Feldwege in südlicher Richtung dem Bannwaldgebiet. Führungen werden weder von der Stadt Bad Waldsee noch vom zuständigen Forstamt in Bad Waldsee angeboten. Bei stürmischem Wetter ist das Betreten des Waldes untersagt.

Zusatz-Tipps:
Von Bad Waldsee aus sind es nur 15 Kilometer in nördlicher Richtung bis zum **Naturschutzgebiet „Europareservat Federsee“** bei Bad Buchau.Entdecken Sie das größte Moor Südwestdeutschlands. In dieser einzigartigen Moorlandschaft können Sie über Naturerlebnispfade, Stege und Aussichtstürme die herrliche Natur erkunden. Oder Sie schließen sich einer Führung an.
www.nabu-federsee.de

Nur vier Kilometer entfernt finden Sie das **Museumsdorf Kürnbach:**
www.museumsdorf-kuernbach.de

Über das Totholz machen sich die Baumpilze her

Viele Mountainbiker können es einfach nicht lassen, die Naturschutzgebiete als persönliche Rennpisten zu missbrauchen

Stehendes Wasser ist im Brunnenholzried überall zu finden

Pfrunger-Burgweiler Ried und Bannwald Großer Trauben bei Ostrach

Von Ewald Lindner

Etwa 2600 Hektar umfasst das Pfrunger-Burgweiler Ried. Es ist somit das zweitgrößte zusammenhängende Moorgebiet in Südwestdeutschland und zählt zu den großen Moorlandschaften Deutschlands. Baumbewachsene Hochmoore stehen eng verbunden mit einem biologischen Artenreichtum in den Niedermooren, ausgedehnten Schilfbeständen und feuchten Moorwäldern. Sie kennzeichnen das Kerngebiet dieses Naturschutzraumes.

Eingebettet in weitläufige Feuchtwiesen und umgeben von zahlreichen Torfstichseen bietet diese einzigartige Moorlandschaft einer reichen und zum Teil hochspezialisierten Tier- und Pflanzenwelt einen Lebensraum. Wegen der extremen Standortverhältnisse mit dauernder Vernässung, Bodenwasser und Nährstoffarmut können fast nur Spezialisten – darunter viele gefährdete Arten der Roten Liste – hier überleben.

Der biologische Wert dieses Gebietes als geschützter Biotop und Naturschutzgebiet, als Bannwald und Vogelschutzgebiet hat auch auf politischer Ebene seine Anerkennung gefunden.

Die Zielsetzung ist die Erhaltung eines der bedeutendsten Moorgebiete Deutschlands. Hier soll die Natur wieder die Regie übernehmen! Torfabbau und Entwässerung, Aufforstung und Nährstoffeintrag gefährden den Lebensraum und sind endgültig „passé".

Doch auch der verständliche Wunsch der Menschen nach Entspannung und Erholung führt zu Beeinträchtigungen der hochsensiblen Moorlebensgemeinschaften. Um diese Naturlandschaft nachhaltig zu sichern, wurde im September 2002 die Stiftung Naturschutz Pfrunger-Burgweiler Ried gegründet, die als Projektträger das Naturschutzgroßprojekt Pfrunger-Burgweiler Ried übernommen hat.

Hier sollen nicht nur nur die wildlebenden Tiere und Pflanzen im Moor überleben – auch die Menschen sollen ein großartiges Stück Natur als Erholungsraum zurückgewinnen. Der Bannwald Pfrunger-Burgweiler Ried liegt auf dem Gebiet der Gemeinde Ostrach, in der Gemarkung Burgweiler im Landkreis Sigmaringen. Er umfasst unter Einbindung des bisherigen Bannwaldes „Großer Trauben" eine Fläche von insgesamt rund 441 Hektar und bildet damit den größten zusammenhängenden Bannwald Baden-Württembergs. Hier werden auch einige Nichtwaldflächen wie Feuchtwiesen, Still- und Fließgewässer, Wegabschnitte und Gehölze in den Bannwald integriert. Die Ausweisung als Bannwald schützt sowohl Moorwaldgesellschaften (Fichten-Moorrandwald, Kiefern-Moorrandwald) als auch die natürlichen Waldgesellschaften auf Mineralboden-Standorten (Waldmeister-Buchenwald, Waldziest-Hainbuchen-Stieleichenwald, Traubenkirschen-Erlen-Eschenwald), wie sie nur noch selten in Baden-Württemberg vorkommen.

Die durchgeführte Wiedervernässung und Renaturierung sollen mittel- bis langfristig (innerhalb von 50 bis 200 Jahren) zu deutlichen Veränderungen und einem Wechsel des bisherigen Vegetationsbildes führen. Mit der Bannwaldausweisung wird die ungestörte Entwicklung der Waldlebensgemeinschaften für die Zukunft gesichert. Die dabei ablaufenden Prozesse sollen wissenschaftlich beobachtet werden.

Ein positives Beispiel

Ein Projekt wie dieses bringt natürlich auch Konflikte mit sich. Die an der Planung und Durchführung der Maßnahmen im Pfrunger-Burgweiler Ried beteiligten Personen und Institutionen standen und stehen für einen offenen Meinungs- und „Schlagabtausch". Wenn aber am Ende aller Meinungsverschiedenheiten kein Kompromiss steht, so hat in der Regel der Naturschutz verloren. Die Chancen, die ein Naturschutzprojekt in sich birgt, dürfen bei allen individuellen Einwänden nicht unbeachtet bleiben. Ist eine solches Naturwaldprojekt erst einmal installiert, so wächst mit der Zeit auch das Verständnis und das Einsehen der Widersacher für die Erfordernisse und Ansprüche der Natur.

So gehören zu den wichtigsten Elementen des Pflege- und Entwicklungsplans dieses Projektes die enge Zusammenarbeit mit den betroffenen Land- und Forstwirten und Fischern. Dazu gehört auch ein Besucherlenkungskonzept, welches das Recht der Bevölkerung an der Begegnung mit dieser unverwechselbaren Natur berücksichtigt – zugleich aber auch das Recht der Natur, sich ungestört entwickeln zu können. Aufgrund der großen Zahl verschiedener Interessen fanden und finden häufig Gespräche mit Vertretern der Interessengruppen statt. Von besonderer Bedeutung ist dabei der ständige Meinungs- und Informationsaustausch in der projektbegleitenden Arbeitsgruppe.

Die Akzeptanz von Maßnahmen im Rahmen des Großprojektes wird bei der Bevölkerung durch den Neubau eines Wirtschaftsweges mit Brücke über die Ostrach bei Laubbach für die Landwirtschaft und den Besucherverkehr deutlich verstärkt, da diese die Sperrung eines früheren landwirtschaftlichen Weges durch das Projektkerngebiet kompensiert.

Besucherlenkung

Im Rahmen des Pflege- und Entwicklungsplans wurde auch ein Konzept zur Besucherlenkung erarbeitet, mit dessen Hilfe die in der Einführung genannten Störungen minimiert werden können – insbesondere durch ein mit allen Beteiligten abgestimmtes Wegekonzept. Das Besucherlenkungskonzept orientiert sich an aktuellen Konflikten sowie an der aktuellen und vor allem potenziellen Empfindlichkeit von Teilgebieten des Projektgebietes. Hierbei ist an die besondere Empfindlichkeit der Vegetation und der organischen Böden sowie die Störungsanfälligkeit brütender und auf dem Zug rastender Vogelarten gegenüber optischen Reizen zu denken. Das Hauptziel ist daher eine möglichst vollständige Gebietsberuhigung der zentralen Regenerationszone, damit die natürlichen ökologischen Prozesse ungestört ablaufen können. Für die Moorstabilisierungszone und die Extensivierungszone wurden Vorschläge erarbeitet, wie das Besucherverhalten durch ein umfangreiches Wegekonzept sowie durch neu zu schaffende naturverträgliche Nutzungsangebote positiv beeinflusst werden kann.

Wegekonzept „Naturerleben"

Die Maßnahmenvorschläge zur Gebietsberuhigung haben zum Ziel, den Besucherverkehr von besonders empfindlichen und störungsanfälligen Bereichen fernzuhalten, ohne dass dies zu Einbußen in der Erlebbarkeit des Gebietes führt. Die Moorregenerationszone als zentraler Bereich des Projektkerngebietes – vor allem die Hochmoorschilde als besonders empfindliche Bereiche – soll als Natur-Ruhezone und damit als Totalreservat ausgewiesen werden. Dazu gehören die Teilgebiete Großer Trauben, Tisch, Großer Trauben-Torfstiche, Teilflächen des Teilgebietes Eulenbruck-Süd mit Überwachsenem See sowie das Hangquellmoor Laubbachmühle. Diese Gebiete könnten von der Öffentlichkeit allenfalls sehr selten und nur unter fachlicher Führung betreten werden.

Die Stabilisierungszone und die Extensivierungszone sind über Riedlehrpfade und Wanderwege zugänglich. Hierzu wurde ein differenziertes Wegekonzept ausgearbeitet. Es beinhaltet die Auflösung wilder Fußpfade, die Sperrung von Wegen generell oder speziell für den motorisierten Verkehr, die Neuanlage von Wanderparkplätzen am jeweiligen Beginn gesperrter Strecken, um das Gebiet für Naturbeobachter und Erholungssuchende dennoch zugänglich zu machen, sowie die Neuregelung der Führung von Wander- und Radwegen, wie zum Beispiel durch

Von Ewald Lindner

EXKURSION

Nach dem Waldgesetz von Baden-Württemberg sind zwei Kategorien von Waldschutzgebieten zu unterscheiden:

1) Ein Bannwald ist ein sich selbst überlassenes Waldreservat, denn hier sind Pflegemaßnahmen und Holzentnahmen auf Dauer ausgeschlossen. Im Bannwald sollen die eigendynamischen Entwicklungsprozesse ohne menschlichen Einfluss ablaufen; dieser Wald soll sich also ungestört zum „Urwald von morgen" entwickeln. Die natürlichen Abläufe in den Bannwäldern werden wissenschaftlich erforscht und die wissenschaftlichen Erkenntnisse sollen auch Hilfestellung für die Behandlung von Wirtschaftswäldern geben. Derzeit sind in Baden-Württemberg 109 Bannwälder ausgewiesen – fast ausschließlich im Staats- und Kommunalwald. Mit insgesamt 6800 Hektar entsprechen sie rund 0,6 Prozent der Gesamtwaldfläche. Das ist nicht sehr viel für eines der waldreichsten Bundesländer, aber ein hoffnungsvoller Anfang.

2) Ein Schonwald ist ein forstwissenschaftlich definierter Waldbereich, in dem eine bestimmte Waldgesellschaft mit ihren Tier- und Pflanzenarten, ein bestimmter Bestandsaufbau oder ein bestimmter Waldbiotop zu erhalten, zu entwickeln oder zu erneuern ist. Hierbei werden der Zielsetzung entsprechende Pflegemaßnahmen und Bewirtschaftungsweisen festgelegt. In Baden-Württemberg gibt es momentan 376 Schonwälder mit insgesamt 18.700 Hektar. Bann- und Schonwälder werden durch Rechtsverordnung der höheren Forstbehörde ausgewiesen.

Torfstichsee im PfrungerRied

Umleitung, verbunden mit ergänzenden Maßnahmen, wie Hecken oder Mulden.

Fauna

Im Pfrunger-Burgweiler Ried sind Tierarten zu finden, die sonst selten geworden und vielfach auf der Roten Liste zu finden sind. Insbesondere Amphibien profitieren vom Moor. Vögel wie die Bekassine, das Schwarz- und Braunkehlchen oder der Schwarzstorch sind hier genauso zu Hause wie eine Biberfamilie, die sich seit 2008 angesiedelt hat. Im oberen Bereich der Ostrach, unterhalb der Mündung des Hornbaches, errichteten die Biber einen Staudamm quer über die Ostrach. Der Damm hielt Tausende Kubikmeter Wasser zurück, woraufhin das Wasser nicht nur bis zum oberen Rand der Böschung, sondern zum großen Ärgernis von landwirtschaftlichen Betrieben in Riedhausen und Laubbach auch schon über die Ufer getreten ist. Angrenzende Wiesen rechts der Ostrach wurden überflutet. Der Hornbach überflutete seinerseits den Weg zwischen Ostrachbrücke bei der Laubbachmühle und den Parkplatz bei Riedhausen. Dieser Weg soll nach Aussagen der Projektleitung auch in Zukunft als Rad und Wanderweg im Rahmen der Besucherlenkung erhalten bleiben. Ende November 2008 wurden die von den streng geschützten Nagern in die Ostrach und in den Tiefenbach aus Reisig und Ästen gebauten Dämme um 40 Zentimeter abgetragen, gänzlich durfte das Bauwerk nicht beseitigt werden. Um die Biber in Zukunft von der Ostrach abzuhalten, wurde ein Weidezaundraht mit Stromführung über dem Wasserspiegel angelegt. Hoffentlich findet sich hier noch eine Lösung, die den Ansprüchen der Biber besser gerecht wird.

Fazit: Als außenstehender Beobachter gewinnt man den Eindruck, dass hier viele Menschen, nach anfänglichen Schwierigkeiten, verantwortungsvoll und kooperativ ihre Interessen und ihr Engagement in den Dienst der Natur gestellt haben. Ein Projekt, das Hoffnung und Mut macht und als positives Beispiel für andere Waldschutzprojekte dienen kann. Die Erfahrung lehrt, dass ein einmal begonnenes Naturschutzprojekt in der Folge meist viele Förderer, große Akzeptanz in der Bevölkerung und später meist auch die Erweiterung der Schutzmaßnahmen findet.

INFO

Stiftung Naturschutz Pfrunger-Burgweiler Ried
Riedweg 3, D-88271 Wilhelmsdorf
Tel.: +49 (0)7503 / 91 65 41
Fax: +49 (0)7503 / 91 65 45
E-Mail: info@riedstiftung.de
www.riedstiftung.de

Wanderkarte und Infos:
www.ostrach.de/fileadmin/user_upload/pdf/ried_wanderwege.pdf

Führungen: Schulklassen und Gruppen ab 10 Personen jederzeit auf Anfrage:
Tel: +49 (0) 7503-739

Urwaldreservate Chiemgauer Alpen

Von Petra Lindner

Die Chiemgauer Alpen mit dem Sonntagshorn mit 1961 Meter Höhe als höchstem Gipfel sind Teil der Nördlichen Kalkalpen in den Ostalpen und liegen zum überwiegenden Teil auf deutschem Gebiet in Bayern im Landkreis Traunstein, zu einem kleineren Anteil auch in den österreichischen Bundesländern Salzburg und Tirol.

Das Alter der verschiedenen Gesteinsschichten der Chiemgauer Alpen ist bunt gemischt – alle Gesteinsarten von Buntsandstein, Muschelkalk, Dolomit, Kössener Mergel, Partnachschichten und Wettersteinkalk aber sind darauf zurückzuführen, dass das vor über 280 Millionen Jahren hier noch existierende warme Meer begann, Sedimente abzulagern, aus denen später die Bergzüge entstanden. Verschiedene Untergründe führen zu unterschiedlichen Bewuchsformen, doch dort, wo die drei Naturwaldreservate der Chiemgauer Alpen angesiedelt sind, ist der Bewuchs relativ einheitlich, da die Böden vorwiegend kalkhaltig sind, und variiert eher mit den unterschiedlichen Höhenlagen.

Im Jahr 1978 wurden in den Chiemgauer Alpen diese drei Naturwaldreservate ausgewiesen, großflächige Waldgebiete also, die sich unbeeinträchtigt von menschlicher Nutzung den natürlichen Zyklen entsprechend entwickeln dürfen. Ziel ist es, die hier dominierenden Kalk-Buchenwälder zu schützen und ihnen den Weg zum künftigen neuen Urwald zu eröffnen. Obwohl die Wälder der Chiemgauer Alpen in vergangenen Zeiten intensiv genutzt wurden und insbesondere die Salinenwirtschaft der näheren und weiteren Regionen beträchtliche Mengen an Holz benötigte, haben sich diese naturnahen Areale bis in die Neuzeit erhalten können.

Das Naturwaldreservat Jagerboden befindet sich in der Nähe der südlich des Chiemsees gelegenen Gemeinde Unterwössen am südöstlichen Rand der Oberwössener Mulde und erstreckt sich in einer Höhe von 640 bis 770 Metern über N.N. auf einer Fläche von gut 39 Hektar über einen Blockschutthang und einen kleinen Teil des darüber liegenden Felsenareals. Es ist das mit Abstand kleinste und auch das am tiefsten gelegene der drei Naturwaldreservate. Verschiedene Laub- und Nadelbaumarten stocken auf dem felsigen Untergrund; in höheren Lagen dominieren Tanne, Fichte und Buche, während in niedrigeren Höhen auch Berg- und Spitzahorn, Lärche und Esche gedeihen.

Die Waldreservate bei Unter- und Oberwössen im Chiemgau

In diesem Naturwaldreservat wurde die Österreichische Quellschnecke nachgewiesen, die auf der Roten Liste der gefährdeten Tierarten steht.

Ebenfalls zur Gemeinde Unterwössen gehört das am südlichen Rand der Oberwössener Mulde gelegene Naturwaldreservat Geißklamm mit einer Ausdehnung von gut 121 Hektar. Seine Fläche zieht sich über Höhen von 810 bis 1350 Metern über N.N. Hier findet sich ein naturnaher Bergmischwald mit Tanne, Bergahorn, Fichte, Buche und Lärche; der Anteil an Fichten steigt mit zunehmender Höhe.

Das Dritte im Bunde ist das Naturwaldreservat Schlapbach auf dem Gebiet der nördlich von Unterwössen gelegenen Gemeinde Marquartstein, das mit einer Fläche von gut 102 Hektar nur wenig kleiner ist als das Naturwaldreservat Geißklamm. Es erstreckt sich auf einer Höhe von 700 bis 1180 Metern über N.N. Hier stocken auf dem kalkreichen Untergrund Fichten-Tannen-Buchenwälder.

Die durchschnittliche Jahrestemperatur in den drei Naturwaldreservaten liegt bei knapp sechs Grad, im Jahresmittel fallen knapp 1800 Millimeter an Niederschlägen.

Zu den typischen Pflanzen der Chiemgauer Naturwaldreservate zählen der gelb blühende und optisch ein wenig an Löwenzahn erinnernde Hainsalat (der auch Stink-Lattich genannt wird), der kalkhaltige Böden bevorzugt. Auch die Alpen-Soldanelle fühlt sich auf diesem Untergrund wohl und bereichert im Frühsommer mit ihren violetten Blüten die Bergflora.

Die Chiemgauer Naturwaldreservate liegen rund 96 Kilometer südlich der bayerischen Landeshauptstadt München und südlich des Chiemsees in der Nähe der deutsch-österreichischen Landesgrenze.

Die Anreise mit dem Auto erfolgt von Norden aus über die Autobahn A 8 und die Bundestraße B 305 bis Unter- oder Oberwössen.

Wer öffentliche Verkehrsmittel benutzen möchte, findet eine Regionalbahnverbindung von München bis Prien am Chiemsee. Von dort besteht eine Busverbindung bis Unterwössen.

Die Naturwaldreservate Geißklamm und Jagerboden kann man von Hinterwössen aus erreichen.

INFO

Bayerisches Landesamt für Wald und Forstwirtschaft
Bayerisches Staatsministerium für Ernährung, Landwirtschaft und Forsten
Ludwigstraße 2, D-80539 München
Tel.: +49 (0)89/2182-0
E-Mail: poststelle@stmelf.bayern.de
www.lwf.bayern.de

Von Petra Lindner

Nationalpark Berchtesgaden

Im Südosten Bayerns liegt an der Grenze zu Österreich der Nationalpark Berchtesgaden, der Anfang August 1978 ausgewiesen wurde und bis heute der einzige Nationalpark Deutschlands in den Alpen ist. Er gehört zum Biosphärenreservat Berchtesgaden, das im Jahr 1990 ins Leben gerufen und 20 Jahre später zum Biosphärenreservat Berchtesgadener Land erweitert wurde, sodass seine Fläche heute 210 Quadratkilometer beträgt.

Die Nationalparkverwaltung hat sich dem Ziel verschrieben, die besondere Natur und Landschaft dauerhaft unter Schutz zu stellen und so wenig wie möglich menschlichen Einflüssen auszusetzen, es aber gleichzeitig dem Menschen zu ermöglichen, diese Natur auch zu erleben. Nicht nur die Fläche, auch die Höhendifferenz des Nationalparks Berchtesgaden ist beeindruckend: Er erstreckt sich vom Königssee auf einer Höhe von gut 600 Metern über N.N. bis hinauf zum Watzmann auf über 2700 Meter über N.N. Diesem Umstand ist die große Vielfalt unterschiedlicher Lebensräume zu verdanken, die Vegetationszonen von mittleren Breiten bis zum Polarkreis umfasst.

Entstanden ist das Gebirge in der Zeit des Trias vor ungefähr 250 bis 201 Millionen Jahren, es dominiert Dachsteinkalk über Ramsaudolomit. Auf dem Areal des Nationalparks finden sich stark variierende Bodenverhältnisse, beispielsweise in Bezug auf Nährstoffgehalt oder Wasserhaushalt, die ebenso wie die klimatischen Bedingungen zur Vielfalt von Fauna und Flora beitragen.

Etwa 20 Prozent des Nationalparkgebiets sind von Felsen und Schutt bedeckt, vor allem in den Hochlagen. Wälder stehen auf weiteren 44 Prozent, hinzu kommen die großen Seen Königs- und Funtensee sowie weitere kleinere Gewässer.

Auch das Klima im Nationalpark Berchtesgaden variiert je nach

Blick auf den Königssee

Von Ewald Lindner

Zusammenleben von Mensch, Luchs, Wolf und Bär

Die natürlichen Feinde des Rot- und Schwarzwildes, das sich durch fehlende natürliche Feinde und komfortable Lebensbedingungen überall in Mitteleuropa massenhaft vermehrt, sind Luchs, Wolf und Bär. Diese hat man schon vor rund zweihundert Jahren ausgerottet, und falls sich je wieder eines dieser Tiere auf der Suche nach einem neuen Revier blicken lässt, so wird sofort wieder „Dampf drauf" gemacht. So zum Beispiel auf den jungen Braunbären „Bruno", der 2006 wochenlang von der bayerischen Jägerschaft gehetzt wurde und heute als ausgestopfter „Plüschbär" im Museum „Mensch und Natur" im Nymphenburger Schloss in München als „schönes" totes und pflegeleichtes Tier ausgestellt wird. Was für eine Ironie!

Bruno ist nur ein negatives Beispiel für viele andere in Deutschland, Österreich und der Schweiz. So wurde im April 2008 auch der jüngere Bruder von Bruno, „JJ3" genannt, von schweizerischen Wildhütern erlegt. Die genetisch nachgewiesene Mutter der beiden Jungbären mit Namen „Jurka" ist eine in Slowenien geborene und im italienischen Trentino in der Nähe eines Hotels ausgewilderte Bärin. Sie verursachte in der italienischen Provinz Trentino „...Schäden in Ställen und Bienenstöcken...". Wahrscheinlich lernten die beiden Jungbären diese Art der Ernährung von ihrer Mutter. Die Tötung von Jurka wurde in Italien aber nie in Betracht gezogen, da sie sich, ebenso wie ihre Jungen, den Menschen gegenüber nicht aggressiv zeigte, aber auch keine große Scheu vor ihnen hatte. Im Trentino wurde Jurka mit einem Senderhalsband versehen, damit man sie gezielt durch schrille Hochfrequenztöne vergraulen konnte, wenn sie in die Nähe menschlicher Siedlungen kam. Sie hat ihr „Jagdverhalten" aber dennoch nicht geändert und wurde daher wieder eingefangen und 2010 in den „Alternativen Wolfs- und Bärenpark Schwarzwald" in Bad Rippoldsau-Schapbach eingesperrt. Es war wohl ein ziemlich unverantwortliches und naives Vorgehen, zwei Bären einfach so auszuwildern. Die Nachkommen brauchen auch einen großen Lebensraum und verhalten sich so, wie sie es von ihrer Mutter lernen. Damit waren sie „verhaltensabnorm" und wurden als „Risikobären" eingestuft. Die ganze traurige Geschichte von Jurka und ihren Kindern erfahren Sie auf: www.faz.net/aktuell/feuilleton/ausgewilderte-baeren-jurka-und-ihre-kinder-1680539.html.

Braunbär im Wildgehege

Wir Mitteleuropäer haben es verlernt, mit Bären, Wölfen und Luchsen zu leben. In anderen Ländern, wie zum Beispiel Norwegen, Finnland, Schweden, Rumänien, Bulgarien und Slowenien, leben Menschen, Bären, Wölfe und Luchse seit Jahrhunderten ohne nennenswerte Probleme miteinander. Hier schützen Bauern und Hirten ihr Vieh durch Hirtenhunde und Elektrozäune. Selbst die Massai in Afrika wissen ihr Vieh auch ohne Hunde nur durch Dornenhecken vor wilden Löwen zu schützen. Dass dies bei uns nicht mehr funktioniert, dafür sorgen unter anderem auch die zweibeinigen Jagdrivalen der großen Raubtiere, indem sie in der Bevölkerung Angst und Hass gegen die Tiere und Naturschützer schüren und durch Lobbyisten unwissende oder verantwortungslose Politiker beeinflussen.

Auch dem Fuchs, machen die Zweibeiner die „Hölle heiß", indem sie

jedes Jahr Tausende von Füchsen förmlich abschlachten. Doch trotz intensivster Bejagung lässt sich der Fuchs nicht ausrotten. Er reagiert mit erhöhter Fruchtbarkeit und mehr Nachkommen auf die massiven Verluste. Nahrung, wie Mäuse, Junghasen und Fasane, findet er ja genug, um seine Art zu erhalten. Somit ist die Jagd auf den Fuchs absolut überflüssig (siehe auch Seite 14).

Anderseits ist von allen Natur- und Tierschützern ein Höchstmaß an Verantwortung für Mensch und Tier zu verlangen. Man kann nicht einfach zwei Bären aus menschlicher Aufzucht in einem Naturpark im Trentino aussetzen und sich selbst überlassen, ohne die weitreichenden Folgen zu bedenken. Junge männliche Bären wandern auf der Suche nach neuen Revieren Hunderte von Kilometern. Ebenso tun es Wölfe und Luchse. Wenn diese dann keine natürliche Scheu vor dem Menschen haben, weil ihre Mutter aus einer menschlichen Aufzucht stammt, so sind die Probleme vorprogrammiert, auch wenn sich die Tiere nicht aggressiv zeigen.

Mit den großen Raubtieren verhält es sich genauso wie mit dem Wald: Die Natur und die Zeit werden alles regeln, wenn wir Menschen uns einfach raushalten. Aber wir müssen natürliche Wälder und Auen zu wirklich großen Totalreservaten ausweisen. Hier finden Bär, Wolf und Luchs auch wieder ihre natürlichen Lebensräume, Rückzugsgebiete und Beutetiere. Nur so haben sie eine Chance und werden ganz heimlich zu uns zurückkehren.

Höhe. Berchtesgaden befindet sich im Übergangsbereich von kontinentalem und atlantischem Klima; das Klima im Nationalpark ist typisch für Hochgebirge mit Jahresdurchschnittstemperaturen, die zwischen plus sieben Grad und minus zwei Grad liegen können. Ebenfalls große Differenzen weisen die durchschnittlichen Jahresniederschläge auf, die sich zwischen 1500 und 2600 Millimetern bewegen.

Demzufolge orientiert sich die Vegetation an den verschiedenen Höhenzonen. Während in tieferen Lagen submontane Buchenmischwälder anzutreffen sind, finden sich in Hochlagen Fichten-Tannen-Buchenwälder. Eine Besonderheit sind in den Regionen Blaueistal, Reiteralm, Funtensee und Steinernes Meer Lärchen-Zirbelkieferwälder in subalpinen Stufen, in der normalerweise Fichte und Lärche die Hauptbaumarten sind.

Der älteste Baum im Nationalpark mit etwa 800 Jahren ist ebenfalls eine Zirbelkiefer, die man im Hochkaltermassiv oberhalb des Sitterbachs findet. Weitere, teilweise über 500 Jahre alte Zirbelkiefern wachsen im Steinernen Meer, und ähnlich alt ist die die älteste Tanne am Kaunerstein zwischen Königssee und Götzenalm. Auch unter den Fichten finden sich Exemplare, die um die 450 Jahre alt sind.

In den alpinen Zonen wachsen Alpenrosen und Grünerlen, die einzige Erlenart Europas, die als Strauch wächst. Eine Besonderheit im Naturpark Berchtesgaden sind ostalpine Pflanzen wie Christrose oder Tauernblümchen, die im bayerischen Alpenraum nur hier zu finden sind.

Auch die Tierarten lassen sich nach den verschiedenen Höhenzonen unterscheiden; in höheren Lagen ab etwa 800 Metern über N.N. leben bereits alpine Arten wie Schneehase oder Alpensalamander, während Arten des Alpenvorlandes immerhin noch bis in Höhen von rund 1200 Metern anzutreffen sind.

Mit dem Steinadler ist ein besonders imposanter Jäger der Lüfte im Nationalpark Berchtesgaden heimisch, und der Besucher kann ihn mit seiner mächtigen Spannweite von bis zu zwei Metern und sein natürliches Habitat auf geführten Exkursionen erleben. Unter den 100 Vogelarten, die im Park brüten, sind Steinadler, Raufußkauz, Sperlingskauz, Haselhuhn, Birkhuhn, Auerhuhn, Alpenschneehuhn, Kolkrabe, Alpendohle, Tannenhäher und Mauerläufer charakteristisch. Gelegentlich werden auch Gänsegeier und Bartgeier gesichtet. Im Gebiet leben 16 Amphibien- und Reptilionarten und 15 Fischarten. Dazu zählen einige gefährdete Arten wie Kreuzotter, Schlingnatter, Ringelnatter, Alpensalamander, Feuersalamander, Alpenkammmolch, Gelbbauchunke, Königssee-Saibling und Seeforelle. Typische Insektenarten sind der Alpenbock und der Apollofalter.

Herbst im Nationalpark Berchtesgaden

Wälder im Nationalpark Berchtesgaden mit Watzmannmassiv

Ursprünglich zählten auch Wisente, Luchse, Braunbären, Wölfe und Fischotter zur Fauna des Gebietes. Bei einigen dieser Arten scheint eine Einwanderung aus angrenzenden Gebieten in absehbarer Zeit möglich, gezielte Auswilderungen sind allerdings nicht geplant.

Zu den Alpenbewohnern zählen auch die Murmeltiere, die sich gern an sonnigen Südhängen tummeln und in großer Zahl im Nationalpark zu finden sind. Daneben fühlen sich der klettergewandte Steinbock, der allerdings erst aus Gründen der Jagd in den 1930er-Jahren in der Region eingebürgert wurde, Rotwild und wendige Gämsen im Alpennationalpark wohl.

Leider sind die Rot- und Rehwildbestände auch im Nationalpark Berchtesgaden viel zu hoch. Dass diese im Winter sogar noch gefüttert werden, reduziert die Überlebenschancen für junge Laubbäume extrem. Die Rotwildfütterung wird auch als Besucherattraktion vermarktet und ähnelt damit eher einem Besuch im Zoo als in einem Naturreservat. So finden wir also auch hier die vielerorts in Deutschland zu beklagende „Rotwild-Freiland-Zucht" für zweibeinige Jäger, die das Wild einerseits füttern und andererseits „überzähliges" Wild abschießen, das Fleisch verkaufen, die begehrten Geweih-Trophäen an die Wand hängen oder auch als „Naturheilmittel" Hirschhorn verkaufen.

INFO

Der Nationalpark Berchtesgaden lässt sich zu Fuß und teilweise auch mit dem Fahrrad erschließen; das Netz aus Steigen und Wegen umfasst etwa 230 Kilometer. Aktuelle Informationen zu Anreise, Wanderwegen, Naturführungen, Naturspielplätzen usw. findet man im Internet.

Nationalparkverwaltung Berchtesgaden
Doktorberg 6
D-83471 Berchtesgaden
Tel.: +49 (0)8652/9686-0
E-Mail: poststelle@npv-bgd.bayern.de; www.nationalpark-berchtesgaden.de

Porträt

Von Ewald Lindner

Der Europäische Braunbär

Der Europäische Braunbär (Ursus arctos arctos) war einst in ganz Europa verbreitet. Heute schätzt man den Bestand dieser Art wieder auf etwa 50.000 Tiere, die regional unterschiedlich stark verbreitet sind. In Skandinavien, Osteuropa, Russland ist der Braunbär weit verbreitet, während er in Mitteleuropa nur noch in geringen Stückzahlen an wenigen Standorten in den Alpen und in den Pyrenäen anzutreffen ist. Eine kleine Population von rund 15 bis 20 Tieren gibt es dank strenger Schutzmaßnahmen wieder in Österreich. In Nordeuropa verbringt der Braunbär den Winter in der Winterruhe, einem energiesparenden leichten Dämmerzustand, und zehrt von seinen Fettreserven. Ansonsten ist er das ganze Jahr, vor allem in der Dämmerung und nachts, aktiv. Zur Nahrung des Allesfressers zählen vor allem Beeren, Nüsse, Wurzeln, Insektenlarven und auch Gräser, Honig oder Algen. Er verschmäht auch keine Beutetiere wie Mäuse, Junghasen, auch größere Hirsche oder Aas. Je nach Jahreszeit und örtlicher Gegebenheit zählen auch Fisch und Fischlaich zu seiner Nahrung. Bären sind Einzelgänger und treffen nur an Reviergrenzen bei der Futtersuche oder zur Paarung aufeinander. Je nach verfügbarem Futter variiert seine Reviergröße zwischen 100 und 1000 Quadratkilometern. Die Männchen haben meist deutlich größere Reviere als die weiblichen Tiere. Ihr Höchstalter in der Wildnis erreicht etwa 25 Jahre.

Mit einer Körperlänge von zwei bis drei Metern, einer Schulterhöhe von 0,90 bis 1,25 Meter und einen Körpergewicht von 110 bis 150 Kilogramm bei den männlichen Tieren bzw. 80 bis 120 Kilogramm bei den weiblichen Tieren zählt der Europäische Braunbär zu den kleineren Vertretern dieser Art.

Bärinnen sind nur etwa alle zwei Jahre empfängnisbereit. Die Tragezeit beträgt rund sechs bis acht Monate und das Geburtsgewicht liegt bei 300 bis 600 Gramm. Sie gebären in der Regel zwei bis drei Junge. Die Jungen haben bei Geburt etwa die Größe einer zwölf Wochen alten Katze. Mit vier bis fünf Wochen öffnen die Jungtiere erstmals ihre Augen. Während die Jungtiere aufgrund der nahrhaften Muttermilch in den nächsten Monaten ihr Gewicht mehr als verdoppeln, nimmt die Mutter um bis zu 40 Prozent ab. Die Jungen bleiben zwei bis drei Jahre bei der Mutter und werden von ihr verstoßen, wenn sie wieder empfängnisbereit ist.

Die Sichtung eines Bären in freier Wildbahn ist ein Glücksfall, sofern sich das Tier in einiger Entfernung befindet. Es besteht keine Gefahr. Der Beobachter sollte seinen Standort dennoch nicht verlassen oder sich gar dem Bären annähern. Sollte der Bär sich nähern, so bleiben Sie ruhig und unbeweglich stehen, bis er sich wieder entfernt. Versuchen Sie auf keinen Fall zu fliehen, der Bär könnte Sie dadurch als Jagdwild ansehen und er ist immer schneller als Sie.

Von Petra Lindner

Zauberwald Berchtesgaden

Ein echtes, geradezu zauberhaftes Kleinod liegt inmitten des Nationalparks Berchtesgadener Land und trägt auch einen passenden Namen, nämlich Zauberwald Berchtesgaden. Dieses verwunschene Stück Natur findet man in Ramsau bei Berchtesgaden im Regierungsbezirk Oberbayern am Hintersee, einem beliebten Ausflugsziel und Fotomotiv für Touristen.

Hintersee und Zauberwald teilen ihre Entstehungsgeschichte: Vor etwa 3500 Jahren führte ein Felssturz dazu, dass zwischen 12 und 16 Millionen Kubikmeter Gestein von der Bergflanke zwischen Steinberg und Schärtenspitze in das Blaueistal hinabstürzten. Die Folgen des gewaltigen Naturereignisses aus der Bronzezeit sind auch heute noch zu sehen, denn die Felsblöcke türmen sich teilweise noch in eine Höhe von über 160 Metern oberhalb der Talsohle.

Ausgelöst wurde der mächtige Felsrutsch durch die Verwitterung des Dachsteinkalks, der vor rund 200 Millionen Jahren aus dem Kalk von Meeresorganismen entstanden war, die das zu dieser Zeit hier existierende tropische Flachmeer belebten. In der quartären Kaltzeit entstand das tiefe Blaueistal; mit dem Abschmelzen des Eises verlor das Gestein seinen Halt, war der Witterung ausgesetzt und brach schließlich von der Bergflanke ab.

Während ein kleinerer Teil der Geröllmassen liegen blieb, bewegte sich der größere Rest weiter in Richtung Talausgang und staute den Klausbach, der dort floss. Dies war die Geburtsstunde des heutigen Hintersees. Die Kräfte, die hier am Werk waren, werden deutlich, wenn man bedenkt, dass die Felsmassen auf ihrem Weg eine Strecke von 3,7 Kilometern und einen Höhenunterschied von rund 1300 Metern überwanden. Die zur Ruhe gekommenen Geröllmassen besiedelte im Laufe der nachfolgenden Jahrtausende der Wald, der heute mit seiner verwunschenen, urtümlichen Anmutung den Besucher verzaubert.

Die Geröllmassen des Zauberwaldes ließen keine wirtschaftliche Nutzung zu, sodass hier weitgehend der ursprüngliche Zustand erhalten blieb.

Die Besonderheit von Felsblockmeeren ist die Entstehung natürlicher Fichtenwälder auch deutlich unterhalb der subalpinen Zone, dem natürlichen Habitat solcher Wälder. Die zwischen den Geröllmassen talwärts strömende Kaltluft wird hier gespeichert, sodass das Klima der subalpinen Zone ähnelt und auch in Höhenlagen, in denen normalerweise Buchen heimisch sind, Fichten wachsen können. So wird auch das östliche Ufer des Hintersees von einem dichten Fichtenwald flankiert.

Zur Pflanzenvielfalt, die sich auf und zwischen den Felsblöcken ausbreitet, zählen Moose, Farne, Traubenholunder, Alpen- und Schwarze Heckenkirsche, doch geprägt wird das Gesicht des Zauberwaldes durch die Fichten, die hier ungehindert den gesamten Prozess vom winzigen

Zauberwald am Hintersee mit Watzmannmassiv im Hintergrund

Sämling über mächtige Altbäume bis hin zum Totholz durchlaufen können.

Heute ist der Zauberwald Berchtesgaden Teil des Projekts „Bayerns schönste Geotope" mit einer Fläche von etwa 0,75 Quadratkilometern, initiiert vom Bayerischen Landesamt für Umwelt. Ziel ist es, die Wahrnehmung von Geotopen in der Öffentlichkeit zu fördern und auf ihre besondere Schutzwürdigkeit hinzuweisen. Geotope vermitteln aufgrund der in ihrem Material (wie Felsen, Mineralien oder Fossilien) enthaltenen Informationen wertvolles Wissen über die Entwicklung der Erde und des Lebens auf ihr.

Bereits Ende des 19. Jahrhunderts gab es den ersten Wanderweg durch den Zauberwald. Dieser Weg, der seit 1920 „Zauberwald-Weg" heißt, existiert noch heute. Auf Schautafeln erfährt man Wissenswertes über das Geotop Zauberwald; des Weiteren kann man sich auf dem Naturlehrpfad der Nationalparkverwaltung des Nationalparks Berchtesgaden über den Pflanzenreichtum des Zauberwaldes informieren. Verschiedene Veranstaltungen, wie nächtliche Illuminationen, bringen großen und kleinen Besuchern den Zauberwald, getreu dem Namen, auch auf eine mystisch verzauberte Art näher.

Die Anreise mit dem Auto erfolgt über die Autobahn A 8 aus Richtung München bis Traunstein; von dort geht es weiter auf den Bundesstraßen B 306 und B 305. Am Hintersee finden sich verschiedene Wanderparklätze.

Mit der Bahn fährt man von München aus bis Freilassing, von dort aus geht es weiter mit der Berchtesgadener Land Bahn bis Berchtesgaden. Eine Buslinie verbindet Berchtesgaden mit Ramsau.

Eine Fülle von weiteren Ausflugszielen und Freizeitaktivitäten in der Region finden Sie unter: www.berchtesgadener-land.com

INFO

Bayerisches Landesamt für Umwelt
Bürgermeister-Ulrich-Straße 160
D-86179 Augsburg
Tel.: +49 (0)821/9071-0
Fax: +49 (0)821/9071-5556
E-Mail: poststelle@lfu.bayern.de
www.lfu.bayern.de

Zweckverband Tourismusregion Berchtesgaden-Königssee
Königsseer Straße 2
D-83471 Berchtesgaden
Tel.: +49 (0)8652/967-0
E-Mail: info@berchtesgadener-land.info
www.berchtesgadener-land.info

Von Ewald Lindner

Die wilden Wälder Österreichs

Etwa die Hälfte Österreichs ist mit Wald bedeckt. Doch nur einige wenige Paradiese haben Äxte und Sägen überlebt: Laut Umweltbundesamt sind nur 0,7 Prozent der österreichischen Wälder noch in einem annähernd natürlichen Zustand und streng geschützt. Diese sind wieder auf dem Weg, ein „Urwald" zu werden. Weitere 2,3 Prozent unterliegen in Schutzgebieten Nutzungseinschränkungen, um ihre Artenvielfalt zu erhalten. Das Umweltbundesamt Österreichs kommt in der Studie „Wald in Schutzgebieten" von 2004 zu dem Ergebnis, dass auf 97 Prozent der Waldfläche keine naturschutzrechtlichen Einschränkungen für die Forstwirtschaft bestehen. Jüngere Erhebungen mit günstigeren Ergebnissen scheint es bisher nicht zu geben. Aber es gibt noch ein paar wenige „wilde Wälder" in Österreich. Sie finden sich dort, wo die Forstwirtschaft nicht wirtschaftlich war oder Waldbesitzer ein Einsehen hatten und freiwillig auf die Nutzung verzichteten. Völlig unbeeinflusst vom Menschen sind aber auch diese Wälder nicht. Man muss sich nur vor Augen halten, welchen Einfluss das Fehlen der natürlichen Raubtiere wie Bär, Luchs und Wolf und die übertriebene Wildhege der Jagdpächter in den letzten 200 Jahren auf die Bestände des Schalenwilds hatte und wie sich dies auf den Waldnachwuchs und die natürliche Verjüngung der Bäume auswirkte. In vielen Gebieten sind die Wildbestände so hoch, dass die jungen Sämlinge der Laub- und Nadelbäume kaum eine Überlebenschance haben. Von anderen menschlich verursachten Umwelteinflüssen wie Luftverschmutzung, Klimaerwärmung und saurem Regen ganz zu schweigen. Wirklich unbeeinflusste Natur gibt es wohl nirgendwo mehr auf der Welt.

Doch mit unserer Hilfe haben auch die Natur-Wälder Österreichs noch eine Chance, sich wieder zu erholen. Der beste Schutz, den es langfristig für alle Naturbereiche gibt, ist der, dass der Mensch sich ganz einfach raushält und die Natur sich selbst überlässt. Helfen kann er allerdings auch, wenn er seine „Untaten" aus der Vergangenheit wieder zurücknimmt und überflüssige Straßen, Wege und Flussbegradigungen zurückbaut und den Klima- und Umweltschutz wirklich konsequent und ernsthaft betreibt. Wir müssen uns klarmachen, dass diese Natur unser Lebensraum ist und dass auch der Mensch ohne eine natürliche und saubere Umwelt die nächsten 100 Jahre nicht überle-

ben wird. Wie schnell die natürlichen Ressourcen an Wasser und Nahrung verbraucht sein können, erleben wir schon heute in vielen Regionen Afrikas, wo Menschen millionenfach verhungern und verdursten.

In den Naturwaldreservaten Österreichs finden sich noch immer riesige Bäume wie Buchen, Eichen, Silberpappeln, Zirben, Lärchen, Eschen, Ahorn, Tannen oder Fichten, die mächtig in den Himmel wachsen. Abgestorbene Bäume liegen vermodernd am Boden und liefern Nahrung für Pilze, Moose, Insekten, Spechte und junge Bäume.

Der größte und fast unberührte „Urwald" ist der Rothwald im Wildnisgebiet Dürrenstein. Die Kernschutzzone dieses Wildnisgebietes darf nur von Forstbeamten, Rangern und Wildhütern betreten werden, damit er sich ungestört entwickeln und erhalten kann. Interessierte Naturfreunde können aber an Führungen in die Randgebiete teilnehmen. Andere „Rest-Urwälder" in Österreich sind relativ klein. Ein großer Teil der heimischen Naturwälder wird durch das Österreichische Naturwaldreservate-Programm des Bundes in Zusammenarbeit mit dem Bundesamt für Wald und Forstbesitzern für die Forschung und die Nachwelt bewahrt. Auf rund 8600 Hektar dürfen sich die heimischen Waldgesellschaften natürlich entwickeln und zu „Sekundär-Urwäldern" heranwachsen. Dieses Schutz-programm bewahrt nicht nur Wälder vor Kahlschlag, Harvestern, Straßen und Menschen, es bringt auch wissenschaftliche Erkenntnisse für weitere Schutzmaßnahmen.

In artenarmen Wirtschaftswäldern können die komplexen Beziehungen zwischen Baumarten, Pilzen und vielen anderen Waldbewohnern nicht studiert werden, weil es hier am Artenreichtum fehlt. Diese Erkenntnisse werden aber angesichts der gravierenden Veränderungen in den Ökosystemen und des Klimas immer wichtiger. Ziel des Österreichischen Naturwaldreservate-Programms (NWR) ist es, ein möglichst dichtes Netz von Reservaten zur Erhaltung der Artenvielfalt in den wichtigen Waldwuchsgebieten, Waldtypen und Höhenlagen zu schaffen, um weitere Erkenntnisse für einen ökologischen, naturnahen Waldschutz zu gewinnen. Es fehlen aber vor allem noch Flächen im Tiefland und im inneralpinen Bereich, wo offensichtlich der forstwirtschaftliche Nutzungsdruck noch stärker und somit noch sehr viel Überzeugungsarbeit bei den Waldbesitzern zu leisten ist.

Auch in Österreich gibt es viele Waldreservate und Naturschutzgebiete verschiedenster Art, Lage und Ausprägung. Jedes Gebiet hat seine Eigenheiten und Schutzberechtigung. Doch ist es nicht möglich in diesem Buch alle zu beschreiben. Die Verfasser haben auch hier eine persönliche Auswahl nach eigenen Erfahrungen und Prioritäten treffen müssen. Beschrieben werden nicht nur Waldreservate sondern auch Gebiete die den totalen Schutz noch nicht genießen, aber als Naherholungsgebiete für uns Menschen wichtig sind. Wir alle können noch etwas von der Natur und über die Natur lernen und sei es „nur", dass wir ohne sie nicht überleben können.

Nationalpark Kalkalpen

Von Petra Lindner

Am 25. Juli 1997 wurde der Nationalpark Kalkalpen in den oberösterreichischen Voralpen ins Leben gerufen und ein Jahr später auch international als Nationalpark anerkannt. Bei seiner Gründung umfasste er gut 16.500 Hektar, erstreckt sich aber mittlerweile auf einer Fläche von knapp 21.000 Hektar und umfasst dabei das Sensgengebirge mit dem Hohen Nock mit einer Höhe von 1963 Metern als höchstem Berg und das Reichraminger Hintergebirge. Letzteres ist besonders bemerkenswert, da es als eines der größten noch zusammenhängenden und weitestgehend unbesiedelten Waldareale in Österreich gilt, unbeeinflusst von menschlicher Besiedlung. Auch eines der umfangreichsten Bachlaufsysteme Österreichs mit mehr als 200 Kilometer Länge, das von Zerstörung oder Veränderung verschont geblieben ist, liegt im Reichraminger Hintergebirge.

Das Sensgengebirge ist stark verkarstet sowie überwiegend wald- und wasserarm; lediglich im Südwesten finden sich Waldgebiete, die hier in das Reichraminger Hintergebirge übergehen, das an der Grenze Oberösterreichs zur Steiermark liegt.

Der Nationalpark Kalkalpen liegt südlich der Landeshauptstadt Linz und von Steyr, westlich von Salzburg sowie nördlich von Graz und erstreckt sich in Höhenlagen von 385 Metern bis hinauf zum Hohen Nock. Mehr als 81 Prozent seiner Fläche sind von Wald bedeckt, insbesondere Fichten-Tannen-Buchenwäldern.

Die wesentlichen Gesteinsarten sind Hauptdolomit und Wettersteinkalk; mehr als 70 Höhlen sind bisher entdeckt worden, darunter auch sogenannte Eishöhlen. Menschliche Besiedlung für das Gebiet des Nationalparks Kalkalpen ist bis in die Steinzeit nachgewiesen.

Der Nationalpark Kalkalpen bietet zahlreichen gefährdeten Tierarten einen geschützten Lebensraum. Hierzu zählen unter anderem der Braunbär und der Alpenbockkäfer, die Fledermausarten Mopsfledermaus und Kleine Hufeisennase, der Steinadler, der Fischotter sowie der Luchs, der seit Ende der 1990er-Jahre im Gebiet des Nationalparks belegt ist. In den klaren Gebirgsbächen tummeln sich Bachforelle, Äsche und Koppe. Der seltene Weißrückenspecht ist ebenfalls im Nationalpark anzutreffen; diese Spechtart ist auf das Totholz von Laubbäumen angewiesen und gilt als Urwaldindikator. Auch die zahlreichen Käferarten des Nationalparks, die auf Totholz spezialisiert sind, weisen auf einen besonders naturnahen Waldlebensraum hin.

Nicht nur Tieren, sondern auch mehr als 900 verschiedenen Pflanzenarten bietet der Nationalpark Kalkalpen einen geeigneten Lebensraum, darunter viele Rote-Liste-Arten. 42 Orchideenarten sind für das Nationalparkgebiet nachgewiesen, unter anderem der Gelbe Frauenschuh. Bemerkenswert sind die zahlreichen Baum- und Straucharten. Das Spektrum reicht dabei von Nadelbäumen wie Fichte, Tanne, Lärche, Föhre und Eibe bis hin zu verschiedenen Laubbaumarten wie Buche, Bergahorn, Esche, Bergulme, Birke und verschiedenen Weiden- und

Abbildung links: Tausendjährige Eibe im Nationalpark Kalkalpen

Von Ewald Lindner

EXKURSION

Auswilderung von Luchsen – Luchsin Kora freigelassen

Bei winterlichen Temperaturen wurde am 25. März 2013 die Luchsin Kora im Hintergebirge freigelassen. Das ist unweit jener Gebiete, wo sich zuletzt auch der freilebende Luchs Juro und die Luchsin Freia, jene beiden Luchse, die 2010 und 2011 aus der Schweiz in die Region Nationalpark Kalkalpen umgesiedelt wurden, aufgehalten haben. Der Freilassungsort wurde bewusst so gewählt, denn die ebenfalls aus dem Kanton Jura stammende Waldkatze soll so in Kontakt mit den anwesenden Tieren treten können. Luchsin Kora, die mit einem Sender versehen wurde, wird sich neu orientieren und versuchen, ein eigenes Revier abzugrenzen. Durch den Sender werden Tierschützer und Biologen jederzeit wissen, wo sich Kora aufhält und den Verlauf ihrer Wanderungen auch zu wissenschaftlichen Zwecken auswerten und dokumentieren können. Leider werden im Nationalpark noch immer Hirsche gefüttert, sodass die Bestände unnatürlich hoch sind. Vielleicht kann der Luchs helfen, hier wieder ein natürliches Gleichgewicht herzustellen.

Luchsin Kora wird in die Natur entlassen

Lindenarten. Auch besonders naturnahe große, zusammenhängende Buchenwaldbestände, die in Mitteleuropa selten geworden sind, haben sich im Gebiet des Nationalparks erhalten können. Pflanzenreich mit einer Vielzahl an Blütenpflanzen und Gräsern sind die Wiesen im Nationalpark, aber auch in unwirtlicheren Felsregionen oder in Waldgebieten sind Blumen anzutreffen, darunter die geschützte Türkenbund-Lilie, die sich in diesen Wäldern heimisch fühlt.

Wer den Nationalpark erkunden will, kann dies auf einem der zahlreichen Wanderwege tun. Das Nationalparkzentrum in Molln hält für Besucher zahlreiche Informationen bereit. Hier kann man sich auch für geführte Touren durch den Nationalpark anmelden oder sich in der Ausstellung „Verborgene Wasser" vom lebensnotwendigen Nass beeindrucken lassen. In Windischgarten und Reichraming finden sich zwei weitere Besucherzentren, in denen man sich über den Nationalpark informieren und von wo aus man zur Erkundung des Nationalparks aufbrechen kann.

Für Naturliebhaber und -interessierte bietet die Nationalparkverwaltung nahezu ganzjährig zahlreiche Veranstaltungen und Führungen an.

Der Nationalpark Kalkalpen und seine insgesamt drei Eingänge sind sowohl mit öffentlichen Verkehrsmitteln als auch mit dem Auto gut zu erreichen. Mit dem Zug gelangt man mit der Ennstalbahn und der Pyhrnbahn in das Nationalparkgebiet. Von verschiedenen Bahnhöfen aus bestehen Busverbindungen zum Nationalpark. In den Sommermonaten verkehrt an Sonntagen zusätzlich der Wanderbus zwischen Steyr und dem Reichraminger Hintergebirge. Mit dem Auto erreicht man von Linz aus über die A 1 und die A 9 beziehungsweise die B 138 und die B 140 den Nationalpark.

INFO

Nationalpark Kalkalpen
Nationalpark-Allee 1
A-4591 Molln
Tel.: +43 (0)7584/3651 (Besucherinformation)
Tel.: +43 (0)7584/3951 (Nationalparkverwaltung)
E-Mail: nationalpark@kalkalpen.at
www.kalkalpen.at

Die Wurzeralm wird im Sommer als Viehweide genutzt.

Von Petra Lindner

Totes Gebirge, Warscheneck

In Oberösterreich liegt die Warscheneckgruppe mit dem 2388 Meter hohen Warscheneck als höchstem Gipfel. Die Warscheneckgruppe gehört zum sogenannten Toten Gebirge, das zu den Kalkhochalpen der Nordalpen zählt. Eine weitgehend vegetationsfreie Hochfläche steht vermutlich Pate für den Namen – doch im Westen des Gebirgszugs finden sich Hochtäler, in denen ein Bergwald gedeiht, in dem Nadelbäume wie Zirben, Lärchen und Kiefern dominieren und sich an die rauen Umweltbedingungen angepasst haben. Gewässer sind in der Karstlandschaft der Hochalpen eher selten anzutreffen. Nur am Nordabhang des Toten Gebirges und am westlichen Warscheneck fließen über weite Strecken unberührte Gebirgsbäche ins Tal, die meist nur in Siedlungsnähe durch Wildbachverbauungen reguliert werden. Auch die Koppentraun weist in der Raumeinheit eine sehr naturnahe Fließstrecke auf.

Die Entstehung des Toten Gebirges begann vor etwa 210 Millionen Jahren, als sich Kalke und Dolomiten bildeten, die heute geologisch den Hauptteil des Gebirges ausmachen. Östlich des Stodertals wurden die Gesteine der Warscheneckgruppe auf diejenigen des Toten Gebirges aufgeschoben. Die westlichen, schuttübersäten Berggipfel der Warscheneckdecke bestehen aus Wetterstein- und Hauptdolomit, der erst östlich des Pyhrner Kampl vom Dachsteinkalk des Warschenecks abgelöst wird. Die Rote Wand und der Stubwieswipfel am Kesselrand der in der Würmeiszeit stark vergletscher ten Wurzeralm sind aus Hierlatzkalken und darüberliegenden Plassenkalken aufgebaut.

Die Dauer der winterlichen Schneebedeckung liegt in 1500 Meter Höhe bei etwa 180 Tagen, über 2500 Meter Höhe bei 300 Tagen. Das durchschnittliche Schneehöhenmaximum beträgt auf der Wurzeralm (Warscheneck) 222 Zentimeter.

Eine hier heimische endemische Pflanzenart, das heißt, eine Pflanze, die weltweit ausschließlich in dieser Region vorkommt, ist das Herzog-Johann-Kohlröschen, eine Orchideenart.

Das nördliche Gebiet der Warscheneckgruppe wurde im Jahr 2008 als Naturschutzgebiet ausgewiesen, das sich zwischen dem Gleinkersee im Osten und dem Rottal im Westen ausbreitet. Insgesamt erstrecken sich die Schutzgebiete des Warschenecks

Südost-Grat am Warscheneck

Von Ewald Lindner

Zerstörung der Natur durch Skigebiete

Über Wurzeralm und Hochmölbinghütte lässt sich das Naturparadies auf Wanderungen hautnah erleben – allerdings mit einem Wermutstropfen: Die Naturschönheiten der Region zu erhalten wird zwar als Ziel proklamiert, jedoch existieren nach wie vor Pläne, zumindest Teile der Erschließung durch Skigebiete zu opfern. Hoffentlich werden Naturschützer und Aktionsgruppen aus der Bevölkerung dieses verhindern können. Dass Politiker und Wirtschaftsverbände, die dem Irrglauben um das „Wirtschaftswachstum um jeden Preis" verfallen sind, zur Vernunft und Einsicht kommen, ist nicht zu erwarten.

Das Skigebiet Feuerkogel im Sommer

Die Wälder im Toten Gebirge und am Warscheneck

Am Ende des 19. Jahrhunderts verloren die Wälder mit der Einführung der Steinkohlenfeuerung in den Salinen allmählich ihre zentrale wirtschaftliche Bedeutung. Heutzutage befindet sich der Großteil der Waldfläche in den Kalkhochalpen im Besitz der österreichischen Bundesforste. Die beiden Betriebe „Inneres Salzkammergut" und „Steyrtal" verwalten fast den gesamten Dachstein, das westliche Tote Gebirge (Gemeinde Ebensee und Bad Ischl) sowie große Gebiete des Warschenecks und der Haller Mauern. Das östliche Tote Gebirge und Teile des Warschenecks befinden sich vor allem im Eigentum privater Großgrundbesitzer (...).

Oberhalb der Buchenwaldstufe übernimmt die Fichte die Oberhand und bildet den Fichtenwaldgürtel aus. Der Fichtenwaldgürtel ist oft schmal und unzusammenhängend wie zum Beispiel am Dachstein, kann aber in Plateaulagen wie am östlichen Warscheneck sehr großflächige Bestände ausbilden. Auffallend ist der hohe Buchenwaldanteil

Blick auf die Haller Mauern

im östlichen Toten Gebirge (etwa 40 Prozent im Gebiet von Steyrling und Hinterstoder). Deutlich geringere Buchenwaldbestände, bedingt durch die bessere forstliche Erschließung dieser Gebiete, sind in den Hangbereichen der Haller Mauern oder am Nordwestabhang des Warschenecks zu finden. Dafür weisen die Plateaulagen des Warschenecks und des Dachsteins großflächige natürliche Fichtenwälder beziehungsweise Lärchen-Zirbenwälder auf (...).

Eine Baumartenzusammensetzung, die sich am natürlichen Standort orientiert, sollte angestrebt werden. Die leicht erreichbaren Wirtschaftswälder werden forstlich genutzt, ansonsten ist derzeit ein fortschreitender Rückzug aus dem Gebirgswald festzustellen. Dies bedingt, dass auf den schroffen Abhängen und den weitläufigen Plateaus des Dachsteins, des Toten Gebirges, des Warschenecks und der Haller Mauern großflächige, forstlich kaum oder gar nicht genutzte Wälder ausgebildet sind. Die fast urwaldähnlichen Wälder mit einem hohem Alt- und Totholzanteil sind Lebensraum seltener Tier- und Vogelarten wie zum Beispiel dem Weißrückenspecht oder dem Zwergschnäpper. Zumeist handelt es sich um hochmontane Fichtenwälder und subalpine Lärchen/Zirbenbestände, seltener und in tieferen Lagen auch um Buchen- und Buchen-Tannen-Fichtenwälder, Schneeheide-Föhren und Schluchtwälder. Im Gegensatz dazu werden die gut erschlossenen Hangbereiche durchweg von Fichtenforsten eingenommen (Anmerkung der Redaktion: Diese sind in diesen tieferen Lagen unnatürlich). Aber auch in diesen Gebieten wird mithilfe von Naturverjüngung eine allmähliche Durchmischung mit Buchen und anderen Laubbaumarten angestrebt. Der Aufwuchs der Tanne ist, bedingt durch den starken Wilddruck, vielerorts unterrepräsentiert. Speziell in den Waldbesitzungen privater Forstverwaltungen, in denen die Jagd einen bedeutenden Faktor darstellt, leidet die Waldverjüngung unter einem hohen Wildbestand (...).

(Aus „Natur und Landschaft", Leitbilder für Oberösterreich, Band 36, Raumeinheit Kalkhochalpen; Amt der Oberösterreichischen Landesregierung, Naturschutzabteilung in Zusammenarbeit mit AVL Arge Vegetationsökologie und Landschaftsplanung.)

im Norden und Süden sowie der Wurzeralm auf knapp 5000 Hektar und bilden damit das zweitgrößte Naturschutzgebiet in Oberösterreich. Diese Naturschutzgebiete sind Heimat verschiedener, zum Teil seltener Tierarten wie dem Auerhuhn oder dem Sperlingskauz, und auch Pflanzen wie Enziane, Feuerlilien oder die rare Orchideenart Frauenschuh finden sich hier. Mit seinen charakteristischen Karstseen und -quellen gilt das Warscheneck-Schutzgebiet als eine der bedeutendsten Karstlandschaften in Europa.

Bemerkenswert sind auch die subalpinen Lärchen-Zirbenwälder, die größtenteils unerschlossen sind; daneben prägen Latschen-Buchenwälder sowie subalpine und alpine Rasengesellschaften das Gesicht des Naturschutzgebiets. Zirben, auch Zirbelkiefern genannt, werden bis zu 25 Meter hoch und wachsen in den Alpen sowie in den Karpaten. Dabei können sie ein beachtliches Alter von bis zu 1000 Jahren erreichen. Deutlich kleiner sind die Latschen, die auch als Krüppelkiefern bezeichnet werden, denn sie erreichen lediglich Höhen von einem bis drei Metern und wachsen eher busch- als baumartig.

Die Warscheneckgruppe liegt rund 100 Kilometer südlich von Linz und ist mit dem Auto über die Autobahn A 9 zu erreichen. Die Anreise mit öffentlichen Verkehrsmitteln erfolgt von Linz aus mit der Bahn bis Liezen, von dort aus geht es weiter mit Busverbindungen zum Beispiel bis zur Talstation der Wurzeralmseilbahn.

INFO

Gemeindeamt Hinterstoder
Hinterstoder 38
A-4573 Hinterstoder
Tel.: +43 (0)7564 52 55-16
Fax: +43 (0)7564 52 55-23
www.gemeinde@hinterstoder.ooe.gv.at

Von Petra Lindner

Das Waldmeer im Nationalpark Kalkalpen

Föhrenwald

Das Föhrenbachtal im Reichraminger Hintergebirge

Ein grünes Meer mitten in Österreich – wie Wellen ziehen sich die bewaldeten Gebirgskämme durch das Reichraminger Hintergebirge und das Sensgengebirge, die gemeinsam den Nationalpark Kalkalpen bilden. Nicht nur ein Meer von Wald, sondern auch das größte zusammenhängende Waldareal in ganz Österreich erstreckt sich hier vor den Augen des Betrachters, der seine Blicke über das Waldmeer schweifen lässt.

Das Reichraminger Hintergebirge, auf einer Fläche von rund 180 Quadratkilometern im Südosten des Bundeslandes Oberösterreich an der Grenze zur Steiermark, und seine Wälder sind nahezu unbesiedelt. Es zählt zu den Oberösterreichischen Voralpen, deren höchster Berg der Große Größtenberg mit 1724 Meter Höhe ist. Dabei liegt es im Einzugsbereich des größten Bachsystems Oberösterreichs, des Reichramingsbachs. Charakteristisch für die Region sind die Schluchten, die das Wasser in das Gestein gegraben hat.

Im Reichraminger Hintergebirge liegt auch das **Föhrenbachtal**, ein Mischwaldgebiet, das sich naturnah entwickeln darf und in dem das Totholz umgestürzter Altbäume Leben für Insekten, Pilze und Jungpflanzen spendet. Hier sind Jung und Alt gleichermaßen vertreten und präsentieren die Fülle von Arten in einem Mischwald voll Anmut und Lebenskraft. Hier herrschen die Gesetze der Natur noch in

Reichraminger Hintergebirge

Größtenberg und Große Schlucht im Reichraminger Hintergebirge

reinster Form. Leben und Tod gehen fließend ineinander über: Alte Baumriesen liegen modernd auf dem Boden, junge Bäumchen sitzen schon auf ihnen und saugen mit ihren Wurzeln Kraft und Substanz aus dem Nahrungsspeicher der Gefallenen. Das Faszinierende an den Wäldern im Reichraminger Hintergebirge ist ihr hellgrüner Eindruck, der sie

deutlich von anderen Buchenmischwäldern unterscheidet.

Darüber hinaus beheimatet das Föhrenbachtal alle bekannten Tiere und Pflanzen des Hochgebirges und der Mittelgebirgslagen. Leider kommt auch hier wieder zu viel Rot- und Rehwild vor. Auch der Luchs scheint seit einigen Jahren wieder heimisch zu sein, was neuere Beobachtungen belegen. Jüngere, wissenschaftlich fundierte Dokumentationen über Fauna und Flora dieses Waldgebietes scheinen Mangelware zu sein. Das Biologiezentrum Linz veröffentlichte eine Untersuchung über Amphibien und Reptilien aus dem Reichraminger Hintergebirge von 1992 bis 1997. Darin werden seltene Arten wie Alpensalamander, Feuersalamander, Bergmolch, Gelbbauchunke, Schlingnatter, Ringelnatter und die selten gewordene Äskulapnatter erwähnt.

Eine Wanderung auf den schmalen Wanderwegen im Föhrenbachtal offenbart dem Besucher erst die reinste Seele eines Naturwaldes, der noch nicht von Menschen gezähmt und kaum beeinflusst wurde.

Rund um Reichraming gibt es eine Vielzahl von Wanderwegen, die es dem Naturliebhaber erlauben, die Schönheit und Vielfalt dieses Teils der Kalkalpen zu Fuß zu erkunden. Verschiedene Themenwanderwege bieten Informationen – zum Beispiel der Weg „Im Tal des Holzes" im Weißenbachtal, auf dem Besucher Wissenswertes über die Entwicklung des Waldes in verschiedenen Nutzungsstadien als Köhler- und Nutzwald bis hin zum heutigen Nationalparkwald erfahren.

Reichraming liegt 70 Kilometer südlich von Linz und ist mit dem Auto von Linz aus über die Autobahn A 1 und die Bundesstraßen 309 (bis Steyr) und 115 zu erreichen.

Mit öffentlichen Verkehrsmitteln gelangt man von Linz aus mit der Bahn nach Reichraming.

INFO

Nationalpark Kalkalpen Infostelle
Eisenstraße 75, A-4462 Reichraming
Tel.: +43 (0)7254/20505
E-Mail: kalkalpen@bundesforste.at
www.bundesforste.at/kalkalpen

Tourismusverband Nationalpark Region Ennstal
Eisenstraße 75, A-4462 Reichraming
Tel.: +43 (0)7254/8414-0
E-Mail: info@nationalparkregion.com
www.nationalpark-region.at

Tourismusverband Nationalpark Region Steyrtal
Pfarrhofstraße 1
A-4596 Steinbach an der Steyr
Tel.: +43 (0)7257/8411-13
E-Mail: steyrtal@oberoesterreich.at
www.nationalpark-region.at

Schluchtwald im Reichraminger Hintergebirge

Von Petra Lindner

Im Reichraminger Hintergebirge im Nationalpark Kalkalpen hat Wasser in jahrtausendelanger Arbeit tiefe Schluchten in das Kalkgestein gegraben und eine faszinierende Landschaft hinterlassen, die sich heute dem Betrachter offenbart.

Schluchten bilden ein besonderes Kleinklima, in dem sich eine spezielle Flora entwickeln kann. Feucht und kühl sind die Standorte, die Hänge oft felsig und steil, sodass sich die Vegetation an diese besonderen Bedingungen anpassen muss. Das feuchte Klima begünstigt das Wachstum von Eschen, Ulmen und Bergahorn sowie eine umfangreiche Bodenvegetation. Die häufig schwer zugänglichen Schluchten verhindern extensive Nutzung durch den Menschen und begünstigen daher die weitgehend ungestörte Entwicklung der natürlichen Lebensbedingungen.

Auch Hirsche und Rehe kommen kaum in dieses schwierige Ge-

lände, sodass auch der Verbiss an den Bäumen nur gering und eine natürliche Entwicklung des Waldes möglich ist.

In den Schluchtwäldern des Reichraminger Hintergebirges gedeiht unter anderem der Hirschzungenfarn. Schon vor über 300 Millionen Jahren, in der Epoche des Karbons, existierten Baumfarne, die große Wälder bildeten. Farne gehören damit zu den ältesten Landpflanzen und gedeihen an feuchten, auch lichtarmen Standorten. In der Regel sind Farnblätter gefiedert; die des Hirschzungensfarns jedoch sind ganzrandig und erreichen in der Regel Längen bis zu 45 Zentimetern, in Ausnahmefällen sogar bis zu einem Meter.

Daneben gedeihen im Schluchtwald Mondviolen und Waldgeißbart, der eine Höhe bis zu zwei Metern erreichen kann und ebenfalls gut an die feuchtkühlen Standortbedingungen angepasst ist.

Die Schluchtwälder im Reichraminger Hintergebirge befinden sich in der Nähe der Gemeinde Reichraming.

Reichraming liegt gut 70 Kilometer südlich von Linz und ist mit dem Auto von Linz aus über die Autobahn A 1 und die Bundesstraßen 309 (bis Steyr) und 115 zu erreichen.

Mit öffentlichen Verkehrsmitteln gelangt man von Linz aus mit der Bahn nach Reichraming.

INFO

Nationalpark Kalkalpen Infostelle
Eisenstraße 75, A-4462 Reichraming
Tel.: +43 (0)7254/20505
E-Mail: kalkalpen@bundesforste.at
www.bundesforste.at/kalkalpen

Ein Märchenwald im „Wildnisgebiet Dürrenstein“

Von Petra Lindner

Geradezu märchenhaft verwunschen mutet dieser Wald an. Moose und Pilze bedecken Bäume und Totholz, Natur kann hier Natur sein, und dies soll auch in Zukunft so bleiben. Der Märchenwald, eigentlich Rothwald oder Rotwald, ist ein geschütztes Waldgebiet, das sich auf einer Fläche von 40 Quadratkilometern erstreckt. Es liegt in den Niederösterreichischen Kalkalpen im Süden und Südosten des Dürrenstein-Massivs an der Grenze zum Bundesland Steiermark.

Der Rothwald darf sich rühmen, das einzige „Strenge Naturreservat“ mit der Kategorie Ia der International Union for Conservation of Nature and Natural Resources (IUCN) zu sein. Im Norden liegen nahezu 500 Hektar, die kaum vom Menschen genutzt wurden, weil zum einen das Gebiet unzugänglich war, zum anderen sorgten die Besitzer, zunächst ein Kartäuserkloster, ab 1782 die Familie Rothschild, dafür, dass diese Wälder nie forstwirtschaftlicher Nutzung ausgesetzt wurden. Dem für damalige Zeiten noch fortschrittlichen Umweltschutzgedanken folgend, legte Albert Rothschild 1875 fest, dass dieses Areal als Primärwald geschützt bleiben solle. Hier herscht der für diese Höhenstufe typische Fichten-Tannen-Buchenwald vor.

Völlig unbeeinflusst von menschlichen Einwirkungen ist aber auch dieser Wald nicht. Allein

Naturbelassener Märchenwald

die Tatsache, dass der Mensch Raubtiere wie Wolf, Luchs und Bär fast ausgerottet hat und sich aufgrund dessen das Wild, vor allem das Rotwild, stark vermehren konnte, hatte erhebliche Auswirkungen auf die Entwicklung aller Wälder in Mitteleuropa. Dass viele zweibeinige Jäger noch heute ihr Jagdwild schützen und füttern, so wie ein Bauer oder Schäfer seine Tiere schützt und füttert, kommt fast schon einer Massen-Rotwildzucht im Freiland gleich. Diese schadet vor allem den Laubwäldern, deren Sämlinge und Jungbäume mit Vorliebe von Rothirschen, Rehen und Gämsen gefressen werden. Es fällt vielen Tier- und Jagdfreunden sicher nicht leicht, aber hier muss ein Umdenken stattfinden, wenn wir unsere ursprünglichen Laubwälder in Mitteleuropa langfristig schützen und wiederherstellen wollen. Wohin solch ungebremste Wildhege führen kann, zeigt die jüngste Entwicklung in Neuseeland, wo sich die aus Europa und Amerika angesiedelten Hirsche fast wie Rentierherden verbreitet und vermehrt haben und die ursprüngliche Flora Neuseelands förmlich auffressen.

Man muss sich einfach klar machen, dass reine Nadelwälder in Mitteleuropa nur in alpinen Hochlagen natürlich vorkommen. In Lagen bis rund 1500 Meter über N.N. sind Laubwälder (überwiegend Buchen) der natürliche Baumbestand. Selbst die ältesten Nadelwälder sind in Lagen unter 1500 Metern bis auf wenige, kleinflächige Ausnahmen menschliche Aufforstungen, die seit dem Mittelalter schon wegen ihres schnelleren Wachstums von Waldbesitzern angelegt wurden.

Heute sind 2400 Hektar als „Wildnisgebiet Dürrenstein" in der Umgebung des knapp 1880 Meter hohen Dürrensteins als Naturschutzgebiet ausgewiesen, in dem sich die natürlichen Prozesse ungehindert entwickeln dürfen.

Das Kerngebiet liegt in Höhen von 900 bis etwa 1300 Metern und ist nur über einen Fußweg zugänglich. Die Jahresdurchschnittstemperatur liegt hier bei knapp vier Grad, im Schnitt fallen rund 2300 Millimeter Niederschlag. Im Laufe der Jahrhunderte konnte

Totholz im Märchenwald

sich hier ein sehr ursprünglicher Bergmischwald entwickeln. Dabei variieren die Wälder abhängig von ihrem Standort in Dichte und Bestand. Steile und lichte Hangwälder wechseln mit dicht bewachsenen Schluchtwäldern, in denen Laubbäume wie Esche, Bergahorn, Rotbuche und Bergulme wachsen.

Hier wachsen, ebenfalls standortabhängig, Eisenhut, Alpendost oder Berg-Kreiskraut, Silberwurz und Alpenquendel, und der extrem große Totholzanteil bietet ideale Grundlagen für ein reichhaltiges Pilzvorkommen – insgesamt über 600 Großpilzarten sind für das Wildnisgebiet nachgewiesen.

Auch die alpentypische Tierwelt findet sich hier – große Raubtiere wie Luchs und Braunbär ebenso wie Gämse und Schneehase. Der Rothirsch gehört nicht zu den heimischen Wildtieren. Er wurde genauso wie das Auerhuhn im Mittelalter von adligen Jagdherren als beliebtes Jagdwild in Mitteleuropa angesiedelt. Das Auerhuhn gehört zur „Taigazone" der Alpen, also zu den Hochlagen, und ist dort tatsächlich natürlich vorkommend. Auch der Hirsch gehört in die Zone in der Nähe der Baumgrenze (dort befindet sich ja auch eine Art Steppe oder Steinwüste) sowie in die Tieflagen (Wiesenareale der Flussauen). Er war also schon immer im Großraum vorhanden (aber eben kaum im Wald), siedelt sich in der jüngeren Zeit aber verstärkt im Wald an, da er aus dem Auenbereich verdrängt wurde und sein Bestand enorm zugenommen hat.

Zu den im Wildnisgebiet heimischen Vogelarten zählen Steinadler, Alpenschneehuhn, Haselhuhn und Birkhuhn.

Um den natürlichen Zustand zu erhalten und zu fördern, ist das Betreten des Gebiets größtenteils nur im Rahmen geführter Exkursionen möglich, lediglich einige speziell markierte Wege erlauben es, das Gebiet zu erwandern. Dies ist eine sehr löbliche Maßnahme der Schutzgebietsverwaltung, die auch verhindert, dass die allgegenwärtigen Mountainbiker hier neue „Rennpisten" für sich erschließen.

Der Tourismusverein Göstlinger Alpen bietet Besuchern eine Fülle von Exkursionen und geführten Waldwanderungen für Familien und interessierte Naturfreunde an.

Die Anreise mit dem Auto erfolgt beispielsweise von Linz aus über die Autobahn A 1 bis Ybbs an der Donau, von dort aus weiter über die Bundesstraße B 25 bis Göstling an der Ybbs. Über Amstetten und Waidhofen an der Ybbs bestehen Bahn- und Busverbindungen nach Göstling an der Ybbs.

Grauer Alpendost (Adenostyles alliariae)

INFO

Schutzgebietsverwaltung Wildnisgebiet Dürrenstein
Brandstatt 61, A-3270 Scheibbs
E-Mail: office@wildnisgebiet.at
www.wildnisgebiet.at

Kontakt für geführte Exkursionen: Tourismusverein Göstlinger Alpen
A-3345 Göstling
Tel.: +43 (0)7484/5020-19 oder -20
E-Mail: events@wildnisgebiet.at

Das Totholz bietet neuen Lebensraum für Pflanzennachwuchs

Bodinggraben

Von Petra Lindner

Im Nationalpark Kalkalpen, der das Sensgengebirge und das Reichraminger Hintergebirge in Oberösterreich umfasst, liegt auch der sogenannte Bodinggraben. Namensgebend war der Bachlauf Bodinggraben; heute ist auch das Tal, durch das die Krumme Steyrling fließt, unter diesem Namen bekannt.

Der geologische Untergrund des Gebiets entstand in der Jura- und Kreidezeit vor 200 bis 66 Millionen Jahren. Dieses Gestein ist weich, sodass der Bach tiefe Spuren hineingraben konnte. Erste menschliche Nutzungen des Gebiets reichen rund 4000 Jahre zurück, in späteren Jahren wurden die Wälder intensiv genutzt, und erst in jüngerer Vergangenheit erfolgte eine Rückbesinnung auf die Sinnhaftigkeit der Naturnähe der Wälder. Seit dem 17. Jahrhundert wurden Nadelgehölze wie Tannen und Fichten forstwirtschaftlich genutzt; bis ins 20. Jahrhundert transportierte man die Stämme auf dem Wasserweg. Auch für die Köhlerei brauchte man Holz in großen Mengen, doch schon Mitte des 17. Jahrhunderts verbot Reichsgraf Joachim Maximilian von Lamberg die Holznutzung, eine Tradition, die seine Nachfolger überwiegend beibehielten, sodass sich der Wald hier ungestörter entwickeln konnte.

Ab Mitte der 1950er-Jahre, der Wald war mittlerweile im Besitz des österreichischen Staates, wurden alte Tannenbestände abgeholzt, bis 1976 das Naturschutzgebiet Sensgengebirge ins Leben gerufen wurde und später der Nationalpark Kalkalpen entstand. Im Gebiet der Feichtaualm, die in den 1880er-Jahren auf Betreiben der Gräfin Anna von Lamberg vollkommen unter Schutz gestellt wurde, finden sich alte Fichtenbestände, durchmischt mit Lärchen, Bergahorn und Buchen. Manche dieser Bäume sind bis zu 400 Jahre alt und weisen beträchtliche Umfänge und Höhen weit über 30 Meter auf.

Leider sind auch hier im Bodinggraben, so wie an vielen anderen Stellen im Nationalpark Kalkalpen, die Rotwildbestände viel zu hoch. In der Zeit von Januar bis Februar wird das Rotwild gefüttert und es werden Beobachtungstouren angeboten. Durch die Fütterung des Wildes ist die natürliche Auslese der stärksten Tiere nicht mehr gegeben. Auch hier stehen offensichtlich die Interessen der Jägerschaft und der Touristenorganisationen im Vordergrund. Der Leidtragende ist der Laubwald (vor allem Buchen und Bergahorn), dessen Nachwuchs und natürliche Entwicklung durch die vielen Hirsche empfindlich gestört wird, da diese mit Vorliebe die jungen Laubbäume fressen und nur die Nadelbäume übrig bleiben. Unter diesen Voraussetzungen wird sich niemals ein natürlicher „Berg-Urwald“ neu entwickeln können.

Der Bodinggraben liegt bei Kirchdorf an der Krems in Oberösterreich, in der Nähe von Molln. Molln ist mit dem Auto über die Autobahn A 9 und die Bundesstraße B 140 zu erreichen. Verbindungen mit öffentlichen Verkehrsmitteln bestehen zum Beispiel von Linz aus mit der Bahn bis Steyr, von dort aus weiter mit dem Bus bis Molln.

Die Naturschönheiten des Bodinggrabens lassen sich auf verschiedenen Wanderwegen erleben, unter anderem hinauf zur Feichtaualm. Weitere Infos für Wanderer und Radfahrer gibt es unter : www.ausflugstipps.at/ausflugstipp/2653770/bodinggraben

INFO

Nationalpark Kalkalpen
Infostelle
Eisenstraße 75
A-4462 Reichraming
Tel.: +43 (0)7254/20505
E-Mail: kalkalpen@bundesforste.at
www.bundesforste.at/kalkalpen

Forsthaus im Bodinggraben

Von Petra Lindner

Nationalpark Donau-Auen

Im Jahr 1996 wurde der Nationalpark Donau-Auen ins Leben gerufen, der sich auf einer Fläche von über 9300 Hektar, auf einer Länge von 38 Kilometern und mit einer maximalen Breite von knapp vier Kilometern östlich von Wien bis zur Mündung der March an der slowakischen Grenze erstreckt. Rund 65 Prozent der Fläche nehmen die Auenwälder ein, 20 Prozent sind von Wasser bedeckt, den Rest machen Wiesen aus.

Als besonders schützenswert wurde hier die frei fließende Donau mit der sie umgebenden Flussauen-Landschaft erachtet. Die Unterschutzstellung sorgte dafür, dass die wertvollen Auenwälder der Nutzung durch den Menschen entzogen wurden und die Natur sich ungehindert entwickeln kann. Erste Überlegungen zum Schutz dieser wertvollen Landschaft kamen in den frühen 1970er-Jahren auf, nachdem die Donau ab dem 19. Jahrhundert und insbesondere im 20. Jahrhundert zunehmend reguliert worden war; intensive Forstwirtschaft und der Bau von zahlreichen Wasserkraftwerken sorgten zusätzlich dafür, dass die natürlichen Lebensbedingungen verloren gingen, bis nur in der Wachau und östlich von Wien die Donau noch frei fließen konnte. Die praktisch in letzter Minute durch ein Volksbegehren vor der Errichtung des Wasserkraftwerks Hainburg geretteten Donau-Auen zwischen Wien und Bratislava sind eine der letzten erhaltenen Flussauen-Landschaften Mitteleuropas. Hier wurde aus den Demonstrationen der Bevölkerung im Jahr 1996 der Nationalpark. Ein wunderbares Beispiel dafür, dass durch persönliches Engagement jeder etwas für den Naturschutz tun kann.

Charakteristisch für diese Landschaft sind nicht nur der Strom der Donau, sondern auch verschiedene Seiten- und Altarme des Flusses sowie Tümpel und sonstige Gewässer, die Lebensraum für eine Vielzahl von Tier- und Pflanzenarten bieten. 838 Gefäßpflanzenarten, 231 Wirbeltierarten, 109 Brutvogelarten und 63 Fischarten sind für das Nationalparkgebiet nachgewiesen. Zwischen den Seiten- und Altarmen breiten sich die Auenwälder aus; neben den feuchten Regionen gibt es aber auch die „Heißländen“ – Gebiete auf trockenen Standorten, die einer Steppe ähnlich sind. Auch hier finden sich den Bedingungen angepasste Pflanzen und Tiere, wie verschiedene Flechten und Moose, Sand- und Weißdorn, Orchideen und Gottesanbeterinnen und die seltenen Smaragdeidechsen.

Abhängig vom Standort wachsen im Nationalpark Donau-Auen unterschiedliche Auenwälder. Weichholzbäume wie Erlen, Weiden und Pappeln gedeihen in den Gebieten, die regelmäßig von

Donau-Seitenarm im Nationalpark Donau-Auen

Wasser überflutet werden, während die Hartholzauen aus Linde, Ahorn, Eiche und Esche die höheren Regionen bewachsen, die weniger häufig vom Wasser erreicht werden. Dank des Schutzes durch die Nationalparkbestimmungen finden sich in den Auenwäldern an der Donau auch noch Baumarten, die ansonsten weniger häufig anzutreffen sind, wie die Schwarzpappel oder die Bruch-Weide. Der Schwarzpappel, die bis zu 30 Meter hoch werden und einen Stammdurchmesser von bis zu zwei Metern erreichen kann, gelingt es als einer der wenigen Baumarten, sich auch auf Schottergrund anzusiedeln. Sie steht in Europa auf der Roten Liste als vom Aussterben bedrohte Baumart und ist auch in Österreich stark gefährdet. Die Bruch-Weide ist eher mittelgroß mit Höhen zwischen 15 und 20 Metern; ihren Namen verdankt sie den jungen Ästen, die leicht abbrechen. In Österreich und auch im Gebiet des Nationalparks gilt sie als regional gefährdet. Ihr bevorzugter Lebensraum sind die Ufer von Fließgewässern, sie findet also ideale Bedingungen im Nationalpark Donau-Auen.

Die umfangreichen Altbaum- und Totholzbestände bieten wertvollen Lebensraum nicht nur für die verschiedensten Vogelarten, sondern auch für zahlreiche Insekten.

Eine Rarität der Tierwelt ist die Europäische Sumpfschildkröte, deren Population sich in den Donau-Auen findet. Tief in den Auenwäldern ziehen Schwarzstörche und Seeadler ihre Jungen auf. Weitere Greifvögel wie Mäusebussard oder Turmfalke, Wasservögel wie verschiedene Entenarten oder Flussregenpfeifer und Flussuferläufer und auch Kormorane und Eisvögel finden in den Auen der Donau einen geeigneten Lebensraum. In einem Gewässer mit reichem Auenwaldbestand darf auch das weltweit zweitgrößte Nagetier, der Biber, nicht fehlen. In der Mitte des 19. Jahrhunderts in Österreich ausgerottet, findet der pflanzenfressende Biber dank einer Wiederansiedlung und des umfassenden Schutzes der Donau-Auen wieder artgerechte Lebensbedingungen. Daneben tummeln sich auch „gängige" Waldbewohner wie Hirsche, Rehe, Füchse und Wildschweine und Dachse, aber auch verschiedene Fledermausarten im Nationalpark.

Der Nationalpark Donau-Auen wartet nicht nur mit Weich- und Hartholzauen auf.

Am Südufer des Stroms liegt eine Geländestufe, die bis zu 40 Meter emporragt. Oberhalb der Hochwasserlinie gedeiht hier ein Buchenwald – der zugleich der am niedrigsten gelegene Buchen-

Sumpfschildkröte im Nationalpark Donau-Auen

wald in Österreich ist. Nicht nur Buchen fühlen sich an diesem trockeneren Standort wohl, auch Eschen, die bis zu 40 Meter hoch werden können, wachsen hier.

Besucher des Nationalparks Donau-Auen erhalten beispielsweise im „schlossORTH Nationalpark-Zentrum" zahlreiche Informationen über die schützenswerte Auenlandschaft entlang der Donau. Auch das „nationalparkhaus wien-lobAU" hält Informationen für interessierte Besucher bereit.

Eine besondere Möglichkeit, den Fluss und seine Landschaften zu erkunden, bieten verschiedene geführte Bootstouren, die von der Nationalparkverwaltung angeboten werden. So kann man beispielsweise mit dem Nationalparkboot direkt von der Wiener City aus in den Nationalpark gleiten. Oder man nimmt an einer Paddel-, Ruder- oder Schlauchboottour teil. Ein besonders reizvolles Erlebnis verspricht die Tour mit einer Tschaike, dem Nachbau eines historischen Schiffes. Hier kann man nicht nur die Landschaft vom Wasser aus erleben, sondern auch unter Führung eines Nationalpark-Rangers auf einer Wanderung viel Wissenswertes zu Fauna und Flora im Nationalpark erfahren.

Neben den Bootstouren bietet der Nationalpark auch Führungen zu unterschiedlichen Themen an, beispielsweise Nacht- oder Kräuterwanderungen. Auch wer die Schönheiten der Auenwälder lieber auf eigene Faust erkunden möchte, kommt auf seine Kosten, denn das Gebiet ist durch ein umfangreiches Wegenetz gut erschlossen.

Der Nationalpark Donau-Auen ist sowohl mit dem Pkw als auch mit öffentlichen Verkehrsmitteln gut zu erreichen. An das Südufer gelangt man mit dem Auto am besten über die A 4 und die B 9, an das Nordufer über die B 3 bzw. die B 49, in die Region Lobau über die A 22 und A 23. Mit der Linie 391 der ÖBB-Postbuslinie erreicht man das Nordufer, während das Südufer durch die Bahnlinie S 7 erschlossen ist.

INFO

Nationalpark Donau-Auen GmbH
A-2304 Orth/Donau, Schloss Orth
Tel.: +43 (0)2212/3450
E-Mail: nationalpark@donauauen.at
www.donauauen.at

Information und Anmeldung zu Bootstouren, Naturlehrpfad Obere Lobau und verschiedenen Wanderungen:

nationalparkhaus wien-lobAU
A-1220 Wien, Dechantweg 8
Tel.: +43 (0)1/4000-49495
E-Mail: nh@m49.magwien.gv.at

Bitte immer aktuelle Angebote auf der oben genannten Website beachten.

Von Petra Lindner

Wasserwald Wien

Auf in tropische Gefilde – um ein Gefühl von südamerikanischem Urwaldfluss zu bekommen und eine Natur von besonderem Reiz zu erleben, muss man als Mitteleuropäer nicht erst um die halbe Welt reisen. Ein Ausflug in die Nähe von Wien tut es auch. Hier findet sich ein beeindruckender Auenwald, der mit einem ganz besonderen Charme bezaubert. Der sogenannte Wasserwald erstreckt sich am Nordufer der Donau zwischen Wien und Bratislava und liegt in der Nähe von Eckartsau. Das Gebiet ist Teil des Nationalparks Donau-Auen.

Hier konnte die Donau jahrhundertelang wirken und mit variierenden Wassermengen und Fließgeschwindigkeiten diese ganz spezielle Auenlandschaft erschaffen. Ab der Mitte des 19. Jahrhunderts wurde die Regulierung des Stroms in Angriff genommen, doch das Relikt aus den Zeiten, als die Donau noch ungehemmt fließen konnte, blieb bis in die heutige Zeit erhalten.

Weiden, Erlen und Silberpappeln, die teilweise im Wasser stehen, sind die dominierenden Baumarten; das Totholz umgestürzter Baumveteranen bietet anderen Lebewesen Nahrung und Lebensraum. Die Weiden, die feuchte Standorte bevorzugen, und die flach wurzelnden Silberpappeln, die ebenfalls zu den Weidengewächsen gehören, fühlen sich hier besonders wohl. Der Auenwald bietet zahlreichen verschiedenen Vogelarten in den Frühlings- und Sommermonaten Nahrung und Schutz zum Brüten sowie zur Aufzucht der Jungen.

Dieses Kleinod im Nationalpark Donau-Auen ist zwar umfassend geschützt und darf nicht betreten werden, Ausblicke auf die besondere Naturlandschaft und somit die mentale Reise in weit entfernte Regionen sind aber möglich von der Wunderl- oder der Schönauer Traverse.

Der Nationalpark Donau-Auen liegt südöstlich von Wien. Mit dem Auto ist er von Wien aus über die Bundesstraße 3 zu erreichen. Wer mit öffentlichen Verkehrsmitteln anreisen möchte, findet Bus- und Bahnverbindungen zum Beispiel von Wien nach Orth an der Donau oder eine Busverbindung von Wien nach Eckartsau.

Alte Weide

INFO

Nationalpark Donau-Auen
Infostelle Schloss Eckartsau
A-2305 Eckartsau
Tel.: +43 (0)2214/2240
E-Mail: infostelle.donauauen@bundesforste.at
www.bundesforste.at/donauauen

Röhrende Hirsche im wilden Wasserwald (Schiffsfahrt)
Nur während der herbstlichen Paarungszeit hört man das typische Röhren des Rothirsches, des größten frei lebenden Wildtieres im mitteleuropäischen Raum. Hirschfell, Geweih, Klauen und Trittsiegel illustrieren seine Biologie und Ökologie und führen zum Thema Wildtiermanagement im Nationalpark. Bei einer nächtlichen Ausfahrt auf der Donau mit der Tschaike nähern wir uns angestammten Brunftplätzen, wo man, Glück vorausgesetzt, die klangvollen Rufe der Hirsche hören kann.

Information und Anmeldung: schlossORTH Nationalpark-Zentrum
Tel.: +43 (0)2212/3555,
E-Mail: schlossorth@donauauen.at
Eine Anmeldung ist bis drei Tage vor dem Veranstaltungstermin erforderlich.

Wanderung „Aliens im Wilden Wasserwald"
Bei dieser Tour durch die Orther Au lernen Sie die sogenannten „Neophyten" kennen. Dazu gehören etwa der Götterbaum, die Robinie oder die Schwarznuss. Wie kamen sie in die Donau-Auen? Wie lange gibt es diese Pflanzen hier schon, und wie sieht es mit „Neuankömmlingen" aus? Was macht sie so „gefährlich"? Haben sie auch einen Nutzen? Begeben Sie sich mit Nationalpark-RangerInnen auf eine Spurensuche.

Information und Anmeldung: Nationalpark-Infostelle Schloss Eckartsau
Tel.: +43 (0)2214/ 2335
E-Mail: infostelle.donauauen@bundesforste.at
Treffpunkt: schlossORTH Nationalpark-Zentrum, Foyer
A-2304 Orth/Donau, Nationalpark Donau-Auen
www.naturimgarten.at/veranstaltungen/

Von Petra Lindner

Pappelgiganten

Im Nationalpark Donau-Auen, zwischen Orth und Hainburg an der Donau, südöstlich von Wien und nahe der Grenze zur Slowakei, finden sich die sogenannten „Pappelgiganten", die zu den „Sieben Waldwundern Österreichs" gewählt wurden. Und das völlig zu Recht: Diese beeindruckenden Baumriesen legen Zeugnis davon ab, wie sich die Pflanzen- und Tierwelt entwickeln kann, wenn der Mensch sich in seinem Einfluss zurücknimmt und Natur wieder Natur sein lässt.

Pappeln, sommergrüne Bäume (oder auch Sträucher), die zu den Weidengewächsen zählen, bevorzugen als Standorte nicht nur Wälder, sondern auch Flussufer. So verwundert es nicht, dass sich auch an den Ufern der Donau ganz besondere Exemplare dieser Bäume, hier sind es die seltenen Schwarzpappeln, finden, die Höhen zwischen 30 und 45 Metern erreichen können. Die alten Bäume faszinieren mit der Struktur ihrer Rinde und den imposanten Höhen, die sie in den letzten 150 Jahren erreicht haben.

Doch nicht nur ihr Anblick beeindruckt. Die Bäume bieten auch verschiedenen Tierarten günstige Lebensbedingungen. Seeadler und Schwarzstörche bauen hier ihre Horste, um ihre Jungen aufzuziehen. Auch andere Vogelarten wie Spechte und Käuze fühlen sich hier wohl, ebenso Fledermäuse, eine große Vielzahl an Insektenarten und kleine Säugetiere.

Dieses Naturparadies sollte in der Mitte der 1980er-Jahre dem Bau von Kraftwerken zum Opfer fallen, doch engagierte Naturschützer machten sich für den Erhalt stark und besetzten das Gebiet im Jahr 1984. Zwölf Jahre später, im Jahr 1996, wurden die Pappelgiganten als Naturzone im Nationalpark Donau-Auen geschützt und dürfen sich seitdem ungehindert und von menschlichen Eingriffen unbeeinflusst entwickeln.

Die Anreise mit dem Pkw erfolgt von Wien aus über die Bundesstraße B 3 und die Landesstraße L 8 bis Eckartsau. Ab Wien bestehen Busverbindungen nach Eckartsau für diejenigen, die mit öffentlichen Verkehrsmitteln anreisen möchten.

Von Ewald Lindner

EXKURSION

Es gibt viele Pappelarten, diese hier sind die seltenen Schwarzpappeln. Sie sind vom Aussterben bedroht, und zwar gleich auf zwei Wegen: Zum einen ist ihr Ökosystem, die Flussaue, bedroht, zum anderen vermischen sich ihre Gene über Pollenflug mit forstlich angebauten Schwarzpappelhybriden (Kreuzungen aus Kanadischer Schwarzpappel und heimischer Schwarzpappel). Es gilt also auch für die Zukunft, die Flussauen unter höchsten Schutz zu stellen und keine fremden Arten in der Natur zu implantieren. Die Folgen jeglicher Veränderung in der Natur sind für uns Menschen meist nicht überschaubar und die Risiken nicht kalkulierbar.

INFO

Nationalpark Donau-Auen
Infostelle Schloss Eckartsau
A-2305 Eckartsau
Tel.: +43 (0)2214 -2240
E-Mail: infostelle.donauauen@bundesforste.at
www.bundesforste.at/donauauen

Von Petra Lindner

Nationalpark Thayatal

Im Jahr 2000 wurde der Nationalpark Thayatal gegründet, der an der Grenze zu Tschechien liegt, an den tschechischen Nationalpark Národní Park Podyjí anschließt und ins Leben gerufen wurde, um eine der wenigen noch naturnahen Tallandschaften in Mitteleuropa zu schützen. Der österreichische Teil umfasst 1330 Hektar; damit ist er der kleinste Nationalpark in Österreich, während es der tschechische Nationalpark auf 6260 Hektar bringt. Auslöser der Bemühungen, einen Nationalpark ins Leben zu rufen, waren Pläne in den 1980er-Jahren, bei By i Skala (Tschechien) an der Thaya ein Kraftwerk zu bauen. Diese Pläne wurden aufgrund von Bürgerprotesten jedoch nicht umgesetzt; 1991 wurde der Nationalpark Národní Park Podyjí gegründet, dem neun Jahre später der Nationalpark Thayatal folgte.

Das Gebiet des österreichischen Nationalparks ist zu 90 Prozent von Wald bedeckt; den Rest machen Wiesen und Gewässer aus. Von den 1330 Hektar Gesamtfläche sind 1260 Hektar als Naturzone ausgewiesen, in denen menschliche Einwirkung unterbleibt; weitere 70 Hektar sind sogenannte Naturzonen mit Management, in die lediglich zum Schutze des Ökosystems eingegriffen werden darf. Das Thayatal ist geprägt von steilen Hangwäldern und Felswänden, die mit den Wiesen und Wäldern kontrastieren. Dabei gilt es als eines der attraktivsten Durchbruchtäler in Österreich. Auf etwa 26 Kilometer Länge windet sich die Thaya durch das Tal, das sie vor etwa 5 bis 1,5 Millionen Jahren bis zu einer Tiefe von 150 Metern in das Gestein gegraben hat. Die sogenannte Böhmische Masse, die vorwiegend aus Gneisen, Graniten und Schiefern besteht, ist an die 600 Millionen Jahre alt und damit das älteste Gebirge in Österreich.

Da dieser Nationalpark im Vergleich zu anderen noch relativ jung ist, sind teilweise noch Spuren der menschlichen Nutzung zu erkennen, insbesondere der Forstwirtschaft in leicht erreichbaren Lagen, die die natürlichen Laubwaldgemeinschaften zerstört hat. Mit fortschreitender Zeit werden sich diese Spuren jedoch zunehmend verlieren, wenn die Natur unter dem Schutz des Nationalparks zu ihren natürlichen Rhythmen zurückfinden kann.

Der Nationalpark befindet sich nicht nur an einer geografischen, sondern auch an einer Klimagrenze. Hier trifft das trockene pannonische Klima des Weinviertels aus dem Osten auf feuchtes atlantisches Hochflächenklima des Waldviertels, sodass sich Tiere und Pflanzen aus beiden Klimazonen im Nationalpark finden und insbesondere eine beachtliche Vielzahl unterschiedlicher Pflanzen in der Nationalparkregion gedeiht – knapp 1290 Pflanzenarten wurden im österreichischen und im tschechischen Nationalpark nachgewiesen. Dies bedeutet, dass annähernd die Hälfte aller überhaupt in Österreich heimischen Pflanzenarten im Gebiet des Nationalparks gedeiht.

Auch die Vielfalt der im Nationalpark Thayatal lebenden und brütenden Vogelarten ist ganz beträchtlich, denn es wurden im österreichischen Teil bereits mehr als 100, in beiden Parks zusammen sogar über 150 Vogelarten identifiziert.

Der scheue heimliche Jäger, die Wildkatze, noch immer eine Seltenheit, ist für die Region wieder nachgewiesen worden; ein Indikator dafür, dass sich der Lebensraum wieder so entwickelt, dass die Wildkatze hier geeignete Lebensbedingungen findet. Auch der Elch, die größte europäische Hirschart, soll gesichtet worden sein, während auf tschechischem Gebiet der Steppeniltis lebt, eine Iltisart, die vor allem in Asien und Osteuropa heimisch ist.

Zu den weiteren Tierarten, die in den vielfältigen Lebensräumen des Thayatals heimisch sind, gehören Schwarzstorch, Fischotter, Würfel-, Schling- und Äskulapnatter, Weißrückenspecht und Kammmolch, Kolkrabe, Uhu und Östliche Smaragdeidechse. Auch Seeadler finden sich als Wintergäste in der Region ein.

Im westlichen Gebiet des Thayatals sowie an schattigen Nordhängen wachsen vor allem

Die Äskulapnatter

Buchenwälder mit beigemischten Eiben, Bergulmen und Bergahorn, während eine Besonderheit der Krautschicht eine Orchideenart ist, nämlich das Weiße Waldvögelein.

Demgegenüber gedeihen insbesondere im Osten auf den warmen und trockenen Südhängen vor allem Eichen-Hainbuchenwälder, deren Totholz dem Hirschkäfer, einem der größten Käfer Europas, als Nahrung und Lebensraum dient.

Auch wenn die Wiesen, vor allem Fett- und Magerwiesen, flächenmäßig nur einen geringen Anteil an der Nationalparkfläche ausmachen, so sind sie doch immens wichtig für die Artenvielfalt.

Eine Besonderheit sind die Trockenrasen, die sich an warmen, kargen Standorten finden und die aufgrund der Unwegsamkeit des Geländes weitestgehend von menschlichem Einfluss verschont geblieben sind. Abhängig von Lage und Bodenbeschaffenheit zeigen sich unterschiedliche Vegetationen – die Palette reicht dabei von Zwergsträuchern bis hin zu Waldsteppen.

Eine einzige Ortschaft liegt im Gebiet des Nationalparks Thayatal. Die Stadt Hardegg ist mit gerade einmal 80 Einwohnern die kleinste Stadt Österreichs, kann aber mit einer eigenen imposanten Burgruine aufwarten.

Von Mai bis Oktober können naturinteressierte Besucher an den Wochenenden an regelmäßig stattfindenden Führungen teilnehmen und sich die reizvolle Welt des Thayatals näherbringen lassen. Daneben informiert im Nationalparkhaus eine Multimediaausstellung über die Entstehung des Thayatals und die in ihm lebenden Pflanzen und Tiere.

Neben Führungen kann man sich das Thayatal auch selbstständig erschließen; hierzu laden verschiedene Wanderwege ein.

Ein Highlight ist eine Fahrt mit dem Nostalgiezug Reblaus-Express, der von Mai bis Oktober an Wochenenden sowie Feiertagen von Retz ins Waldviertel bummelt. Außerdem steuert auch der Erlebnisbus den Nationalpark an.

Die Anreise mit dem Pkw erfolgt von Wien aus über die A 22 und B 303 bis Hardegg; von Westen über die A 1 und die Schnellstraße St. Pölten–Krems. Verbindungen mit öffentlichen Verkehrsmitteln bestehen beispielsweise von Wien aus: Mit der Bahn geht es von Wien nach Retz, von dort aus gelangt man per Bus bis nach Hardegg.

Weitere Ausflugsziele im Thayatal findet man unter : www.cusoon.at/thayatal-ausflugsziele

INFO

Nationalpark Thayatal
Nationalparkhaus
A-2082 Hardegg
Tel.: +43 (0)2949/7005-0
E-Mail: office@np-thayatal.at
www.np-thayatal.at

Porträt

Von Ewald Lindner

Der Schwarzstorch

Der Schwarzstorch ist etwas kleiner als der Weißstorch, hat überwiegend schwarzes Gefieder, das je nach Lichteinfall einen metallischen grünlich-violetten bis kupferfarbenen Glanz hat. Seine Brust, der Bauch und die Unterschwanzdeckfedern sind weiß. Beine und Schnabel sind meist kräftig rot. Seine Flügelspannweite kann zwei Meter erreichen.

Der Schwarzstorch braucht urwüchsige, abwechslungsreiche und feuchte Wälder. Wenig genutzte Wald- und feuchte Auwiesen sowie kleinere Flüsse und Bäche sind wichtige Nahrungsgebiete für ihn. Er ist recht scheu und meidet meist weite, offene Wiesenlandschaften und die Nähe des Menschen. Rund 10.000 Brutpaare leben heute in Europa – das ist etwa die Hälfte des Weltbestandes. Der Langstreckenflieger überwintert in Afrika, wohin er bereits im August aufbricht.

Schwarzstörche sind sehr störungsempfindlich, deshalb werden die Brutgebiete geheim gehalten. Es besteht sonst die Gefahr, dass er sein Brutgeschäft sofort abbricht, wenn er sich gestört fühlt.

Kleinere Fische, Amphibien und Wirbellose spielen bei der Ernährung eine große Rolle. Wasserinsekten wie Schwimm- und Wasserkäfer, Larven von Libellen und Köcherfliegen stehen ebenfalls auf seinem Speiseplan. Schwarzstörche verschmähen auch Moose und Wasserpflanzen nicht.

Zu seinen natürlichen Feinden zählen Baum- und Steinmarder, aber auch Vögel wie Kolkrabe, Uhu und Habicht. Wegen seines schwarzen Gefieders wurde der Schwarzstorch als Unglücksbote gefürchtet und jahrhundertelang vom Menschen verfolgt. Heute spielt der Verlust von Lebensräumen durch das Trockenlegen von Feuchtgebieten und die Intensivierung der Forstwirtschaft eine wesentliche Rolle. Der Schwarzstorch ist zwar als seltene Art einzustufen, aber bisher nicht direkt vom Aussterben bedroht und daher nicht auf der Roten Liste.

Von Petra Lindner

Nationalpark Gesäuse

Nachdem bereits im Jahr 1958 das Gesäuse sowie das angrenzende Ennstal und das Wildalpener Salzatal zu Naturschutzgebieten erklärt worden waren, wurde im Jahr 2002 der Nationalpark Gesäuse im Bundesland Steiermark zwischen Admont und Hieflau gegründet. Damit ist er der jüngste der insgesamt sechs Nationalparks in Österreich und mit seinen 11.054 Hektar zugleich der drittgrößte. Das Nationalparkgebiet erstreckt sich auf Höhenlagen von 490 bis 2370 Metern und ist zur Hälfte von Wald bedeckt. Gut ein Drittel machen Felsen, alpine Rasen und Schutthalden aus, der Rest besteht aus Latschen und Almweiden.

Charakterisiert wird der Nationalpark darüber hinaus durch den Wildfluss Enns, einen Nebenfluss der Donau, der zugleich mit einer Länge von insgesamt 254 Kilometern der längste Binnenfluss in Österreich ist. Die Enns ist auch namensgebend für den Nationalpark, denn der Fluss, der zwischen Admont und Hieflau ein Durchbruchstal geschaffen hat, wird hier auch „Gesäuse" genannt. Die höchste Erhebung im Nationalparkgebiet ist das Hochtor mit 2370 Metern. Die Region zählt geografisch zu den Nördlichen Kalkalpen und besteht zum größten Teil aus Dachsteinkalk und Ramsaudolomit. Schon vor 90 Millionen Jahren zeigten sich erste Spitzen der Kalkalpen in dem Meer, das zu dieser Zeit noch weite Teile des Kontinents bedeckte, 50 Millionen Jahre später hatte sich das Wasser vollständig zurückgezogen. Eiszeiten und das spätere Abschmelzen der Gletscher prägten schließlich das Gesicht der Kalkalpen, wie es sich heute zeigt.

Das Klima im Gebiet des Nationalparks Gesäuse ist feucht-gemäßigt und mitteleuropäisch-ozeanisch. Die Niederschläge erreichen zwischen 1200 und 2500 Millimeter pro Jahr.

Die Waldgesellschaften im Nationalpark Gesäuse sind aufgrund des großen Höhenunterschieds zwischen dem Ennstal und dem Hochtor von gut 1800 Höhenmetern vielfältig und reichen von den Auenwäldern an der Enns bis hin zu Lärchen-Zirben-, Schlucht- und Dolomit-Föhrenwäldern. In den Auenwäldern entlang der Enns dominieren standortabhängig Grauerlen und Silberweiden sowie Rotbuchen, Eschen und Bergahorn.

Ennstal im Nationalpark Gesäuse

Im und am Wasser der Enns tummeln sich Fischotter, deren Bestände durch den Einfluss des Menschen in der Vergangenheit dezimiert worden waren. Daneben nutzen auf Feuchtgebiete spezialisierte Vogelarten wie Wasseramsel und Gebirgsstelze, Eisvogel und Flussuferläufer das Nahrungsangebot, das die Enns und die angrenzenden Auenwälder bieten. In den höher gelegenen Wäldern leben waldtypische Säugetiere wie Rehe, Füchse und Fledermäuse; auch das Auerhuhn ist hier, im Gegensatz zu vielen anderen Regionen, heimisch.

Im Hartelsgraben liegt der einzige größere Schluchtwald, der sich aus Fichte, Ahorn, Buche sowie Esche und Ulme zusammensetzt.

Die am häufigsten im Nationalpark Gesäuse anzutreffende Waldgesellschaft ist der Fichten-Tannen-Buchenwald, der sich von tief- bis hinauf in hochmontane Lagen erstreckt. Neben Wäldern sind insbesondere Felsen charakteristisch für den Nationalpark Gesäuse. Hierzu zählen die Hochtorkette, die Buchsteingruppe und der Admonter Reichenstein. In diesen kargen Regionen können nur Pflanzen und Tiere überleben, die sich an die widrigen Bedingungen angepasst haben. Typisch in der Pflanzenwelt ist ein ausgeprägtes Wurzelwerk, dem kleinere oder fehlende Stängel sowie üppige Blüten gegenüberstehen, wie es charakteristisch für Polster- und Rosettenpflanzen ist. Im Nationalpark Gesäuse findet sich eine große Vielfalt dieser Spezialisten, darunter auch endemische Arten, das heißt Pflanzen, die ausschließlich in dieser Region vorkommen. Hierzu zählen die Zierliche Feder-Nelke, die Dunkle Glockenblume sowie die Clusius-Primel und die Alpen-Nelke. Häufig kommen Latschengebüsche vor. Auch Latschen sind gut an die Standortbedingungen angepasst, denn sie kommen mit extremen Witterungsbedingungen wie Hitze auf der einen und strengem Frost auf der anderen Seite gut zurecht. In feuchten, schattigen Felsregionen findet sich die Grünerle, während auf Südhängen die Legbuche dominiert, deren Bestände Schutz gegen Steinschlag und Lawinen bieten.

Nicht nur die Pflanzen haben sich an die besonderen Lebensbedingungen in den hochgelegenen Felsregionen angepasst, auch Tiere wie Gämsen, Alpenschneehühner und Murmeltiere kommen hiermit gut zurecht, während über den Gipfeln der imposante Steinadler seine Kreise zieht.

Besonders reich präsentiert sich die Orchideenwelt im Nationalpark Gesäuse, hier wachsen unter anderem Frauenschuh, Waldhyazinthe und Fliegenragwurz. Diese Pflanzen haben sich hier angesiedelt, weil der ursprüngliche Wald gerodet wurde. Sie sind also keineswegs typisch für dieses Gebiet. Im Nationalpark gibt es noch großflächige Almwirtschaft und das Vieh wird in den Wald zur Weide getrieben. Dies geschieht meist mit dem Hinweis auf die Erhaltung der Artenvielfalt und Offenhaltung der Landschaft. Während durch diese kulturelle Nutzung die Zahl der Offenlandarten steigt, nimmt andererseits die Zahl der

langt man mit dem Pkw über die A 1 und die Bundesstraßen B 121 und B 115 in den Nationalpark. Wer mit öffentlichen Verkehrsmitteln anreisen möchte, der findet Bahnverbindungen von Wien, Graz und Linz bis nach Weißenbach, Liezen, Ardning oder Selzthal. Von dort aus bestehen jeweils Busverbindungen in das Nationalparkgebiet.

typischen Waldarten ab, ganz besonders drastisch im Bereich des weitgehend unerforschten Bodenlebens. Hier wäre ein grundlegender Wandel in der Einstellung der Verantwortlichen sehr wünschenswert, denn in einem Nationalpark sollte nicht der Mensch mit seinem Wunsch nach idyllischer Landschaft im Vordergrund stehen, sondern die ungestörten Naturprozesse.

Der Nationalpark Gesäuse bietet dem Naturinteressierten zahlreiche Möglichkeiten, die vielfältige Schönheit der Region zu erkunden. Ein ausgebautes Wanderwegenetz ermöglicht es, den Nationalpark zu Fuß auf eigene Faust zu erkunden. Darüber hinaus sind zwei Themenwege ausgeschildert, denen der Wanderer folgen kann. Das Angebot, Natur unmittelbar zu erleben, wird abgerundet durch eine Vielzahl an Veranstaltungen, die über das ganze Jahr verteilt sind. Hierzu zählen Exkursionen zu speziellen Tier- und Pflanzenthemen, und Hobbyfotografen können an verschiedenen Fotowanderungen teilnehmen und durch die Linse neue und interessante Blicke auf die Natur gewinnen.

Der Nationalpark Gesäuse liegt südöstlich von Linz, nordöstlich von Graz und südwestlich von Wien. Die Anreise mit dem Auto erfolgt von Linz oder Graz aus über die Pyhrnautobahn A 9 bis Admont-Gesäuse. Aus Richtung Wien ge-

INFO

Nationalpark Gesäuse GmbH
Weng 2, A-8913 Weng im Gesäuse
Tel.: +43 (0)3613/21000
E-Mail: info@nationalpark.co.at
www.nationalpark.co.at

Anmeldung zur Eselwanderung:
Viele Kinder wollen sich im Urlaub austoben, lieben Tiere und Natur. Der Nationalpark Gesäuse steht daher in der Gunst von Kindern und ihren Eltern ganz oben. Auch an einer Eselwanderung kann man dort teilnehmen. Die geduldigen Vierbeiner begleiten Familien auf einer Wanderung durch den Naturpark Steirische Eisenwurzen. Anmeldung bei Lucia Hofegger unter Tel.: +43 (0)676-7610062
Weitere Infos unter: www.gesaeuse.at

Nationalpark Gesäuse in den Ennstaler Alpen

Von Petra Lindner

Nationalpark Hohe Tauern

Auf dem Gebiet der drei Bundesländer Kärnten, Tirol und Salzburg erstreckt sich der Nationalpark Hohe Tauern, der mit 183.600 Hektar der größte Nationalpark in den Alpen ist. Seine Gründung erfolgte schrittweise in einem Zeitraum von zehn Jahren. Den Auftakt machte im Jahr 1981 das Land Kärnten, gefolgt von Salzburg im Jahr 1984 und Tirol im Jahr 1991.

Das Nationalparkgebiet erstreckt sich in Höhenlagen von 1000 Metern bis hinauf zum Gipfel des Großglockners mit 3798 Metern. Der Großglockner und der Großvenediger (3662 Meter), zwei der höchsten Gipfel Österreichs, liegen in der Kernzone des Nationalparks, in der die Natur einem starken Schutz unterliegt und dem Einwirken des Menschen entzogen ist.

Mehr als die Hälfte des Nationalparks wird von Schuttfluren, Felswänden, Gletschern und Zwergstrauchheiden eingenommen – 342 Gletscher bedecken noch etwa 10 Prozent, as heißt rund 180 Quadratkilometer, der gesamten Fläche. Lediglich neun Prozent sind von Wald bedeckt, weitere vier Prozent von Latschen- und Erlengebüschen, und gut ein Drittel dient der Alm- und Landwirtschaft. Das Drittel Landwirtschaft ist zusammen mit den Flächen für touristische Nutzung auf Dauer noch zu viel; es bleibt zu hoffen, dass der Natur künftig mehr Raum eingeräumt wird.

Die mehr als 300 Gipfel im Nationalparkgebiet erreichen Höhen von über 3000 Meter über N.N. Der Gewässeranteil beträgt zwar nur ein Prozent an der Gesamtfläche, verteilt sich aber auf über 500 Bergseen, knapp 280 Bäche und zahlreiche Wasserfälle, zu denen die Krimmler Wasserfälle und die Umbachfälle gehören.

Die Tier- und Pflanzenwelt ist reichhaltig – über ein Drittel aller in Österreich vorkommenden Pflanzenarten sind auch im Nationalpark Hohe Tauern heimisch, ebenso die Hälfte aller für Österreich typischen Tierarten. Insgesamt leben im Nationalpark Hohe Tauern etwa 10.000 verschiedene Tierarten. Hierzu zählen die Gämse, der Alpensteinbock, der Steinadler und der Bartgeier. Dieser gehört mit einer Flügelspannweite von knapp drei Metern zu den größten flugfähigen Vögeln der Welt und gilt als einer der seltensten Brutvögel in Europa. Ebenso gibt es hier Gänsegeier, die im Nationalpark ihr einziges Vorkommen in den Alpen haben. Während Braunbär und Wolf, die in vergangenen Jahrhunderten hier heimisch waren, ausgerottet sind, wurde das Murmeltier, das

Im Rauriser Urwald

Der Wiegenwald im Stubachtal

ebenfalls ausgerottet war, wieder angesiedelt und findet sich heute in einer größeren Population im Nationalparkgebiet. Auch der Luchs wurde zum Ende des 19. Jahrhunderts in Österreich ausgerottet, Ende der 1970er-Jahre jedoch wieder in der Steiermark angesiedelt.

Eine geologische Besonderheit stellt das sogenannte Tauernfenster dar, denn hier bilden Gesteinsschichten, die ansonsten in den Alpen die tiefsten Stockwerke formen, die höchsten Berge. Die Gipfel des Hohen Sonnblicks und des Großvenedigers bestehen aus Gneisen, die aus flüssigem Magma aus dem Erdinneren entstanden sind. In späteren Zeiten der Erdgeschichte gestalteten die Eiszeiten das endgültige Gesicht der Hohen Tauern und hinterließen an die 150 Bergseen, die die knapp 280 Bergbäche speisen. Hierzu zählen auch die Krimmler Wasserfälle, deren Gesamtfallhöhe von 380 Metern sie zu den höchsten Wasserfällen in Europa macht.

Zum Ende der letzten Eiszeit vor rund 12.000 Jahren bestanden die Hohen Tauern überwiegend aus kargen Felslandschaften, in denen kaum Leben möglich schien. Mit den ansteigenden Temperaturen jedoch wanderten Tier- und Pflanzenarten aus der Taiga nach Nordeuropa und in den Alpen die Berge hinauf, sodass wir dort heute „Taiga-Inseln“ vorfinden, die überwiegend aus klimatisch typischer Nadelbaumvegetation bestehen. In den tiefer gelegenen Tälern siedelten sich vor allem Fichten, Lärchen und Zirben an. Zirben und Lärchen wachsen in Höhenlagen bis an die Waldgrenze von etwa 2000 bis 2200 Metern, an günstigen Standorten bis 2400 Meter; die Nadeln der Zirbe können dabei Temperaturen von bis zu minus 40 Grad verkraften.

Die heutige Baumgrenze ist auf den Einfluss des Menschen zurückzuführen, der in früheren Zeiten die Zirbenwälder unter anderem zur Holzgewinnung gerodet hat. Bei natürlicher Entwicklung läge die Baumgrenze eher bei ungefähr 2600 Metern. Heute haben sich hier Zwergstrauchheiden angesiedelt, geprägt vor allem von Alpenrosen.

Nur im Rahmen einer Führung ist der **Wiegenwald im Stubachtal** zu besichtigen. Das Hochmoorgebiet ist in den unteren Regionen überwiegend von Fichten, in höheren von Zirben bewachsen, die hier in besonderer Vielfalt vorkommen und aus diesem Grund unter besonderen Schutz gestellt wurden. Ein weiteres Hochmoorgebiet findet sich mit dem **Bergsturzwald „Rauriser**

Urwald“, durch den ein Lehrpfad führt.

Der Winter in den Hohen Tauern ist lang – er kann bis zu acht Monate dauern, während Frühling und Herbst sehr kurz sind. Klimatisch bedingt gibt es in den Hohen Tauern signifikante Unterschiede in Fauna und Flora. Die Südseite ist durch die stärkere Sonneneinwirkung klimatisch begünstigt, sodass sich hier auch wärmeliebende Arten angesiedelt haben, die auf der raueren Nordseite nicht existieren könnten.

Eine Besonderheit im Nationalpark Tauern ist das **Sonderschutzgebiet Gamsgrube**, das unterhalb des Fuscherkarkopfes liegt und dessen Betreten verboten ist. Die die Gamsgrube umgebenden Hänge bestehen aus Kalkglimmerschiefer; dieser wird vom Sturm abgetragen und sammelt sich als Flugsand in der Gamsgrube. Hieraus entstehen Treibsandpyramiden und Dünen bis zu drei Meter Höhe. Eine solche Landschaft ist ansonsten in den Alpen unbekannt und findet sich nur in den arktischen Regionen zum Beispiel Grönlands und Islands oder in den Gebirgen Zentralasiens.

Die speziellen Bedingungen – lange Winter, dauernde Veränderungen der Dünen durch Witterungseinflüsse – haben ei-

Sonderschutzgebiet Gamsgrube

ne an sie angepasste Vegetation hervorgebracht; hier gedeihen unter anderem Edelweiß, Rundblättriger Enzian, Alpen-Soldanelle und Rudolph-Steinbrech. Der Rudolph-Steinbrech ist eine endemische Art, die nur in den Ostalpen vorkommt.

Für Naturliebhaber, die sich die Welt der Hohen Tauern zu Fuß erarbeiten wollen, bietet ein umfangreiches Wanderwegenetz verschiedener Schwierigkeitsstufen ein breites Angebot. Des Weiteren kann man sich Thementouren anschließen, die von Nationalpark-Rangern geführt werden und auf denen man vielfältige Informationen über den Lebensraum Hohe Tauern erhält. Verschiedene Besucherzentren, unter anderem das Nationalparkhaus Matrei in Osttirol, das Nationalparkzentrum Mittersill und das BIOS Nationalparkzentrum Mallnitz halten zahlreiche Informationen und Ausstellungen für den Besucher bereit.

Der Nationalpark Hohe Tauern liegt südwestlich von Salzburg und südöstlich von Linz. In Kärnten kann die Anreise mit öffentlichen Verkehrsmitteln über die Bahnlinie Salzburg–Villach bis Mallnitz/Obervellach erfolgen. Von hier aus gibt es einen Bahnhofs-Shuttle ins Nationalparkgebiet.

Die Tauerntäler auf Salzburger Gebiet werden durch einen Taxi-Shuttle-Service erschlossen, während die Osttiroler Region per Bahn bis Lienz oder Kitzbühel und Postbus- sowie Nationalpark-Wanderbus-Verbindungen erreicht werden kann. Für den Pkw-Verkehr ist die Nationalparkregion durch die Großglockner-Hochalpenstraße erschlossen.

INFO

Nationalparkverwaltung Kärnten
Döllach 14, A-9843 Großkirchheim
Tel.: +43 (0)4825/6161-0

Nationalparkverwaltung Salzburg
Gerlos Straße 18, A-5730 Mittersill
Tel.: +43 (0)6562/40849-0

Nationalparkverwaltung Tirol
Kirchplatz 2, 9971 A-Matrei i. O.
Tel.: +43 (0)4875/5161-0

E-Mail: Anfragen über Kontaktformular auf der Website www.hohetauern.at

Alpenpark Karwendel im Nationalpark Hohe Tauern

Von Petra Lindner

Am Vomper Loch

In den nördlichen Kalkalpen, sowohl auf deutschem als auch auf österreichischem Terrain, liegt die Gebirgsgruppe des Karwendel. Der geologische Untergrund des Gebirges besteht aus Kalkstein und Dolomit; während die Nordseite durch Steilwände geprägt ist, sind im Zuge der Eiszeiten auf der Südseite Kare entstanden.

Auf Tiroler Seite umfasst der Anteil am Alpenpark Karwendel knapp 730 Quadratkilometer. Damit ist er das größte Schutzgebiets des Bundeslandes und der größte Naturpark in Österreich. Insgesamt gibt es elf Schutzgebiete unterschiedlicher Kategorien, von Landschaftsschutz- über Naturschutz- bis hin zu sogenannten Ruhegebieten. Der Alpenpark Karwendel kann auf eine lange Historie zurückblicken, bereits 1928 wurde er ins Leben gerufen. Gut 500 Hektar verteilen sich auf die insgesamt zehn Naturwaldreservate Gumpenkopf, Weites Tal, Engalm, Waldegg, Umlberg, Taschbachtal, Tortalalm, Halltal, Vomper Loch und Kranebitter Klamm. Die größeren davon sind nachfolgend beschrieben.

Naturwaldreservat Gumpenkopf

Steckbrief:
- Gemeinde: Scharnitz
- Gesamtfläche: 31,13 Hektar
- Waldfläche: 31,13 Hektar
- Waldhauptgruppe: Karbonat-Lärchen-Zirbenwald

Kurzbeschreibung: *Das Naturwaldreservat liegt im Jagdgraben zwischen Kastenalm und Kasten-Hochleger nördlich des Gumpenkopfes. Die untere Begrenzung bildet die 1500 m hohe Höhenschichtlinie. Große Naturnähe der Verjüngung und Strukturreichtum zeichnen diesen Bestand aus.*

Details: *Beschreibung: In westlicher bis nördlicher Exposition bilden die Zirben die Baumgrenze, sie können bis in eine Höhe von mehr als 1900 Meter wachsen, nur in östlicher Exposition sind Lärchen konkurrenzkräftiger. Mit sinkender Höhe steigt die Lärchenbeimischung, vereinzelt finden sich Zirben aber sogar*

noch im Fichten-Tannen-Waldgürtel. Im Einflussbereich von Lawinen oder Schneeschub oder auf Schutthalden und jüngeren Bodenbildungen kann nur mehr die Latsche wachsen, bessere Standorte (...) sind gerodet, nach unten schließen subalpine Fichtenwälder an.

Bedeutung und Beurteilung: *Zirbenreiche Bestände sind im inneralpinen Bereich wegen des trockeneren Klimas und damit der größeren Sommerwärme weit verbreitet, in den nördlichen Teilen des Naturschutzgebietes fehlen sie bis auf kleinflächige, standortsextreme Vorkommen (Karwendeltal, Johannestal). Die Zirbe kann nur auf saurem Humus ankeimen, die Lärche wiederum nur auf Mineralboden; die Lärche fungiert also als Pionierbaumart, erzeugt Streubiomasse aus Nadeln und Ästen und wird von der Zirbe verdrängt. Weidebewirtschaftung, für welche die Lichtbaumart Lärche weniger stört, dezimierte die Zirbenbestände. Die Zirbe verjüngt sich – im Gegensatz zum Gleirschtal – meist ausreichend. Neben dem geschützten Seidelbast (Daphne mezereum) wertet das Auftreten von mehreren teilweise geschützten Pflanzen (die Zirbe gehört dazu) die Biotopflächen weiter auf.*

Biotopwert: *In der unteren subalpinen Stufe kommen neben Zirbe und Lärche auch Fichte und Tanne vor. Besonders hervorzuheben ist auch die Tatsache, dass sich die Tanne in den Beständen verjüngt und nicht völlig dem Wildverbiß zum Opfer fällt. Große Naturnähe der Verjüngung und der Strukturreichtum zeichnen den Bestand aus (Aus: www.karwendel.org).*

Naturwaldreservat Weites Tal (Zirben im Karwendel)

Steckbrief:
- *Gemeinde: Scharnitz*
- *Gesamtfläche: 64,26 Hektar*
- *Waldfläche: 64,26 Hektar*
- *Waldhauptgruppe: hochsubalpiner Lärchen-Zirbenwald*
- *Waldgesellschaft: Karbonat-Lärchen-Zirbenwald Pinetum cembrae*

Kurzbeschreibung: *An der Ostflanke des Hohen Gleirsch liegt nahe der deutschen Grenze (...) im Hinterautal das Naturwaldreservat „Weites Tal". Der stufige und mit zunehmender Seehöhe immer lichter werdende Bestand weist die für den subalpinen Fichtenwald und den Karbonat-Lärchen-Zirbenwald charakteristische Rottenstruktur (Gruppenstruktur) auf.*

Details: *Biotopfläche: Zirbenwald Weites Tal, Lärchen-Zirbenbestand*
Leitbiotoptyp: seltene Waldgesellschaft
Standorttyp: Karbonat-Lärchen-Zirbenwald

Beschreibung: *In westlicher bis nördlicher Expositon bilden die Zirben die Baumgrenze, sie können bis in eine Höhe von mehr als 1900 Meter wachsen, nur in östlicher Expositon sind Lärchen konkurrenzkräftiger. Mit sinkender Höhe steigt die Lärchenbeimischung, vereinzelt finden sich Zirben aber sogar noch im Fichten-Tannen-Waldgürtel.*

Bedeutung und Beurteilung: *Zirbenreiche Bestände sind im inneralpinen Bereich wegen des trockeneren Klimas und damit der größeren Sommerwärme weit verbreitet, in den nördlichen Teilen des Naturschutzgebietes fehlen sie bis auf kleinflächige, standortsextreme Vorkommen (Karwendeltal, Johannestal). Die Zirbe kann nur auf saurem Humus ankeimen, die Lärche wiederum nur auf Mineralboden; die Lärche fungiert also als Pionierbaumart, erzeugt Streubiomasse aus Nadeln und Ästen und wird von der Zirbe verdrängt. Weidebewirtschaftung, für welche die*

Lichtbaumart Lärche weniger stört, dezimierte die Zirbenbestände. Die Zirbe verjüngt sich – im Gegensatz zum Gleirschtal – meist ausreichend. Neben dem geschützten Seidelbast (Daphne mezereum) wertet das Auftreten von mehreren teilweise geschützten Pflanzen (die Zirbe gehört dazu) die Biotopflächen weiter auf.

Biotopwert: *Anders als bei den Zirbenwaldresten des Gleirschtales ist hier nicht nur die Baumschicht sehr naturnah aufgebaut, auch die Verjüngungsdynamik funktioniert in den lockeren, mehrschichtigen Beständen ausgezeichnet, was auch zu einer sehr guten Bewertung der Strukturvielfalt führt (Aus: www.karwendel.org).*

Naturwaldreservat Taschbachtal – Seltener Mischwald bei Achenkirch

Steckbrief:
- *Gemeinde: Achenkirch*
- *Gesamtfläche: 75,7 Hektar*
- *Waldfläche: 75,7 Hektar*
- *Waldhauptgruppe: Fichten-Tannen-Buchenwald*
- *Waldgesellschaft: Alpendost-Fichten-Tannen-Buchenwald*

Kurzbeschreibung: *Dieses großflächige Reservat zeichnet sich durch die höhenstufenbedingte Abfolge der natürlichen Waldgesellschaften vom Karbonat-Fichten-Tannen-Buchenwald über Lärchenwald bis zu subalpinen Latschenbestockungen aus. Die Naturverjüngung der Mischbaumarten wird durch Verbissdruck gefährdet.*

Details: *Biotopfläche: „Mischwald Taschbach", Leitbiotoptyp: naturnahe Waldgesellschaft Standorttyp: Karbonat-Alpendost-Fichten-Tannen-Buchenwald mit Kahlem Alpendost*

Beschreibung: *Nördlich an die ehemalige „Naturwaldzelle Taschbach" anschließend – durch einen Graben getrennt – liegt ein ostexponierter, buchendominierter Bestand im unteren Teil eines zunehmend versteilenden Unter- und Mittelhanges. Die dichten Baumkronen verhindern die Ausbildung einer Strauchschicht.*

Bedeutung und Beurteilung: *Die Besonderheit liegt vorwiegend in seiner Baumartenmischung, in der Buche vor Tanne dominiert. Es wäre somit leicht möglich, naturnäher aufgebaute Nachfolgebestände zu begründen. Im Achenwald sind Mischbestände eher selten; der Bestand ist wenig strukturiert. Nur gleichförmige Stangenhölzer sind eingestreut.*

Biotopwert: *Der Wald ist als mäßig strukturiert und nur relativ naturnah zu bewerten, die großflächig auftretende Waldgesellschaft ist auch nicht sehr gefährdet, dem entsprechend der nur „relativ hohe" Gesamtwert (Aus: www.karwendel.org).*

Naturwaldreservat Halltal – Waldjuwel zu Füßen des Bettelwurfs

Steckbrief:
- Gemeinde: Absam
- Gesamtfläche: 37,31 Hektar
- Waldfläche: 37,11 Hektar
- Waldhauptgruppe: Lärchenwald
- Waldgesellschaft: Alpendost-Fichten-Tannen-Buchenwald

***Kurzbeschreibung:** Es handelt sich um einen Biotopkomplex aus verschiedenen, zum Teil eibenreichen Karbonat-Fichten-Tannen-Buchenwäldern, sehr seltenen natürlichen subalpinen Karbonat-Lärchenwäldern, Ulmen- Ahornwäldern sowie Erlen und Latschengebüsch. Ein Hangmoor und das Vorkommen von Frauenschuh (Cypripedium calceolus) unterstreichen die Bedeutung des Reservats.*

***Details:** Biotopfläche: eibenreicher Bergmischwald „Eibental"*
Leitbiotoptyp: naturnahe Waldgesellschaft
Standorttyp: Karbonat-Alpendost-Fichten-Tannen-Buchenwald mit Weißsegge

***Beschreibung:** Vom Bettelwurfbrünnl führt ein Fußpfad recht unscheinbar von der Salzbergstraße weg, zuerst der Schuttrinne gen Osten folgend und den bekannten Fluchtsteig querend in ein kleines Nebentälchen – das Eibental. Dieses führt seinen Namen nicht zu Unrecht, denn bis heute hat sich dort ein bemerkenswerter Nebenbestand der geschützten und seit Jahrhunderten begehrten Baumart unter dem kargen Fichten-Tannen-Buchenbestand erhalten. Der Bestand zieht bis über den Eibenkopf hinauf und teilweise auch den Nordhang ins Haupttal Richtung Fluchtsteig hinab zur Biotopfläche „Eibenreicher Bergmischwald unter Magdalena".*

***Bedeutung und Beurteilung:** Der Wald wurde als „Naturnahe Waldgesellschaft" eingestuft, wofür Merkmale wie das hohe Alter und die große Altersspanne, der Totholzreichtum sowie die standortgerechte Baumartenmischung sprechen. Vor allem aber die bemerkenswerte Dichte des Eibenbestandes – bei Einstufung der Baumart als „gefährdet" laut „Roter Liste gefährdeter Pflanzenarten Österreichs" – erhebt die Fläche zum „besonders schutzwürdigen" Biotop. Auch landschaftsästhetisch ist das kleine Tal sowie der exponierte Eibenkopf mit Ausblicken ins Isstal, nach St. Magdalena und aufs Bettelwurfeck hinab sehr attraktiv.*

***Biotopwert:** Als wertbestimmend treten hier die großteils mit hohen Wertziffern belegten Einzelkriterien der Naturnähe (Vegetation, Alter bis 300 Jahre, Totholzreichtum,...) in Erscheinung; der eher geringe Vorrat entspricht dem recht kargen Standort. Bei der weiten Verbreitung des Standorttyps und der im geschlossenen Waldbild beschränkt ausgeprägten Struktur ist der Biotopwert als hoch einzustufen. (Aus: www.karwendel.org).*

Von Ewald Lindner

EXKURSION

Naturwaldreservate unterliegen einem besonderen Schutz; in ihnen unterbleibt jegliche Nutzung und jede Einflussnahme durch den Menschen, es sei denn, dass durch schwerwiegende Naturkatastrophen wie Lawinen, Erdrutsche oder Erbeben Gefahren für Mensch und Tier abzuwenden sind.

Die genauen Schutzdefinitionen der Naturwaldreservate sind in Deutschland, Österreich und der Schweiz sowie in den jeweiligen Bundesländern und Kantonen unterschiedlich. Sie stellen aber in der Regel die strengsten Waldschutzformen dar, die die jeweiligen Bundesländer oder die Kantone zu vergeben haben.

Naturwaldreservat Kranebitterklamm

Steckbrief:
- Gemeinde: Innsbruck
- Gesamtfläche: 174,1 Hektar
- Waldfläche: 138,9 Hektar
- Waldhauptgruppe: tiefsubalpiner Wald
- Waldgesellschaft: bergahornreiche Hochlagen-Buchenwälder

***Kurzbeschreibung:** In den Höhenstufen von tiefmontan bis subalpin liegt im reizvollen mittleren Bereich der Kranebitterklamm das Naturwaldreservat „Kranebitterklamm". Steile Wände und die tief eingeschnittene Kranebitterschlucht sowie Gräben und Schutthalden prägen den Charakter der Landschaft, was zu einer außergewöhnlichen Standortvielfalt und somit zu einer vielfältigen Waldgesellschaft führt. Besonders beeindruckend sind die Schluchtabschnitte im vorderen Teil des Naturwaldreservats mit einem außergewöhnlichen Standort- und Vegetationsmosaik (Aus: www.karwendel.org).*

Rückfragen bitte direkt beim Alpenpark Karwendel oder bei:
DI Dr. Michael Haupolter
Amt der Tiroler Landesregierung, Abt. Umweltschutz
Tel.: + 43 (0)512 508-3466
michael.haupolter@tirol.gv.at

Im kleinen **Naturwaldreservat Umlberg** wachsen als Besonderheit alte Eiben. Typisch für die Region ist auch der Bergahorn, der den teils rauen Bedingungen der Bergwelt perfekt angepasst ist. Er widersteht sowohl Kälte als auch Steinschlag, und so sind viele der im Karwendel wachsenden Exemplare auch bereits mehrere Hundert Jahre alt.

So vielfältig wie die Waldgesellschaften des Karwendel ist auch

die Tierwelt. Über den Gipfeln zieht der Steinadler seine Kreise, während der in Europa zunehmend gefährdete Weißrückenspecht naturnahe Waldgebiete mit einem hohen Totholzanteil bevorzugt.

In den Gewässern tummeln sich Koppen, eine Süßwasserfischart, deren Haut keine Schuppen trägt, und Bergmolche, und in Gewässernähe ist auch der Flussläufer im Frühjahr und Sommer anzutreffen.

Der Verein Alpenpark Karwendel hält ein vielfältiges Angebot für Interessierte bereit. Hierzu gehören verschiedene themenbezogene Naturführungen, Informationszentren und Themenwege, doch auch auf eigene Faust, als Wanderer, Kletterer oder Mountainbiker, kann man sich die Landschaften des Alpenparks Karwendel erschließen.

Der Alpenpark Karwendel erstreckt sich nördlich von Innsbruck und ist für die Anreise mit dem Pkw durch zahlreiche Parkmöglichkeiten gut erschlossen. Nach Innsbruck bestehen aus allen Richtungen regelmäßige Bahnverbindungen.

INFO

Verein Alpenpark Karwendel
Lendgasse 10a, A-6060 Hall in Tirol
Tel.: +43 (0)5245/28914
E-Mail: info@karwendel.org
www.karwendel.org

Zauberwald Karawanken

Von Petra Lindner

Auch wenn es echte Urwälder in Mitteleuropa nicht mehr gibt, so existieren doch noch einige Kleinode, die dem Prädikat „Urwald“ zumindest nahekommen. Ein solches ist auch der sogenannte „Zauberwald Karawanken“, ein Naturwaldreservat in Kärnten. Die Karawanken sind Teil der südlichen Kalkalpen, auf deren Hauptkamm die Grenze zwischen Österreich und Slowenien verläuft. Dieses Naturwaldreservat in einem Kessel zwischen steil abfallenden Felswänden war wegen des unwegsamen Geländes nie einer Nutzung ausgesetzt. Um diesen Zustand zu erhalten, existieren nur wenige und dazu unpräzise Angaben zur genauen Lage des Naturwaldreservats, das der Stadt Klagenfurt gehört und am Kahlkogel, einem 1934 Meter hohen Berg, liegt. So bleibt es für Besucher unzugänglich, sodass sich hier tatsächlich die Natur entwickeln kann, wie sie es ohne die Existenz und den Eingriff des Menschen immer täte. Das Naturwaldreservat ist mit acht Hektar zwar sehr klein, dennoch aufgrund seiner Unberührtheit ein wertvoller Schatz der Waldgeschichte.

Der besondere Wert des Gebiets liegt vor allem darin, dass sich auf dem geringen Areal insgesamt sechs Waldgesellschaften ausbilden konnten. Das Untergrundgestein besteht aus Kalk und Dolomit, die dominierenden Baumarten sind Rotbuche und Weißtanne. Die höchsten Exemplare erreichen Größen von um die 40 Meter, die ältesten Bäume sind über 400 Jahre alt.

Die Unberührtheit dieses Waldgebiets hat einen großen Totholzanteil hervorgebracht, der zahlreichen Tieren als Nahrung und Lebensraum dient.

Eine Bergwanderung zum Kahlkogel lohnt sich immer. Der Kahlkogel ist 1934 Meter hoch. Einheimische Wanderfreunde empfehlen den Anstieg über Rosenbach. Die Anfahrt erfolgt von St. Jakop oder Maria Elend nach Rosenbach bis zur Brücke im Kleinen Bärengraben (unterhalb des Bahnhofes). Hier dann abbiegen ins Kleine Bärental und etwa drei Kilometer bis zu einem alten Kraftwerk. Dort kann man das Auto abstellen. Ab hier ist der Fußweg dann beschildert.

Den Absteig wählt man am besten über die Rozca (Rosenbach-Sattel). Dazu geht man den Kamm entlang (auf dem Südalpenweg) über den Hahnenkogel zur Rozca. Wer zuvor noch eine Stärkung nötig hat, kann vom Kahlkogel auch Richtung Osten über die bewirtschaftete Kahlkogel-Hütte absteigen. Der Weg ist insgesamt nur 15 Minuten länger. Die Strecke ist auch für wenig trainierte, aber gesunde Wanderer zu bewältigen. In acht bis neun Stunden ist der Auf- und Abstieg inklusive Pausen zu schaffen.

INFO

Gemeinde Ludmannsdorf
Ludmannsdorf 27
A-9072 Ludmannsdorf
Tel.: +43 (0)42 28-22 20
Fax: +43 (0)42 28-22 20-20
E-Mail: ludmannsdorf@ktn.gde.at
www.ludmannsdorf.gv.at

Zauberwald mit Geheimcode in den Karawanken

Kärnten hat einen geheimen Urwald in den Karawanken, in den kein Mensch je eingegriffen hat. Exklusiv wurde der Kleinen Zeitung ein Einblick gewährt.

Schroffe Felsen, steile Wände, atemberaubende Schluchten und tief unten der Kessel. Dort ist das Grün so dunkel, dass es fast schwarz ist, majestätisch hohe Stämme ragen weit in den unsichtbaren Himmel, knorrige Äste berühren den Fuß, der über riesige Wurzeln strauchelt, vermoderte Bäume liegen am Boden und bilden ein bizarres Mikado, ab und an ein Lichtschacht, der glatte Buchenstämme mystisch aufleuchten lässt. Vorsichtig späht man um die Ecke, ob nicht ein Gnom oder eine Elfe aus dem Boden wächst – so schaurig schön ist ein echter Urwald in den Karawanken. Noch nie hat dort eine Menschenhand eingegriffen, niemand hat das Holz geschlagen, weil das Gelände so unwegsam ist, dass das Holz nicht zu transportieren wäre.

Dieses Schutzgebiet im Eigentum der Stadtwerke Klagenfurt ist eines von 47 Naturwaldreservaten in Kärnten, aber nur eines von elf im gesamten Alpenraum, das echten Urwaldcharakter hat. Und damit es so bleibt, wird auch verschwiegen, wo es sich befindet. Irgendwo am Kahlkogel liegt der „Selkacher Teil" – mehr wird nicht verraten. Der Urwaldrest, dessen Erhaltung die Stadtwerke mit dem Lebensministerium vertraglich vereinbart haben, ist nur acht Hektar groß. „Er stellt einen unschätzbaren ideellen Wert dar, der in seiner Einzigartigkeit liegt", betont Förster Erwin Auer, zuständig für die Wälder der Stadt. Insgesamt haben Stadt und Stadtwerke 650 Hektar Schutzwald in den Karawanken als Trinkwasserreservat erworben, erklärt Gerald Donesch, Forstbeauftragter der Stadtwerke.

Uneingeweihte würden den Kessel weder finden noch etwas Besonderes in ihm vermuten. Und doch ist er einmalig, weil dort auf kleinstem Raum als Folge einer geologischen Störungszone sechs verschiedene Waldgesellschaften gedeihen, erklärt der wissenschaftliche Betreuer Georg Frank vom Bundesforschungs- und Ausbildungszentrum für Wald, Naturgefahren und Landschaft. Auf Dolomiten und Kalken kommen Tannen- und Buchenwälder in unterschiedlichen Formen vor, Weißtanne und Rotbuche dominieren.

Seltene Pflanzen und Tiere

Die größten Solitärbäume sind 40 Meter hoch mit einem Holzwert von 27 Kubikmetern. An trockenen, sonnseitigen Standorten sieht man Blumenesche und Hopfenbuche. Als Unterpflanze findet sich neben Waldorchideen wie dem „kleinen Waldvöglein" eine Sensation: das Krainer Kreuzdorn, ein submediterraner Strauch, der dort im warmen Klima des Kessels sein nördlichstes Vorkommen hat. Dieses Klima – schattig und trotzdem warm – nutzt auch der Alpenskorpion, ebenfalls der nördlichste Vertreter seiner Art. Der hohe Totholzanteil ist ein Dorado für Höhlenbrüter, Insekten, Käfer wie den Alpenbock, Vögel – darunter viele Spechtarten –, Fledermäuse und auch den Alpensalamander. 350 bis 450 Jahre alt sind die Bäume, eine Naturverjüngung gibt es praktisch nicht. Die Samen kämen nicht zum Keimen, weil ihnen das Licht fehle, meint Auer. Die Schuld liege bei den Gämsen, die die Keimlinge abäsen, meint hingegen Frank, der Untersuchungen angestellt hat. Die Stadtwerke haben 70 Messpunkte mit „Samenfallen" eingerichtet, um die Entwicklung der Samen zu überprüfen.

Damit das vollständige Ökosystem mit seiner Biodiversität in diesem Urwaldrest erhalten bleibt, heißt es „Halt" für Besucher. So bleibt der mystische Zauberwald weiterhin im Dunkeln (Aus www.kleinezeitung.at).

Der Storchenwald im WWF-Naturreservat Marchegg

Von Petra Lindner

Störche nisten im Naturreservat Marchegg

Der Name lässt es schon vermuten – im Storchenwald im WWF-Naturreservat Marchegg in Niederösterreich bevölkern jährlich etwa 50 Weißstorchenpaare das Gebiet. Während ansonsten eher der Anblick von Storchennestern auf Dächern menschlicher Behausungen vertraut ist, bauen im Naturreservat Marchegg die Störche ihre Horste auf alten Eichen und ziehen hier ihre Jungen auf. Auf der Schlosswiese bei Marchegg sind die Weißstörche seit über 100 Jahren ununterbrochen anzutreffen.

Das 1970 ins Leben gerufene Naturreservat befindet sich zwischen den Gemeinden Marchegg und Zwerndorf in Niederösterreich nahe der Grenze zur Slowakei sowie gut 60 Kilometer östlich der österreichischen Hauptstadt Wien. Der größte Teil des Naturreservats Marchegg liegt im Überschwemmungsgebiet der March, einem linken Nebenfluss der Donau und Grenzfluss zwischen Österreich und der Slowakei. Das Gebiet des Naturreservats erstreckt sich auf einer Fläche von 1120 Hektar und gehört zur Hälfte dem WWF und zur Hälfte der Familie Greger.

Als besonders schützenswert gelten die Hartholzauenwälder, die zu den bedeutendsten in Europa gezählt werden. Bis zu 90 Tage pro Jahr stehen die Wälder unter Wasser. An diese besonderen Bedingungen speziell angepasste Baumvertreter sind Stieleiche, Quirlesche, Wildbirne sowie Flatter- und Feldulme. Auch Sträucher wie Weißdorn, Hartriegel und Pfaffenhütchen können hier existieren, ebenso Seerosen, Teichrosen oder die vom Aussterben bedrohte Wassernuss. Neben den Hartholzauenwäldern finden sich im Gebiet des Naturreservats viele Wiesen und Auengewässer und bieten ein gutes Bild dieses besonderen Lebensraums. Mehr als 500 gefährdete Pflanzen- und Tierarten sind für das Gebiet nachgewiesen; über 50 Prozent der in Österreich heimischen Säugetierarten leben hier, darunter 11 stark gefährdete Arten. Nicht nur die Weißstörche fühlen sich wohl im Naturreservat Marchegg, auch der Schwarzstorch, der ruhigere Gebiete bevorzugt, und Vogelarten wie Rotmilan, Seeadler und Wachtelkönig sind hier heimisch.

Zu den im Gebiet des Naturreservats lebenden Säugetieren zählen typische Waldbewohner wie Rehe, Rothirsche und Wildschweine, aber auch Biber tummeln sich in den Gewässern, die ihnen ideale Lebensbedingungen bieten. Rothirsche sind typische Steppenbewohner, in diesem Fall ist ihr Auftreten aber „normal", weil ein Auenwald auch immer Steppenanteile beinhaltet – dies zeigt das Auftreten des Weißstorchs, der ebenfalls kein Waldtier ist. Durch die auenwaldtypische Mischung von Grasfluren und großen Baumgruppen treffen hier Wald- und Steppenbewohner aufeinander. Nachgewiesen sind anhand von Spuren auch Fischotter.

Teile des Naturreservats werden vom WWF als Modell für nachhaltige Waldbewirtschaftung genutzt; das ist schade – wenn schon Naturschutzverbände Schutzgebiete nutzen, wie soll dann jemals das Minimalziel, wenigstens fünf bis zehn Prozent der Wälder sich selbst zu überlassen, erreicht werden?

Daneben existieren aber auch Naturwaldreservate, in denen die Wälder sich ungestört im natürlichen Kreislauf entwickeln können. Ein weiteres Ziel besteht darin, die ehemals stark regulierte March wieder zu renaturieren.

Interessierte können das Naturreservat auf drei ausgeschilderten Rundwanderwegen erkunden. Darüber hinaus bietet der WWF zahlreiche Exkursionen zu verschiedenen Themen an.

Das Naturreservat Marchegg ist mit dem Auto von Wien aus über die Autobahn A 4 sowie über die Bundesstraßen B 9 und B 49 zu erreichen. Wer mit öffentlichen Verkehrsmitteln anreisen möchte, nimmt von Wien aus die Marchegger Ostbahn, die Wien mit dem slowakischen Bratislava verbindet.

INFO

WWF Österreich
Ottakringer Straße 114–116
A-1160 Wien
Tel.: +43 (0)1 488 17 - 0
E-Mail: wwf@wwf.at
www.wwf.at/de/march/

Der Wienerwald

Von Petra Lindner

Der Biosphärenpark Wienerwald erstreckt sich über die beiden österreichischen Bundesländer Wien und Niederösterreich. Er befindet sich westlich und südwestlich von Wien, im Süden bis hin zum Triestingtal und Gölsental. Im Westen wird er durch die Große Tulln, im Osten durch das Wiener Becken und im Norden durch die Donau begrenzt.

Seit Jahrhunderten war der Wienerwald durch die Nähe der Großstadt Wien einer intensiven menschlichen Nutzung und Bewirtschaftung ausgesetzt. Im 19. Jahrhundert war er, zu Beginn der Industrialisierung, durch seinen Holzreichtum stark gefährdet, wurde aber dann durch seine Besitzer und politische Initiativen vor großflächiger Abholzung bewahrt. Die Stadt Wien erklärte 1905 den Wald- und Wiesengürtel im westlichen und südlichen Stadtgebiet zum Schutzgebiet.

Die Buchen-Kathedralen

2005 wurde der Wienerwald zum Biosphärenreservat erklärt und nach den Richtlinien der UNESCO in die weltweite Liste der Biosphärenparks aufgenommen. Dies sind Gebiete, die im Rahmen des UNESCO-Programms „Der Mensch und die Biosphäre" international ausgezeichnet sind. Damit ist der Wienerwald eine Modellregion für nachhaltiges Leben, Wirtschaften, Bilden und Forschen geworden. Ziel von Biosphärenparks ist es, den Schutz der biologischen Vielfalt, das Streben nach wirtschaftlicher und sozialer Entwicklung und die Erhaltung kultureller Werte miteinander nachhaltig umzusetzen.

Ein Biosphärenpark ist also kein Naturschutzgebiet, sondern ein Gebiet, in dem die nachhaltige Bewirtschaftung der Kulturlandschaft durch den Menschen im Vordergrund steht. Hier sind nur einzelne sehr kleinen Teile oder Mini-Biotope wirklich geschützt und der Natur überlassen. Auch der Wald ist nicht geschützt und es dürfen nach Gutdünken der Forstleute und Waldbesitzer auch Bäume gefällt und sogar Waldrodungen vorgenommen werden.

In den Biosphärenreservaten gibt es meist eine große Artenvielfalt, die sich im Laufe der Jahrhunderte durch die Entwicklung der land- und forstwirtschaftlichen Kulturlandschaft gebildet hat. Mit ursprünglicher Landschaft oder gar Urwäldern, wie es sie vor 1000 Jahren noch gab, hat dies aber nichts zu tun. Der Mensch schützt also eine Landschaft, die er selbst zu dem gemacht hat, was sie ist – ein unnatürlicher Lebensraum mit einer Artenvielfalt, die von der Natur so nicht vorgesehen ist.

Wenn die Menschheit heute aussterben würde, so hätten wir in Mitteleuropa in etwa 1000 Jahren wieder einen natürlichen Urwald mit der von der Natur vorgesehenen Fauna und Flora, die zu einem Großteil aus Buchen-Mischwäldern bestehen würde. Das ist der Plan, den die Natur für die gemäßigten Klimazonen Mitteleuropas vorgesehen hat, und nichts anderes. Dies nur zur Erläuterung und Klarstellung.

Den Wald der Buchen-Kathedralen findet man im Biosphärenpark Wienerwald, der sich auf einer Gesamtfläche von über 105.600 Hektar erstreckt. Hier erheben sich die Baumriesen, die bis zu 200 Jahre alt sind – beim Blick in ihre Wipfel erschließt sich, warum ihnen der Zusatz „Kathedrale" verliehen wurde, wölben sie sich doch über dem Betrachter wie das hohe Dach einer Kathedrale.

Der Wald ist kein Urwald – ihm fehlen als wichtigste Voraussetzung die ganz alten Bäume und vor allem ein hoher Totholzanteil. Dennoch können sie anschaulich ein typisches Urwaldbild vermitteln: Buchenurwälder sind durch die Dunkelheit am Boden fast frei von Stauden und Gebüsch, dadurch gut zu belaufen und mit den langen, astfreien Stämmen tatsächlich kathedralenartig.

Bis der Buchenwald wieder zum Urwald wird, vergehen noch 200 bis 500 Jahre. Das ist für den Wald nur ein kurzer Augenblick. Hätte der Mensch nicht im Laufe der Jahrhunderte stark in die Natur eingegriffen, um ihre Schätze zu nutzen – oder auszubeuten –, dann wären noch heute weite Teile Mitteleuropas von großen Buchenwäldern bedeckt. Der sommergrüne Baum, der Höhen bis zu 40 Metern erreichen kann, findet hier (sogar bis in alpine Höhen von etwa 1500 Metern) seinen natürlichen Lebensraum und sein Vorkommen ist bis zurück in das Tertiär-Zeitalter nachgewiesen. Durch den Menschen oft als Nutz- und Brennholz verwendet oder zurückgedrängt und im Zuge der Waldwirtschaft häufig durch schnellwüchsige Nadelgehölze ersetzt, sind es heute Gebiete wie die auf Flyschgestein wurzelnden sogenannten „Buchen-Kathedralen", die einen kleinen Einblick in die natürlichen Bestände der originär heimischen Bäume geben.

Der Wienerwald ist ein Mittelgebirge mit Höhen zwischen 300 und 900 Metern, das einen Ausläufer der Nördlichen Kalkalpen darstellt. Die Buchen-Kathedralen befinden sich in der Nähe der Gemeinde Alland, knapp 40 Kilometer südöstlich des Wiener Stadtzentrums.

Mit dem Pkw erreicht man Alland von Wien aus über die Autobahn A 21. Mit öffentlichen Verkehrsmitteln geht es von Wien aus zunächst mit der Bahn nach Baden oder Mödling, von dort aus bestehen Verbindungen mit dem ÖBB-Bus nach Alland.

INFO

Österreichische Bundesforste im Biosphärenpark
Pummergasse 10–12, A-3002 Purkersdorf
Tel.: +43 (0)2231/633 41
E-Mail: biosphaerenpark@bundesforste.at
www.bundesforste.at/biosphaerenpark

Biosphärenpark Wienerwald Management GmbH
A-3013 Tullnerbach, Norbertinumstraße 9
Tel.: +43 (0)2233 54187
Fax: +43 (0)2233 54187-50
E-Mail: office@bpww.at
www.bpww.at

Führungen mit Waldlehrpfad
gibt es im Naturpark Purkersdorf – Sandstein Wienerwald
Hauptplatz 1, 3002 Purkersdorf
Naturparkbüro: Tel./Fax: 02231-21480;
mobil: 0676-648.05.52
E-Mail: naturpark@purkersdorf.at

Naturwaldreservat „Johannser Kogel" im Lainzer Tiergarten

Von Petra Lindner

In unmittelbarer Nähe der Großstadt, am westlichen Rande von Wien, liegt im Wienerwald der sogenannte Lainzer Tiergarten mit einer Fläche von 2450 Hektar, davon 1945 Hektar Waldanteil.

Bereits 1941 wurde der Lainzer Tiergarten zum Naturschutzgebiet erklärt; seit 2002 ist er auch Bestandteil des Biosphärenparks Wienerwald. Der Untergrund besteht vorwiegend aus Sandstein und Mergelgestein, die Temperatur beträgt im Jahresmittel neun Grad, der durchschnittliche Jahresniederschlag 750 Millimeter. Vielfältig sind die Waldgesellschaften im Lainzer Tiergarten; sie reichen von Rotbuchen- über Eichen- und Zerreichen- bis hin zu Eichen-Hainbuchenwäldern.

Im Lainzer Tiergarten ist mit dem Johannser Kogel, einem knapp 380 Meter hohen Hügel, auch ein Naturwaldreservat ausgewiesen. Als besonders schützenswert gilt der hier wachsende Eichenwald mit urigen Exemplaren, die bis zu 400 Jahre alt sind und imposante Stammumfänge bis über vier Meter aufweisen. Im Jahr 1972 wurde der Johannser Kogel auf einer Fläche von 70 Hektar als Naturwaldreservat ausgewiesen. 45 Hektar davon können nur im Rahmen einer Führung besichtigt werden, sodass die Natur sich hier weitgehend ungehindert entwickeln kann und Tieren und Pflanzen einen geschützten Lebensraum bietet. Es sind also eigentlich nur 45 Hektar als echtes Naturwaldreservat zu bezeichnen.

Neben den alten Eichen gedeihen am Johannser Kogel Hainbuchen, Buchen, Feldahorn und Eschen. Wissenswert: Es handelt sich hier um eine alte Kulturlandschaft, nicht etwa um Reste des alten, ursprünglichen Waldes. Auch die Damhirsche und Mufflons gehören nicht zur heimischen Fauna und weisen auf die zumindest ursprünglich starke jagdliche Nutzung des übrigens mit einer Mauer komplett umfriedeten Gebietes hin (wie auch der Name Tiergarten schon sagt).

Der gesamte Lainzer Tiergarten bietet einer Vielzahl von zum Teil seltenen Tieren Schutz und Lebensraum. So leben hier zahlreiche Vogelarten, unter anderem Schwarz- und Weißrückenspechte, Hohltauben, Zwerg- und Halsbandschnäpper sowie Waldkauze; in den Gewässern fühlen sich Amphibien und Reptilien wie Europäischer Laubfrosch oder Alpen-Kammmolch heimisch, und auch verschiedene Fledermausarten sind für den Lebensraum nachgewiesen.

Informationen über den Lainzer Tiergarten und den Johannser Kogel bietet das Besucherzentrum; neben Führungen durch das Naturwaldreservat kann man auch

Wildnis im Naturwaldreservat „Johannser Kogel"

auf Exkursionen etwas über Fledermäuse oder die verschiedenen Stimmen der im Lainzer Tiergarten heimischen Vogelarten erfahren.

Ein Wald- und ein Naturlehrpfad bieten darüber hinaus die Möglichkeit, die Natur auf eigene Faust zu erkunden.

Das Forstamt der Stadt Wien bietet regelmäßige Exkursionen an, bei denen Interessierte viel über die verschiedenen ablaufenden Prozesse in einem naturnahen Wald erfahren können.

Der Lainzer Tiergarten ist von Mitte April bis Anfang Januar täglich zugänglich und die Zugänge sind mit verschiedenen öffentlichen Verkehrsmitteln gut zu erreichen. Auch wer mit dem Pkw anreist, findet an den Zugängen Lainzer Tor, Gütenbachtor und Nikolaitor Parkmöglichkeiten. Darüber hinaus gibt es zahlreiche Wanderwege und Waldspielplätze für Kinder.

Waldspielplätze im Lainzer Tiergarten

Der Lainzer Tiergarten bietet abwechslungsreiche Spielmöglichkeiten. Insgesamt stehen den Besucherinnen und Besuchern sechs zum Teil sehr großzügig angelegte Waldspielplätze zur Verfügung. Die Kinder haben hier die Möglichkeit, abseits der Wege herumzutollen. Im Lainzer Tiergarten herrscht zum Schutz der besonderen Tier- und Pflanzenwelt ein generelles Wegegebot. Die einzigen Ausnahmen bilden die Waldspielplätze.

Standorte der Waldspielplätze:

Lainzer Tor:
Der Spielplatz befindet sich 200 Meter vom Lainzer Tor entfernt auf der linken Seite der Straße und der Kastanienallee, die zur Hermesvilla führt.

Hermesvilla:
Dieser kleine Spielplatz liegt im Lainzer Tiergarten am Weg, der vom Lainzer Tor zur Hermesvilla führt, kurz vor der Hermesvilla auf der linken Seite.

Gütenbachtal:
Rund 100 Meter vom Gütenbachtor im Lainzer Tiergarten entfernt liegt auf der linken Seite dieser Waldkinderspielplatz.

Hirschgstemm:
Der Spielplatz befindet sich beim Gasthaus Hirschgstemm im Lainzer Tiergarten.

Rohrhaus:
Der Spielplatz befindet sich beim Gasthaus Rohrhaus im Lainzer Tiergarten.

Nikolaiwiese:
Rund 100 Meter vom Nikolaitor im Lainzer Tiergarten entfernt befindet sich dieser Spielplatz.

INFO

Weitere Infos:
www.wien.gv.at/umwelt/wald/freizeit/spielplaetze/lainz.html

Lageplan der Spielplätze:
www.wien.gv.at/umwelt/wald/erholung/lainzertiergarten/images/lainzkarte-gr.jpg

Kontakt:
Magistrat der Stadt Wien
Rathaus
A-1082 Wien
E-Mail: Kontakt über Kontaktformular
www.wien.gv.at

Hallstätter Bannwald

Von Petra und Ewald Lindner

Das Salz, auch als „weißes Gold" bezeichnet, prägte über 7000 Jahre lang die Region um Hallstatt im Salzkammergut in Oberösterreich. Zusammen mit dem Dachstein und dem Inneren Salzkammergut wurde sie 1996 von der UNESCO zum UNESCO-Welterbe ernannt. Ein großes Gräberfeld in der Nähe von Hallstatt, das aus der älteren Eisenzeit stammt, gab der Epoche zwischen 800 und 475 vor Christus den Namen Hallstattzeit.

Hallstatt liegt zwischen steilen Felswänden und dem Hallstätter See, Felsen und Lawinen bedrohen den Ort. Schutz soll da der sogenannte Bannwald bieten, der Vermurungen, Steinschlag und Lawinen verhindern soll. Aufgrund der extremen Lage Hallstatts zwischen Steilhang und See ist dieser Wald von größter Bedeutung für das Überleben und die Sicherheit der Hallstätter. Er hat bereits seit Anbeginn der Siedlung diese wichtige Schutzfunktion, und dennoch wurde oft fahrlässig mit ihm umgegangen.

Der Bannwald von Hallstatt erstreckt sich auf einer Fläche von etwa 290 Hektar in Höhenlagen von 520 bis 1550 Metern. Der Wald stockt vor allem auf Dachsteinkalk, der zur Verkarstung tendiert und Schutthalden bildet. Das Klima in der Region ist feuchtkühl, mit durchschnittlichen Jahresniederschlägen von 1650 Millimetern und Jahresdurchschnittstemperaturen von knapp sieben Grad. Der Bannwald erstreckt sich über alle Höhenstufen – von der sub-, tief- und mittelmontanen über die hochmontane bis zur subalpinen Höhe. In tieferen Lagen bis etwa 600 Meter dominieren Buchenwälder, während die mittel- bis hochmontanen Stufen vor allem von Fichten-Tannen-Buchenwald und die subalpine von Fichtenwald geprägt sind.

Das Welterbegebiet von Hallstatt lässt sich zu Fuß auf Wanderwegen erkunden. Der Weg H mit der Zusatzbezeichnung „Durch die Hölle" führt auch durch den Bannwald. Ein einmaliges Erlebnis für alle Wald- und Naturfreunde.

Hallstatt liegt gut 70 Kilometer südöstlich von Salzburg und ist mit dem Auto von dort aus über die Bundesstraßen B 158 und B 145 zu erreichen. Mit der Bahn gelangt man von Salzburg über Attnang nach Hallstatt.

INFO

Tourismusverband Inneres Salzkammergut Geschäftsstelle Hallstatt
Seestraße 169
A-4830 Hallstatt
Tel.: +43 (0)6134/8208
E-Mail: lichtenegger@dachstein-salzkammergut.at
www.welterberegion.at

Blick vom Bannwald auf den See und die Stadt Hallstatt

Auszug aus dem Bericht des Forsttechnischen Dienstes für Wildbach- und Lawinenverbauung, Bad Ischl, im Jahr 2000:

(…) Mit den ersten Siedeberechtigungen im 13. Jahrhundert begann die industrielle Salzerzeugung in Hallstatt. Zum Verdampfen der Sole wurde viel Holz benötigt. Damit kam allmählich auch die Lebensgrundlage Hallstatts, der Bannwald, in Gefahr. 1594 bis 1604 wurde zur Verlagerung des Holzbedarfes eine Soleleitung nach Ebensee gebaut. Damals eine technische Großtat! Die Vitalität des Bannwaldes war aber vermutlich schon angegriffen. Als dann noch um 1800 Bär, Luchs und Wolf ausgerottet waren, kamen die inneren Regelungsmechanismen dieses empfindlichen Ökosystems ernsthaft durcheinander. Die Pflanzenfresser Gämse, Reh und Hirsch nahmen überhand und verhinderten vor allem die natürliche Verjüngung der Wälder. Die Hege des Wildes durch die Hofjagd in der Nähe der kaiserlichen Sommerresidenz in Bad Ischl tat ein Übriges.

Die Ernennung zum Bannwald sollte ihm Erholung und Erneuerung bringen. Kahlschläge wurden untersagt, aber der Wilddruck blieb – und die Schäden. Der Bannwald Hallstatt erfüllt heute seine Hauptaufgabe, den Ort Hallstatt, die Hallstatt-Landesstraße, die Hallstättersee-Landesstraße, die Soleleitung und die Stromleitung der Oberösterreichischen Kraftwerke AG vor Steinschlag, Lawinen, Hochwasser und Vermurungen zu schützen, nur mangelhaft. Die zunehmende Besiedlung und der intensive Fremdenverkehr haben in den letzten Jahrzehnten die Bedeutung des Bannwaldes Hallstatt erheblich erhöht. Es überwiegen daher in diesem Steilhangwald die Schutz- und Sozialfunktionen und die Wirtschaftsfunktion hat sich den beiden anderen unterzuordnen.

Das Gebiet: Der rund 270 Hektar große Bannwald Hallstatt umfasst den zum Westufer des Hallstättersees abfallenden Steilhang zwischen dem Gosautal und dem Echerntal. Er liegt in einer Seehöhe von 500 bis 1500 Metern. Das Grundgestein wird aus bankig gelagertem Dachsteinkalk gebildet, der zum Teil mit einer dünnen Jungschuttauflage überzogen ist. Es entwickeln sich vorwiegend Rendzina-Böden mit geringer Wasserkapazität und bescheidenem Nährstoffvolumen. Das Klima hat atlantisch-ozeanischen Charakter mit relativ milden Wintern, deutlich ausgeprägten Frühjahrsperioden und niederschlagsreichen Sommern. Der Hallstättersee wirkt auf die Temperaturextreme ausgleichend. Die im Hochwinter alljählich auftretenden Warmfronteinbrüche werden oft von starken Regenfällen bis in Höhen von 1500 Metern begleitet. Tritt eine derartige Wetterlage unmittelbar nach starken Schneefällen auf, so wird der noch lockere Neuschnee stark durchnässt und es kommt zum Abgang von zahlreichen Lawinen, welche sowohl in den ausgeprägten Lawinengängen abgehen als auch auf den steilen Hängen flächenhaft abbrechen.

Viele Anzeichen sprechen dafür, dass die Schutzwirkung des Bannwaldes abnimmt. Schon jetzt sind in diesem Bereich zwölf Lawinenzüge und sieben Wildbacheinzugsgebiete registriert. Diese Waldlawinen befinden sich bereits in einem fortgeschrittenen Entwicklungsstadium. Es können jedoch auch zahlreiche, auf die gesamte Fläche verteilte, kleinflächige Schneerutsche und Bodenlawinen festgestellt werden, die ein frühes Entwicklungsstadium darstellen. Im Bannwald Hallstatt stehen wir vor dem Problem, dass der Steilhangwald überaltert ist und durch hohe Wilddichten eine rechtzeitige Verjüngung unmöglich ist. Die natürliche Vitalität der Bäume nimmt altersbedingt ab, und somit auch ihre Schutzwirkung. Zusätzlich sind in den letzten Jahren durch Umwelteinflüsse starke Vitalitätseinbußen verstärkt aufgetreten, die zum Absterben von einzelnen Bäumen und sogar ganzen Baumgruppen geführt haben. Was zur Katastrophe für diese Bäume geführt hat, kann auch bald bei einer anhaltend progressiven Tendenz zur Katastrophe für uns führen!

Besonderen Anlass zur Sorge bereiten die Lawinen und Schneerutsche, die ihre Anbruchgebiete auf Waldblößen, in verlichteten Beständen oder in Beständen mit zu hohem Buchenanteil haben. Auf diesen Flächen mit einer durchschnittlichen Neigung von 45 Grad können Wälder nur mehr mithilfe von Schutzmaßnahmen aufgebaut werden, da Kriechschnee und Lawinen den Jungwuchs zerstören, wenn er nicht im Schutze alter Bäume, Stöcke oder Felsen aufwachsen kann. Natürliche Verjüngungsansätze wiederum werden durch das Wild vernichtet (…).
(Von Dipl.-Ing. Wolfgang Gasperl, Forsttechnischer Dienst für Wildbach- und Lawinenverbauung, Traunreiterweg 5, A-4820 Bad Ischl, 2000)

Riesenlatschen Tirol

Von Petra Lindner

Die Bergkiefer, die überwiegend auf 1000 bis 2700 Meter Höhe wächst, besitzt mehrere Unterarten – eine davon die Spirke (Pinus mugo subsp. Uncinata), die Höhen bis zu 25 Meter erreichen kann. Im Gegensatz zur Latsche, einer weiteren Bergkiefernart, die eher strauchförmig wächst und nur bis zu drei Meter hoch wird, wächst die Spirke aufrecht und baumförmig.

Ein besonders schöner Spirkenwald findet sich im Afrigal-Talkessel in der Nähe des Tiroler Fernpasses. Im Dezember 2010 wurde das **Naturschutzgebiet Afrigal** ausgewiesen, das knapp 72 Hektar umfasst; davon besitzen gut 40 Hektar bereits den Status als Naturwaldreservat.

Auch der **Spirkenwald** ist als Naturwaldreservat ausgewiesen, das heißt, dass er sich ohne Einfluss des Menschen entwickeln darf und die naturgegebenen Prozesse ungehindert ihren Lauf nehmen. Der Spirkenwald ist eines von mehr als zwanzig Naturwaldreservaten im Bundesland Tirol, und die Bestrebungen gehen dahin, künftig weitere schützenswerte Waldgebiete als Naturwaldreservate auszuweisen.

Die Bäume gedeihen im Gebiet des Bergsturzes am Fernpass – des drittgrößten Bergsturzes in den Ostalpen mit über einem Kubikkilometer Trümmern, der sich vor etwa 4150 Jahren auf einer Breite von etwa anderthalb Kilometern ereignete und das Dolomitgestein zu einer teilweise Hunderte von Metern dicken Schicht auftürmte. Von Vorteil ist, dass die Spirke mit solchen extremen und unwirtlichen Bedingungen wie Schutthalden und Felsen im Gegensatz zu anderen Bäumen gut zurechtkommt und ihr auch Überschüttungen wenig anhaben können. Mit ihren dunklen Nadeln und Stämmen bilden die Spirken einen reizvollen Kontrast zu der Steinlandschaft in Grautönen.

Der Spirkenwald wächst in der Nähe von Imst, der Hauptstadt des gleichnamigen Bezirks. Imst liegt gut 60 Kilometer westlich von Innsbruck und ist von dort aus mit dem Auto über die Autobahn A 12 zu erreichen. Wer mit öffentlichen Verkehrsmitteln anreisen möchte, kann von Innsbruck aus eine regelmäßige Bahnverbindung nutzen.

INFO

Imst Tourismus
Johannesplatz 4
A-6460 Imst
Tel.: +43 (0)5412/69100
E-Mail: info@imst.at
www.imst.at

Bergsturzwald und Obergurgler Zirbenwald im Naturpark Ötztal

Von Petra Lindner

Auf etwa 65 Kilometer Länge erstreckt sich das Ötztal, das längste Seitental des Inntals, in Tirol und trennt die Ötztaler und die Stubaier Alpen. Entstanden ist das Tal im Zuge der Eiszeit, als es von dem Ötztalgletscher in den Fels gegraben wurde. Bemerkenswert ist die Vielfalt der Landschaften und Klimazonen – fruchtbare, landwirtschaftlich genutzte Regionen am Eingang des Tals lassen kaum erahnen, dass es auch ein großes Gletschergebiet gibt.

Vor rund 8700 Jahren ereignete sich ein Bergsturz, der mit seinen Felsmassen (gut zwei Kubikkilometer) eine Fläche von etwa 12 Quadratkilometern unter sich begrub. Gneis wurde dabei durch den Druck und die durch Reibung entstandene Hitze zu Köfelsit umgewandelt, eine Gesteinsverglasung, die dem Bimsstein ähnelt. Die Felsen, die einst mit großem Getöse ins Tal stürzten, sind heute moosbedeckt. In dieser unwirtlichen Landschaft entstand der sogenannte „Bergsturzwald“ und hier gedeiht dennoch üppiges Leben – vor allem Nadelbäume wie Föhren, Lärchen und Fichten haben sich hier angesiedelt und zeugen davon, wie anpassungsfähig und genügsam diese Baumarten sind.

Der **Obergurgler Zirbenwald** liegt auf etwa 1950 bis 2100 Meter Höhe und zeigt auf rund 20 Hektar Fläche einen geschlossenen Zirbenbestand. Die Bäume sind zum Teil weit über 300 Jahre alt, was für die Zirben ein selten hohes Alter und einen Schatz in der Biomasse des Gebietes darstellt. Daher ist dieses Waldgebiet seit 1963 als Naturdenkmal ausgewiesen. Fast wäre der Wald in den 1880er-Jahren einem Brand zum Opfer gefallen, doch die damals schon alten Zirben, die heute neben dem frischen Jungwuchs einen zweistufigen Wald aufbauen, haben überlebt. Auf sonnigen Lichtungen und Lücken im Unterholz und auch in den Baumkronen regt sich eine Vielfalt der Kleintierfauna. Von Alpensalamandern, Schneehühnern, Tannenhähern bis hin zu Murmeltieren in den Randzonen ist alles vorhanden. Der Tannenhäher, der mit Vorliebe die kleinen Samennüsse der Zirben frisst, verrichtet damit unschätzbare Dienste in der Arterhaltung der Zirben, indem er die Zirbensamen weiträumig verbreitet.

Der Obergurgler Zirbenwald ist Teil des UNESCO-Biosphärenparks Gurgler Kamm. Heute führt ein 2,1 Kilometer langer Erlebnisweg durch den Zirbenwald. Viele weitere Themenwanderungen bietet die Naturparkverwaltung während der Sommermonate an.

Das Ötztal liegt rund 100 Kilometer südwestlich von Innsbruck und ist von dort aus mit dem Auto über die Autobahn A 12 und die Bundesstraße B 186 zu erreichen. Auch mit Bahn und Bus gelangt man von Innsbruck aus ins Ötztal.

INFO

Naturpark Ötztal
Gurglerstraße 104
A-6456 Obergurgl
Tel.: +43 (0)5256/22957
E-Mail: info@naturpark-oetztal.at
www.naturpark-oetztal.at

Von Petra Lindner

Naturwaldreservat Prossauwald in Bad Gastein

Blick ins Kötschachtal bei Bad Gastein

Der Prossauwald umfasst rund 43 Hektar und liegt im Kötschachtal in der Gemeinde Bad Gastein in einer Höhe von etwa 1350 bis 1850 Metern. Er befindet sich am steilen Süd- bis Südwestabfall des Grasleitenkogels. Im Nordwesten wird er von der felsigen Raffelrinne, im Südosten vom Kesselkarbach und im Süden durch steile Gesteinsabbrüche begrenzt.

Ziel des Waldreservats ist die Erhaltung dieser charakteristischen Naturlandschaft als von direkten menschlichen Eingriffen freigehaltenem Naturwald, weil diese besondere Lebensgemeinschaften von Pflanzen und Tieren sowie ein besonderes Landschaftsgefüge aufweist, das das Landschaftsbild prägt und der Erhaltung dieses Gebietes für naturwissenschaftliche Forschungen bedeutsam ist.

Die Flora des Gebietes umfasst Mischwälder der hochmontanen (Fichten-Tannenwald mit Kiefer und Eberesche) bis subalpinen Stufe (Lärchen-Zirbenwald mit Fichte und Latsche); ein bemerkenswertes Tannenvorkommen bis etwa 1700 Meter; sowie Rostrote Alpenrose, Drahtschmiele, Grünerle (in Lawinengang); hochmontanen Fichten-Tannenwald (1350 bis 1600 Meter); tiefsubalpinen Fichtenwald (1600 bis 1750 Meter) und hochsubalpinen Lärchen-Zirbenwald (1750 bis 1900 Meter). Typisch für den Prossauwald sind verschiedene kleinere Nadelwaldbestände mit allen Übergängen vom reinen Fichten- und Fichten-Tannenwald bis zum Lärchen-Zirbenwald.

Die Fauna des Prossauwaldes umfasst eine Vielzahl von Vogelarten wie Sperber, Steinadler, Wanderfalke, Alpenschneehuhn, Sperlingskauz, Raufußkauz, Alpensegler, Schwarzspecht, Dreizehenspecht, Gebirgsstelze, Misteldrossel, Ringdrossel, Zilpzalp, Weidenmeise, Haubenmeise, Waldbaumläufer, Eichelhäher, Tannenhäher, Birkenzeisig und Fichtenkreuzschnabel. Natürlich sind auch alle typischen Bergwaldbewohner wie Rot-, Reh- und Gamswild, Schwarzwild, Rotfuchs und Schneehase vertreten. Bär, Luchs und Wolf sind hier nur seltene Gäste.

Besucher finden im Umfeld von Bad Gastein eine Angebotsfülle von geführten Wanderungen und Panoramawegen.

Die Anreise mit dem Auto geht von Salzburg über die Tauernautobahn Richtung Süden bis Bischofshofen, Ausfahrt Gasteinertal, Bundesstraße 167 bis Gasteinertal. Von Innsbruck nimmt man die Autobahn über Wörgl, Bundesstraße 312 über St. Johann/Tirol bis Lofer, Bundesstraße 311 über Zell am See bis Lend, Bundesstraße 167 bis Gastein. Von Süden kommend fahren Sie über Villach, Möllbrücke und Obervellach nach Mallnitz und erreichen von dort aus durch die Autoschleuse bequem Gastein. Mit dem Zug oder Linienbus findet man in allen größeren Städten Verbindungen nach Bad Gastein.

INFO

Gasteinertal Tourismus GmbH
Tauernplatz 1
A-5630 Bad Hofgastein
Tel.: +43 (0)6432 3393 0
E-Mail: info@gastein.com
www.gastein.com

Von Petra Lindner

Naturwaldreservat Mitterkaser

Das Naturwaldreservat Mitterkaser liegt im westlichen Teil des Steinernen Meeres. Als „Mitterkaser" wird ein auch zur Beweidung genutztes Gebiet bezeichnet, das die bewaldeten Hänge östlich der Staumauer des Dießbachstausees umfasst. Die Fläche des Waldgebietes beträgt etwa 95 Hektar, wobei der Stausee sowie große Teile des Latschenbuschwaldes nicht miteinbezogen wurden. Das so begrenzte Gebiet erstreckt sich von 1415 Meter (am Stausee) bis auf 1820 Meter über N.N. Nord-, West- und Südhänge bilden die Begrenzung einer Mulde, deren tiefsten Punkt der Stausee darstellt. Gespeist wird der Stausee durch den Dießbach, welcher den Westhang durchfließt.

Wissenschaftliche Beobachtungen ergaben, dass eine erhöhte Luftfeuchtigkeit durch den Stausee Frostschäden hervorruft und damit die natürliche Entwicklung des Waldreservats gefährdet. Der Westhang, im Osten abgegrenzt durch die Mitterkaserwand, weist eine geringe Neigung auf. Süd- und Nordhang sind auch an steilen Hängen noch bewaldet. Die Waldgrenze des Mitterkasers liegt bei 1730 Meter und die Baumgrenze bei 1805 Meter. Auftretende Waldgesellschaften sind Hochstauden-Fichtenwald, Lärchenweidewald, Latschen-Lärchen-Zirbenwald, Latschenblockwald und Latschenbuschwald mit einer bemerkenswerten Artenvielfalt, was sich auch in der reichen Vogelwelt der Region zeigt. Ornithologische Untersuchungen aus den 1990er-Jahren zeigen, dass der Naturwald Mitterkaser viele seltene Arten beheimatet. Bei einer bloßen numerischen Bewertung der Artenvielfalt würde ein naturnaher Wald dieser Höhenlage unterbewertet, da die Artenzahl mit zunehmender Seehöhe rückläufig ist. Dagegen zeigt das Vorkommen neun wichtiger „Indikatorarten" auf 95 Hektar den Wert dieses naturnahen Waldes in eindrucksvoller Weise. Die Vielfalt von fast vierzig Vogelarten ist für den relativ kleinen Bergwald sehr beachtlich. Die typischen Schalwildarten und andere Säugetiere der alpinen Bergregionen sind hier natürlich auch reichlich vertreten. Wolf, Bär und Luchs sucht man aber auch hier vergeblich. Stattdessen müssen die zweibeinigen Jäger sich darum kümmern, dass der Waldnachwuchs vom Wild nicht ganz und gar aufgefressen wird.

Eine beliebter Bergwanderweg (W8) führt vom Parkplatz Pürzelbach zum Dießbachstausee. Am Ende des Sees beginnt der Naturpark Mitterkaser mit herrlich duftenden Zirbenbäumen.

Die Anfahrt von München führt über die A 8 München–Salzburg bis Inntaldreieck und A 93 bis Oberaudorf, dann auf Bundesstraßen über Walchsee, Kössen, Waidring und Lofer nach Weißbach bei Lofer.

INFO

Jausenstation Kallbrunnalm
Weißbach bei Lofer
Braunmüller Peter
Pürzelbach 29, A-5093 Weißbach bei Lofer
Hüttentel.: +43 (0)6582/72407
E-Mail: info@kallbrunnalm.at
www.kallbrunnalm.at

Von Ewald Lindner

Naturschutzgebiet Vilsalpsee

Auswirkungen von Schneelawinen unterhalb der Rotspitze bei fehlendem Bannwald am Vilsalpsee

Das Naturschutzgebiet um den Vilsalpsee liegt im Tannheimertal beziehungsweise in den Tannheimer Bergen in Tirol und steht seit 1957 unter Naturschutz. Es erstreckt sich über rund 1830 Hektar im Gelände der Gemeinden Tannheim und Weißenbach im Bezirk Reutte und umfasst den Vilsalpsee mit rund 57 Hektar und die höhergelegenen kleineren Gewässer wie den Traualpsee, die Lache und den Alplsee mit dem umliegenden Gebirgsraum und Höhenstufen von 1160 bis 2274 Meter über N.N.

1995 wurde es im Rahmen des EU-Naturschutzprogramms als „Natura 2000-Gebiet" vorgeschlagen, 1998 als Naturschutzgebiet erweitert und ab 2000 sowohl als FFH-Gebiet (Fauna-Flora-Habitat nach Richtlinie der EU) als auch Europäisches Vogelschutzgebiet nach Vogelschutzrichtlinie ausgewiesen. Im Jahr 2002 erfolgte eine Vergrößerung des Gebietes auf 1829 Hektar. Für das Natura 2000-Gebiet Vilsalpsee werden folgende Erhaltungsziele festgelegt: Erhaltung der alpinen Kalklebensräume, Erhaltung der alpinen Rasen, Erhaltung der subalpinen und hochmontanen Wälder und Erhaltung der Lebensräume in den und um die Seen Vilsalpsee, Traualpsee, Lache und Alplsee. Hinzu kommt noch der Schutz und die Förderung der charakteristischen Vogelarten und die Erhaltung und Förderung der spezifischen Arten und Lebensräume.

Als charakteristische Vogelarten sind vor allem Schwarzspecht,

Steinadler, Uhu, und Sperlingskauz zu sehen. Auch der Frauenschuh kommt hier vor. Lebensräume und Arten sind: Kalk- und Schieferschutthalden, artenreiche Borstgrasrasen – montan, kalkreiche Niedermoore, Moorwälder, Kalktuffquellen, alpine Kalkrasen, Unterwasservegetation an Fließgewässern der Submontanstufe und der Ebene mit Fluthahnenfuß, alpine Flüsse und ihre Ufergehölze mit Reifweide, feuchte Hochstaudenfluren, alpine Flüsse und ihre krautige Ufervegetation, bodensaure Fichtenwälder sowie alpine und subalpine Heidegebiete.

Zwischen der Vilsalpe und dem Bergaicht (Bergacht) findet sich ein sehr ursprünglicher Naturwald, der infolge eines Bergsturzes im Jahr 1797 große Teile der Vilsalpe unter sich begrub und seither weitgehend von der Nutzung verschont blieb. Hier wandert man durch einen mystischen Fichtenwald mit großen, moosbewachsenen Gesteinsbrocken.

Eine Wanderung um den Vilsalpsee ist meist nur im Hochsommer möglich, da nur ein schmaler Wanderweg zwischen dem See und Berghängen um den See führt. Dieser ist meist bis weit in den Frühsommer hinein noch durch Reste der Schneelawinen und Gesteinsgeröll zumindest teilweise versperrt. Hier wird sehr gut erkennbar, wie wichtig die Funktion des Waldes als Bannwald zur Verhinderung von Lawinen und Erdrutschen ist.

In den Bergwäldern sind auch das Auerhuhn, neben Schwarz- auch Dreizehenspecht und neben Sperlings- auch der Raufußkauz heimisch. Oberhalb der Waldgrenze gibt es außerdem Bergpieper, Alpenschneehühner und Wanderfalken. Dazu finden sich Murmeltier, Gämse und Moorschneehuhn. An Arten auf der Roten Liste sind noch Turmfalke, Grünspecht und Rauchschwalbe aufgeführt. Im Gappenfelder Notländ am Ostrand des Gebiets leben Birkhühner, Gämsen und Murmeltiere. Auch das sogenannte „Tattermandl", der schwarze Alpensalamander, ist hier noch zu finden. Darüber hinaus ist auch hier der Bestand an Rot- und Rehwild offensichtlich deutlich zu hoch. Das Wild ist durch die übliche Winterfütterung sehr zutraulich und lässt die Besucher unnatürlich nahe an sich herankommen. Hunde sind unbedingt an der Leine zu halten.

Um in das Naturschutzgebiet Vilsalpsee zu gelangen, fährt man von Weißenbach am Lech über den Gaichtpass nach Tannheim beziehungsweise ins Tannheimer Tal. Von Deutschland ist das Gebiet über Oberjoch oder Pfronten her erreichbar.

Vom Parkplatz in Tannheim führt eine Straße rund fünf Kilometer nach Süden bis zur Nordspitze des Vilsalpsees. Tagsüber verkehrt zwischen 10 und 17 Uhr ein Pendelbus sowie eine Pferdekutsche von Tannheim zum See. Diese reizvolle Strecke ist auch zu Fuß oder mit dem Fahrrad zurückzulegen. Der Wanderrundweg um den See bis zur Südspitze und zurück ist rund sechs Kilometer lang und dauert etwa 90 Minuten. Wenn man von Tannheim zu Fuß hier hochmarschiert und dann noch den See umrundet, hat man ungefähr elf Kilometer zu laufen. Rechnet man dann noch den Rückweg vom See bis nach Tannheim, so sind es insgesamt etwa 16 Kilometer Weg, für die man gut zu Fuß sein muss.

Mit der Vogelhornbahn von Tannheim kann man auf das Neunerköpfle (1862 m ü. A.) fahren. Von dort wandert man über die Strindenscharte und Gappenfeldscharte zur Landsberger Hütte.

INFO

Schutzgebietsbetreuung
Mag. Christina Moser
Büro TVB Tannheimertal
A-6675 Tannheim
Tel.: +43 (0)676/88 508 7887
E-Mail: vilsalpsee@tiroler-schutzgebiete.at
www.tiroler-schutzgebiete.at

Tourismusverband Tannheimer Tal
Vilsalpseestraße 1
A-6675 Tannheim
Tel.: +43 (0)5675 6220-0
Fax: +43 (0)5675 6220-60
info@tannheimertal.com
www.tannheimertal.com

Von Ewald Lindner

Die wilden Wälder der Schweiz

Auch in den Waldreservaten der Schweiz hat die Ökologie Vorrang. Im Normalfall wird ganz auf forstliche Eingriffe verzichtet, sodass sich der Wald frei entwickeln kann (Naturwaldreservate), oder es werden mit gezielten Eingriffen bestimmte Arten und Biotope erhalten und gefördert (Sonderwaldreservate). Oft werden beide Reservatstypen kombiniert (Komplexreservate). Doch nicht alle schützenswerten Naturwälder stehen unter dem Schutz, den sie verdienen. Selbst im Nationalpark gibt es immer noch Gebiete, die nicht unter Totalschutz stehen. Hier ist teilweise noch immer die Jagd, das Sammeln von Beeren und Pilzen oder gar die teilweise Waldbeweidung erlaubt. Oftmals müssen viele Kompromisse eingegangen werden, um überhaupt ein Reservat ausweisen zu können.

„Insgesamt sind heute 4,6 Prozent der Waldflächen als Reservate ausgewiesen, davon 2,5 Prozent als Naturwaldreservate (NWR) und 2,1 Prozent als Sonderwaldreservate (SWR). Allerdings variiert der Wert in den verschiedenen Regionen. Die vorliegenden Zahlen aus den Kantonen stimmen uns insofern optimistisch, als wir das quantitative Ziel bereits fast zur Hälfte erreicht haben", schreibt das Schweizerische Bundesamt für Umwelt (BAFU) im Herbst 2012. Im Jahr 2030 sollen zehn Prozent der Waldflächen als Reservate ausgewiesen sein.

Die Einrichtung von Reservaten in der Schweiz ist Aufgabe der Kantone. Die Reservate müssen zwischen Kanton und Waldeigentümer vertraglich abgesichert werden. Der Bund und die Kantone müssen private Waldbesitzer für die Ertragsausfälle in Naturwaldreservaten entschädigen. In Sonderwaldreservaten werden Waldbesitzern die Kosten für besondere Naturschutzmaßnahmen erstattet. Alle Kantone haben ein Waldreservate-Konzept erarbeitet, das vom Bund genehmigt wurde.

Viele Diskussionen gibt es in der Schweiz um die Rückkehr der großen Raubtiere Wolf, Luchs und Bär. Hier gibt es natürlich auch die unterschiedlichsten Ansichten bei Tierschützern, Jägern, Waldbesitzern, Landwirten und der Bevölkerung. Fest steht aber, dass diese Raubtiere genau wie Adler und Geier einen festen Platz in unserer ursprünglichen Natur hatten und auch wieder bekommen sollten. Sie sind ein wichtiger Teil im Ablauf natürlicher Prozesse. Aber sie brauchen genau wie der Wald ***ausreichend große Schutz- und Rückzugsgebiete,*** damit Mensch und Tier weitgehend ungestört voneinander leben können. Das ist in Zeiten immer größerer Zersiedlung und kleiner werdender Naturräume eine sehr schwere Aufgabe.

Der Mensch wird nicht umhin kommen, zu erkennen, dass er nur mit und in einer intakten Natur überleben kann. Die ewig gestrigen „Wachstumspropheten" werden schon sehr bald erkennen müssen, dass immerwährendes Wirtschaftswachstum auf Kosten unserer natürlichen Lebensgrundlagen geht und dass die natürlichen Ressourcen begrenzt und sehr schnell verbraucht sein können. Die ständig wachsende Weltbevölkerung und die weltweite Zerstörung der Naturwälder sind neben der Verbrennung fossiler Brennstoffe die größten Verursacher der Klimaerwärmung, die noch sehr weitreichende und katastrophale Folgen für unsere Nachkommen haben wird. Es ist höchste Zeit, umzudenken und sich zu freuen, wenn die Zahl derer, die unsere Natur verbrauchen und mißhandeln, zurückgeht.

Auch in den Naturparks und Biosphärenreservaten der Schweiz ist der Naturschutz meist weit geringer als in den Naturwaldreservaten. Dennoch berichtet unser Buch auf den folgenden Seiten nicht nur von absoluten Totalschutzgebieten, sondern auch von solchen, die es wert sind, besser geschützt zu werden. Die Verfasser haben eine Auswahl nach Kriterien der Artenvielfalt und Besonderheiten getroffen. Nicht immer ist das größte Waldgebiet auch das interessanteste oder für die Biodiversität (biologische Vielfalt) wichtigste. Auch soll der Mensch noch zu seinem Recht kommen, die Schönheiten der Natur zu genießen, sich in der freien Natur zu erholen und andererseits auch ein Verständnis für die Bedürfnisse der Natur und besonders die unseres Waldes zu entwickeln. Es wird daher auch auf sehenswerte Naturschönheiten und Landschaften verwiesen, aber andererseits auch nicht mit kritischen Anmerkungen gespart. Der Natur ist nicht geholfen, wenn alles in den schönsten Farben dargestellt wird. Gäbe es nicht die kritischen Naturschützer, so wäre es um die Natur sehr viel schlechter bestellt.

Wanderer im Nationalpark Graubünden

Von Ewald Lindner

Bödmerenwald im Muotathal

Der Bödmerenwald – 550 Hektar Wald

Im Hinteren Muotathal unterhalb des Pragelpasses befindet sich eines der ursprünglichsten Waldgebiete der Schweiz im Kanton Schwyz. Das etwa 550 Hektar große Waldgelände liegt auf einer Höhe zwischen 1400 und 1700 Metern über N.N. ohne starke Hanglagen im Kerngebiet, aber von tiefen Gräben und Schluchten durchzogen. Auf dem felsigen Gelände findet sich ein subalpiner Fichtenwald mit relativ lichter Struktur. Seit 1984 sind 70 Hektar davon als Naturwaldreservat ausgewiesen. Der Reservatstatus erlaubt wissenschaftliche Untersuchungen und überrascht mit interessanten Erkenntnissen, welche die Einmaligkeit dieser Tier- und Pflanzengemeinschaft bezeugen.

Das Gebiet des Bödmerenwaldes entstand vor rund 7000 Jahren nach dem Rückzug der eiszeitlichen Gletscher aus einem Pionierwald von Bergföhren und Birken zum heutigen subalpinen Fichtenwald. Genetische Untersuchungen bestätigen, dass die Fichte aus dem Norden der Schweiz einwanderte und heute 95 Prozent des Bestandes ausmacht.

Im nördlichen Bödmerenwald, nahe dem Pragelpass, ist der „Urwald" seit rund 40 Jahren verschwunden. Menschliche Einflüsse, forstliche Eingriffe wie Durchforstungen und Verjüngungseinschläge haben die Struktur und die natürliche Entwicklung verändert. Auf einer Fläche von rund 107 Hektar gibt es keinen „Urwald" mehr. Interessanterweise zeigen aber einige Charakteristiken aus angestellten Forschungen und Bodenanlysen, dass hier noch vor relativ kurzer Zeit (rund 50 bis 80 Jahre) ein urwaldähnlicher Wald bestand. Im Kernbereich des Bödmerengebietes ist ein breites Band „urwaldähnlich" erhalten geblieben, das fast unberührt die Jahrhunderte überdauert hat.

In den Randbereichen gegenüber den Alpgebieten sind Nutzungsspuren festzustellen. Es handelt sich um Holzentnahmen für Brenn- und Hagholz (Zaunholz), das von den Einheimischen herausgenommen wurde, und in jüngerer Zeit wurden Borkenkäfernester durch Helikopter und Pestizide entfernt. Eine industrielle Nutzung, wie Kahlschläge, systematische Durchforstung oder Spuren einer waldbaulichen

Der Bödmerenwald wird von tiefen Felsgräben durchzogen

Betriebsart, gab es in diesen Waldgebieten nie. Die für den Bödmerenwald typische Struktur von kleineren Baumgruppen mit verschiedenen Entwicklungsphasen (Jungwald-, Optimal-, Alters- und Zerfallsphase) und die sehr große Biodiversität blieb erhalten. Hier könnte sehr bald (innerhalb von 20 bis 30 Jahren) schon wieder ein „Urwald" entstehen, wenn man den Mangel an Totholz beheben und die vom Borkenkäfer befallenen Bäume dort belassen würde. Käferbäume sind im Urwald ein Element der Zerfallsphase. Sie haben seit Jahrtausenden den natürlichen Lebenslauf des Waldes nicht gestört und müssen nicht entfernt werden. Vermutlich würde sich über einen längeren unbeeinflussten Zeitraum auch wieder ein subalpiner Bergmischwald ausbilden, zumal sich durch die Klimaerwärmung auch die Jahresdurchschnittstemperaturen erhöhen werden. Dass hier zurzeit Buche, Birke und Ulme fast nicht vorhanden sind, ist wahrscheinlich den seit Jahrhunderten üblichen Brennholzentnahmen der einheimischen Bevölkerung und teilweise auch dem Karstboden geschuldet. Rot-, Reh- und Gamswild taten wohl ein Übriges. Normalerweise können die genannten Laubbäume durchaus bis in Höhenlagen um 1500 Meter bestehen, sofern der Untergrund ausreichend Nahrung und Verwurzelungsmöglichkeiten bietet.

Der Kernbereich und der Randbereich bilden zusammen eine Waldfläche von 265 Hektar. Wissenschaftliche Untersuchungen zeigen die sehr große Biodiversität (Artenvielfalt) und Unberührtheit des Bödmerenwaldes. Pilze, die in der Schweiz nur im Bödmerenwald vorkommen oder in Europa sehr selten sind und sogar Pilze, die nur in entfernten Erdteilen gefunden wurden, weisen auf die Einmaligkeit des Bödmerenwaldes hin. Das Binnenklima wurde (außer durch die neuzeitliche, von Menschen verursachte Klimaerwärmung) nie beeinflusst, was durch die große Artenvielfalt der Flechten und das Vorkommen seltener Arten sowie der rund 300 Moosarten bewiesen wird.

Geologisch betrachtet ist das Gebiet des Bödmerenwaldes zu den nördlichen Kalkalpen zu zählen. Mit rund 2500 Millimeter Niederschlag pro Jahr, wovon der größte Teil im Winter als Schnee fällt, ist das Gebiet eines der niederschlagsreichsten im gesamten Alpengebiet. Durch die karstigen und wenig humusbedeckten Untergründe kann der Boden aber nur wenig Wasser speichern.

INFO

Das Muotathal bietet neben den Waldgebieten eine ganze Reihe von naturnahen Freizeitangeboten und zahlreichen Wanderwegen. Wanderer dürfen sich auf den vorgeschriebenen Wanderwegen bewegen. Wenn Sie an einer Urwald-Exkursion interessiert sind, so wenden Sie sich bitte an die folgenden Anbieter:

Erlebniswelt Muotathal
Montag bis Freitag 8.30 bis 11.30 Uhr
und 13.30 bis 17.30 Uhr.
Tel.: +41 (0)41 830 28 45
Fax: +41 (0)41 830 28 14
info@erlebniswelt.ch
www.erlebniswelt.ch/b_boedmurwald.php

Private Bergführer:
Alois Imhof, Tel.: +41 (0)830 16 37, oder
079 600 27 13,
Hans Moor, Tel.: +41 (0) 830 24 51, oder
079 584 49 49 77,

Tourismusbüro
Öffnungszeiten: Montag bis Samstag
9.00 Uhr bis 18.00 Uhr.
Mittwochnachmittag geschlossen.
Wilstrasse 1
Postfach 235, CH-6436 Muotathal
Tel.: +41 (0)830 15 15

Natur- und Tierpark Goldau
Parkstrasse 40, CH-6410 Goldau
Tel.: +41 (0)859 06 06
Fax: +41 (0)859 06 07
E-Mail: info@tierpark.ch
www.tierpark.ch

Von Ewald Lindner

Der Tannen-Urwald von Derborence

Im Tal von Derborence

Derborence ist nur eine kleine Siedlung in der Gemeinde Conthey in einem Talkessel unterhalb des Diablerets-Massivs auf etwa 1450 Meter Höhe. Es liegt geografisch etwa 35 Kilometer südwestlich von Montreux und rund 25 Kilometer nordöstlich von Martigny.

Derborence wurde in den Jahren 1714 und 1749 von zwei gewaltigen Bergstürzen heimgesucht, deren Auswirkungen auf das Gelände man noch heute deutlich sehen kann. Hier liegen noch immer riesige Felsblöcke zwischen den Bäumen. Durch den zweiten Felssturz entstand dann auch der See „Lac de Derborence".

Seither blieb der hochmontane Tannen-Fichtenwald am Steilhang oberhalb des Sees von jeder forstwirtschaftlichen Nutzung weitgehend verschont. Lediglich die wenigen Bauern und Einwohner des Dorfes holten sich ab und an etwas Brennholz, was aber durch die Steillage und die Felsen sehr mühsam war. Selbst das Vieh konnte hier nicht, wie sonst üblich, zur Weide in den Wald getrieben werden.

Das Tal von Derborence wird sowohl durch das trockene heiße Klima des Rhonetals als auch durch feuchte atlantische Strömungen beeinflusst. Die jährliche Niederschlagsmenge liegt zwischen 1200 und 1800 Millimetern und die Jahresdurchschnittstemperatur beträgt etwa fünf bis sechs Grad.

Geologisch gehört das Gebiet zu den Kalkalpen und dementsprechend besteht der Untergrund überwiegend aus Kalkstein. Die darüberbefindliche Erde ist als feinkrümelige Braunerde mit hohem Humusanteil und teilweise dicker Auflage von Tannen- und Fichtennadeln und kleinem Gezweig bedeckt. Die Bodenschicht ist an vielen Stellen nur wenige Zentimeter dick.

Der eigentliche „Urwald" wurde durch die beiden Bergstürze nicht geschädigt, da er am Steilhang oberhalb des Sees liegt. Im Herzen des Schutzgebietes bedeckt der Urwald mit dem Beinamen „l'Ecorcha" oder „l'Ecorchia" eine Fläche von 25 Hektar mit riesigen Tannen, die älter als 450 Jahre und höher als 40 Meter werden. Jeder einzelne dieser alten Riesen wurde zwecks langfristiger wissenschaftlicher Untersuchungen erfasst. Die dickste Tanne hat einen Brusthöhendurchmesser von über 150 Zentimetern und eine Höhe von rund 43 Metern.

Neben Tannen, Fichten und Lärchen, die über 80 Prozent des Baumbestandes ausmachen, finden sich hier aber auch mehr und mehr Jungbäume der Bergföhre, Vogelbeere, Bergahorn, Buche und Schwarzpappel sowie in der Nähe des Sees auch Weide und Hängebirke im Baumbestand. Durch den Sturm Vivian im Februar 1990 wurden viele der großen alten Bäume umgeworfen. Dies hatte zur Folge, dass es wieder Platz für neue Baumgenerationen gab. Auch machte sich der Borkenkäfer über die durch den Sturm umgestürzten Bäume her und schädigte auch weitere Bäume. Doch diese natürlichen Prozesse können einen Naturwald nicht aus dem Gleichgewicht

Blick auf den See von Derborence

bringen, sondern sorgen langfristig für neue gesunde Bäume und den Erhalt des Artenreichtums. In rund 50 Jahren wird wohl kaum noch etwas von den Sturmschäden aus dem Jahr 1990 zu sehen sein, sondern gesunde große Bäume werden das Auge der Besucher erfreuen.

1959 hat die Gemeinde Conthey das Waldgebiet dem schweizerischen Heimatschutz verkauft, der es zum Naturschutzgebiet erklärte. Dank dieser Maßnahme ist es geschützt und sehr artenreich, da bereits 1911 eine Schutzzone eingerichtet wurde, die an diejenige des Waadtlandes grenzt. Auf einem Gebiet von über 152 Quadratkilometern ist die Jagd verboten und die Tiere sind geschützt. Dies hat aber nicht nur positive Folgen, da auch hier Luchs, Wolf und Bär fehlen und die hohen Bestände an Gämsen und Rehen dem Baumnachwuchs große Probleme bereiten. Es ist zu hoffen und zu wünschen, dass auch in diesem sehr dünn besiedelten Gebiet die großen Raubtiere wieder heimisch werden, um das Reh- und Gamswild langfristig wieder auf natürliche Bestandszahlen zu bringen. Bis dahin wäre es für die Waldentwicklung sicher sinnvoll, wenn die zweibeinigen Jäger die noch fehlenden Raubtiere vertreten und aushelfen dürften.

In den Hochlagen sind auch Murmeltiere und Steinböcke zu Hause. Auch eine artenreiche Vogelwelt ist hier anzutreffen. Der Königsadler ist mit fünf bis sechs Paaren gut vertreten und auch Uhu, Schneehuhn, Auerhahn, Dohle und Krähe finden hier noch ihre Lebensgrundlagen. Auch der Schwarze Alpensalamander, Eidechse, Ringel- und Äskulapnatter sind wie überall in der Bergwelt vorhanden.

Neben vielen Fußwanderwegen erreicht man die Siedlung und das „Refuge de Lac Derborence" nur mit dem Auto oder dem Postbus. Von Martigny aus fährt man in östlicher Richtung über die Autobahn A 9 bis nach Riddes und von hier aus auf der Landstraße über Ardon und Aven (Gemeinde Conthey) auf der Route de Derborence. Die kurvenreiche Autostrecke durch die Berge beträgt etwa 36 Kilometer und dauert rund 40 Minuten.

INFO

Refuge du Lac Derborence
Case postale
Route de Derborence
CH-1976 Conthey, Suisse
Tel.: +41 (0)27 346 14 28
www.derborence.ch

Office du tourisme de Conthey-région
Rue Lombarde 24
CH-1964 Châteauneuf-Conthey
Tel.: +41 (0)27 346 72 01
Fax. +41 (0)27 346 72 03
info@contheyregion.ch
www.contheyregion.ch

Von Ewald Lindner

Der Fichten-Urwald Scatlè

Das kleine Waldreservat Scatlè befindet sich am steilen Nord-Osthang des Piz Dado bei Brigels im Kanton Graubünden. Es handelt sich um ein Waldreservat mit einer Fläche von rund 24 Hektar und erstreckt sich im subalpinen Bereich in einer Höhe von etwa 1500 Metern bis hinauf über die Baumgrenze bei rund 2000 Meter über N.N.

Das Gebiet wurde 1910 mit rund neun Hektar von der Gemeinde Briegels als Schutzgebiet ausgewiesen und im Jahr 2000 noch einmal um weitere 15 Hektar auf insgesamt 24 Hektar erweitert. Der eigentliche Urwald ist aber immer noch neun Hektar groß.

„Scatlè“ bedeutet soviel wie „eingeschachtelt“. Tatsächlich ist der Fichtenwald von steilen Felsbändern, Blocktrümmerfeldern und Lawinenzügen eingeschachtelt. Weil er sehr abgelegen ist, wurde hier auch nie Holz geschlagen. Wissenschaftliche Untersuchungen haben mithilfe der sogenannten „Pollenanalyse“ ergeben, dass es auch weder Waldweidung noch Köhlerei gegeben hat. Die früher im Sommer täglich zweimal vorbeiziehende Ziegenherde hat höchstens den unteren Rand abgeweidet.

Das Gebiet des Scatlè wird von einem kühlen und feuchten Alpenklima geprägt. Die jährliche Niederschlagsmenge liegt bei rund 1450 Millimetern und die Jahresdurchschnittstemperatur liegt bei ungefähr 2,2 Grad. In Löchern und Spalten des stark zerklüfteten Untergrunds bleibt der Schnee oft bis in den Frühsommer hinein liegen.

Geologisch betrachtet liegt das Gebiet auf einem Blockschutthang mit großen Gesteinsblöcken im unteren Bereich, die auf einen Bergsturz in prähistorischer Nacheiszeit vor ungefähr 7000 bis 9000 Jahren zurückzuführen sind. Darüber hat sich ein Silikatblockboden mit einer relativ dünnen und wasserdurchlässigen Humusschicht entwickelt.

In dem subalpinen Torfmoos-Fichtenwald finden sich alle typischen Arten von Moosen und Farnen. Die höchsten Lagen unterhalb der Baumgrenze werden durch einzelne Fichten und Grünerlen geprägt. Die Baumschicht wird von Fichten und einzelnen Weißtannen dominiert. In der Strauchschicht wachsen Geißblatt, Alpen-Heckenrose, Alpen-Johannisbeere und über 1800 Meter Höhe auch die Rostblättrige Alpenrose. In der Krautschicht dominieren Heidelbeere, Breiter Wurmfarn und Wolliges Reitgras.

Natürlich sind hier im Umfeld auch alle typisch alpinen Tierarten vertreten. In jüngster Zeit sind auch verstärkt Gämsen anzutreffen, die hier ihre geschützten Einstände und gutes Futter finden.

Das Gebiet um Breil/Briegels ist touristisch noch nicht sehr stark erschlossen, was der Natur zugutekommt. Informationen zu Herbergen und Wandertouren erhalten Sie bei der Gemeindeverwaltung von Breils.

Mit dem Zug: Intercity-Züge via Basel–Zürich, Lindau/Deutschland oder Feldkirch/Österreich bringen Sie stressfrei bis Chur. Ab der Bündner Kantonshauptstadt geht es mit der Rhätischen Bahn in lediglich 36 Minuten durch die spektakuläre Rheinschlucht nach Ilanz, von wo mit einer kurzen Postautofahrt die Ziele Obersaxen, das Val Lumnezia, Waltensburg und Andiast sowie das Safiental erreicht werden können. Für Brigels geht die Fahrt mit der Rhätischen Bahn bis nach Tavanasa weiter. Von dort bringt das Postauto die Gäste auf das Hochplateau von Brigels.

Mit dem Auto über die A 13 via Basel und Zürich entlang des Walensees oder die A 13 ab der Bodenseeregion bis zur Ausfahrt Reichenau/Disentis (via Lindau/Deutschland mit Korridorvignette auf der Österreichischen Autobahn bis Ausfahrt Hohenems/Diepoldsau, danach ab Diepoldsau auf die Schweizer Autobahn A 13 wechseln; ab Feldkirch/Österreich via Schaan/Fürstentum Liechtenstein nach Buchs fahren und hier auf die Schweizer Autobahn A 13 auffahren). Ab Reichenau fahren Sie auf der Hauptstraße via Flims und Laax zu Ihrem Ferienziel in der Surselva.

INFO

Gemeindeverwaltung Breils
Tel.: +41 (0)81 941 11 55
E-Mail: info@breil.ch
www.breil.ch

Surselva Tourismus AG
Montag bis Samstag jeweils von 8.00 bis 12.00 Uhr und 13.30 bis 17.30 Uhr
Tel.: +41 (0)81 920 11 00
Fax: +41 (0)81 920 11 01
E-Mail: info@surselva.info
www.surselva.info

Porträt

Von Ewald Lindner

Die Gämse

Gämsen gehören in der Gattung der Säugetiere zu den Paarhufern. Wer Gämsen in freier Wildbahn beobachten kann, wird sich wundern, wie schnell sich die Tiere auch in unwegsamem Gelände bewegen. Höhenunterschiede von 1000 Metern können sie in wenigen Minuten überwinden, Sprünge auf Felsblöcke von zwei Meter Höhe und über Felsklippen von fünf Meter Weite sind auch kein Problem. Der Körper der Gämse ist hervorragend an das Leben im Hochgebirge angepasst.

Die Schulterhöhe liegt bei 80 Zentimetern, das Gewicht beträgt etwa 35 bis 50 Kilogramm bei Böcken und 30 bis 40 Kilogramm bei den Geißen. Weil Gämsen ein größeres Herz als andere Säugetiere haben, können sie Pulsfrequenzen bis 200 über längere Zeit ohne Schaden überstehen. Große Lungen und eine erhöhte Anzahl roter Blutkörperchen helfen die Muskelkraft zu steigern. Eine Gämse kann in unwegsamem Gelände eine Spitzengeschwindigkeit von 50 Stundenkilometer erreichen. Natürlich sind die Füße auch entsprechend an das Gelände angepasst. Die Hufe sind zweigeteilt. Jede Schale wird durch eine sehr harte, wie eine Leiste hervorstehende Außenkante umrundet. Die Mitte der Fußsohle ist dagegen weich und passt sich jeder Oberfläche an.

Die Weibchen und Jungtiere leben im Sommer in Gruppen bis zu 30 Tieren zusammen. Eine Gämse hält Wache, während die anderen fressen. Bei Gefahr pfeift das Wachtier und die Herde flüchtet.Nach dem ersten Schneefall splittert sich die Gruppe in kleinere Familiengruppen von wenigen Tieren auf. Das Nahrungsangebot ist spärlicher und reicht nur noch für kleinere Herden. Im Winter verlassen die Gämsen die Alpwiesen über der Baumgrenze und ziehen sich in die Wälder zurück. Je nach Schneemenge und Nahrungsangebot wandern sie dem Talboden entgegen. Die Männchen sind Einzelgänger und beanspruchen für sich ein eigenes Revier. Nur zur Paarungszeit werden sie in der Weibchengruppe geduldet. In der Brunftzeit finden zwischen den Männchen ungestüme Verfolgungsjagden statt. Die Tragezeit beträgt 170 Tage. Die Weibchen werfen im Frühjahr in der Regel ein Junges. Die Jungen sollen im nächsten Frühjahr, wenn das Nahrungsangebot wieder üppiger ist, geboren werden.

Von Ewald Lindner

Nationalpark Graubünden

Der im August 1914 gegründete Nationalpark ist bis heute der einzige des Landes. Er liegt im Osten der Schweiz, im Kanton Graubünden, befindet sich im Gebiet um den Ofenpass und umfasst heute eine Fläche von über 17.000 Hektar. Davon sind rund 5350 Hektar Wald. Der Nationalpark ist für Besucher durch viele Wanderwege erschlossen, die aber von den Wanderern nirgendwo verlassen werden dürfen.

Der Schweizerische Nationalpark ist eine streng geschützte Wildnislandschaft, in der sich Fauna und Flora frei entfalten und sich natürliche Prozesse ungebremst entwickeln können. Der Nationalpark ist heute ein Naturschatz von unschätzbarem Wert für den Artenschutz und die Naturforschung. Man mag es kaum glauben, aber es gibt auch in Mitteleuropa noch immer viele Arten, die uns unbekannt sind, vor allem im Mikrokosmos unter der Erde.

Der Schweizerische Nationalpark gehört der höchsten Kategorie Ia (Wildnisgebiet) der Weltnaturschutzunion (IUNC) an und genießt somit den höchsten Schutz. Im Nationalpark dürfen weder Wege verlassen, Blumen gepflückt, Wiesen gemäht, Tiere getötet noch Bäume gefällt werden. Die Natur bleibt sich selbst überlassen und darf nicht verändert werden. Aber es geht um mehr als reinen Artenschutz. Der ganze Lebensraum mit allen natürlichen Prozessen steht unter Schutz. Dazu gehören auch umstürzende Bäume, Lawinen und Murgänge.

Das Klima im Nationalpark ist von kontinentalen Wetterströmungen mit vielen Sonnenstunden und wenig Niederschlag geprägt. Auf der Ofenpasshöhe bei 2000 Metern über N.N. liegt die durchschnittliche Niederschlagsmenge pro Jahr bei 925 Millimeter und die durchschnittliche Jahrestemperatur bei etwa 0,2 Grad.

Eine typische und weit verbreitete Waldgemeinschaft bilden Erika und Bergföhren, die sogenannten Erika-Bergföhrenwälder. In den Hochlagen des subalpinen bis obersubalpinen Waldes sind vor allem Nadelbäume wie Föhren, Lärchen, Arven und Fichten anzutreffen. Die Baumgrenze liegt je nach geologischem Untergrund und Temperaturen der Hanglagen (Nord- oder Südhang) bei etwa 2000 bis 2300 Meter über N.N. Resturwälder oder urwaldähnliche Waldgebiete gibt es im Nationalpark nicht mehr. Es gibt aber einen Bergföhrenwald, der seit 1914 aus der Bewirtschaftung genommen und unter Schutz gestellt wurde. Die Wälder entlang

Wilde Wälder im Nationalpark Graubünden

Traumhafte Wanderwege im Nationalpark Graubünden

der Ofenpassstraße sind die größten zusammenhängenden Bergföhrenwälder der Alpen. Diese sind aber nicht natürlichen Ursprungs, sondern wurden von den Waldbesitzern früherer Zeiten angelegt. Im Laufe der nächsten Jahrhunderte werden sie sich aber voraussichtlich wieder zu subalpinen Mischwäldern zurückentwickeln, wenn man die natürlichen Entwicklungsprozesse des Waldes nicht verändert. Dazu gehört eben auch, dass man nach Sturm- oder Lawinenschäden nicht eingreift und selbst bei Ausbreitung des Borkenkäfers nach solchen natürlichen Störungen nicht die Giftspritze einsetzt. Die Natur hat ihre ganz eigene Art, mit diesen Schäden umzugehen. Nach zwanzig bis dreißig Jahren hat sich auf dem Tot- und Käferholz der Schadensflächen ein ganz neuer gesunder Mischwald entwickelt, der aufgrund seiner Struktur bestens gegen Windbruch und Borkenkäfer geschützt ist.

Bartgeier und Schneehase (unter dem Baum) sind typische Bewohner des Nationalparks

Nur die von Menschen angelegten Wald-Plantagen und Monokulturen sind anfällig gegen diese Naturereignisse. Ganz wichtig ist auch, dass den Wäldern möglichst kein Totholz entzogen wird, also nicht „aufgeräumt" wird, da das tote Bruch- und Käferholz die Nahrung der Bäume und Kleinlebewesen von morgen ist.

Die Tierwelt im Nationalpark bietet alles, was in den Alpen typisch ist. Neben Bartgeiern, Steinadlern, Schneehühnern, Tannenhähern, Murmeltieren, Hirschen, Gämsen, Steinböcken gibt es auch Amphibien und Reptilien wie die Kreuzottern, Alpensalamander, Eidechsen und andere. Die einzigen größeren Raubtiere sind hier

Blick ins Val Muestair im Nationalpark Graubünden

der Fuchs und außerdem eine sehr kleine Population Braunbären. Bereits in den 1990er-Jahren wurden im italienischen Naturpark Adamello-Brenta im Trentino Bären ausgesetzt. 2005 wanderte der erste Jungbär in den Schweizer Nationalpark ein. Weitere zwei Bären folgten 2007. Man geht davon aus, dass in Zukunft noch weitere Bären im Nationalpark heimisch werden. 2007 fand auch ein Luchs den Weg in den Nationalpark. Er wurde 2008 eingefangen, mit einem Senderhalsband versehen und sofort wieder freigelassen. Danach wanderte er ins italienische Trentino ab. Auch einige Wölfe sind aus den französischen Alpen in die Schweiz gekommen. Sie werden wohl auch den Weg in den Nationalpark finden. Ein Wolf lebt seit mehreren Jahren im Bündner Oberland. Im Nationalpark sollen weder Bär, Luchs und Wolf ausgesetzt werden. Selbstständig eingewanderte Tiere sind jedoch sehr willkommen und genießen innerhalb der Parkgrenzen höchsten Schutz.

Eine typische und weit verbreitete Waldgemeinschaft bilden Erika und Bergföhren, die sogenannten Erika-Bergföhrenwälder. In den Hochlagen des subalpinen bis obersubalpinen Waldes sind vor allem Nadelbäume wie Föhren, Lärchen, Arven und Fichten anzutreffen. Die Baumgrenze liegt je nach geologischem Untergrund und Temperaturen der Hanglagen (Nord- oder Südhang) bei etwa 2000 bis 2300 Meter über N.N.

Auf dem Naturlehrpfad „Il Fuorn-Margunet" weiht man Kinder und Jugendliche in die Geheimnisse des Nationalparks ein. Hier erfährt Jung und Alt alles über den Nationalpark und seine Pflanzen und Tiere. Der Rundgang dauert vier bis fünf Stunden. Eine Begleitbroschüre ist im Nationalparkzentrum erhältlich. Informationen zu weiteren Angeboten gibt es im Nationalparkzentrum Zernez und im Internet.

Der Steinbock ist in den Hochlagen des Nationalparks zu Hause

Achtung: Der Nationalpark darf nur zu Fuß auf den Wanderwegen erkundet werden. Die Wege dürfen nicht verlassen werden. Das Mitführen von Hunden jeglicher Größe ist verboten. Das Gebiet ist auch für Radfahrer und Reiter gesperrt. Es dürfen keine Gegenstände im Park hinterlassen werden (vor allem kein Müll) und es darf nichts aus dem Gebiet mitgenommen werden, keine Pflanzen, keine Tiere, kein Holz, keine Steine oder Sonstiges. Die Naturparkaufseher kontrollieren das sehr streng.

INFO

Nationalparkzentrum Zernez
Tel.: +41 (0)81 851 41 41
E-Mail: info@nationalpark.ch
www.nationalpark.ch

Schweizerischer Nationalpark
Schloss Planta-Wildenberg
CH-7530 Zernez
Verwaltung: Tel.: +41 (0)81 851 41 11
Fax +41 (0)81 851 41 12

Von Ewald Lindner

Naturschutzgebiet Pfynwald

Kernstück des **Naturparks Pfyn-Finges** ist das Schutzgebiet Pfynwald, das seit 1997 unter Schutz steht, nachdem der Wald schon 1963 in das „Inventar der zu erhaltenden Landschaften und Naturdenkmäler von nationaler Bedeutung“ aufgenommen wurde. Der Pfynwald ist eines der größten zusammenhängenden Föhrenwaldgebiete der Alpen. In das Schutzgebiet integriert ist auch ein bedeutsames Auenschutzgebiet als wichtiges Laichgebiet für viele Amphibien.

Nach einem Waldbrand beginnt der Pfynwald sich langsam zu erholen

Der Wald umfasst rund 10 Quadratkilometer und erstreckt sich von der Tallage auf 540 bis 730 Meter über N.N. bis auf etwa 2000 Meter Höhe am Gorwetsch grat. Als nacheiszeitliches Relikt ist der Pfynnwald einer der größten Föhrenwälder Mitteleuropas, da der genügsame Pionierbaum sich auf dem kargen Untergrund konkurrenzlos halten konnte. Der Pfynwald gehört zu den letzten wilden Flusslandschaften an der Rhone. Die von 1950 bis 1980 errichteten Uferdämme, die Kiesgewinnung und die Nutzung der Wasserkraft im Niederlaufwerk Susten ab 1906 tangieren die mäandrierende Rhone und das seit 1992 unter Bundesschutz stehende Auengebiet. Dazu setzen Waldbrände und Luftverschmutzung seit 1908 den Föhrenbeständen zu. Auch die touristische und landwirtschaftliche Nutzung schränkt den Lebensraum der über hundert verschiedenen Arten von Vögeln, seltenen Pflanzen und Insekten ein. Der 2006 gegründete Naturpark Pfyn-Finges und der 2009 begonnene Autobahnbau sind ein Beispiel für verfehlten Naturschutz.

Der westliche Pfynwald ist charakterisiert durch Anschwemmungen, Weiher, Erdrutsche aus der Zeit des Gletscherrückgangs und prähistorischem Bergsturzgestein von der Talflanke bei Salgesch. In der Mitte des Waldes besteht die weite Rodungsfläche des Landgutes Pfyn, östlich davon im Wald steht das Pfyndenkmal von 1899. Weiter im Osten des Waldes liegt der ausgedehnte Schwemmfächer des Illgrabens.

Das neue Autobahnteilstück der A 9 wird überwiegend unterirdisch geführt. Der Kanal der Rhonewerke AG, der durch den Pfynwald gebaut wurde, stößt auf heftige Kritik bei der Bevölkerung, Spaziergängern und Umweltschützern, da die steilen, glatten Betonwände das Gewässer im Kanal für Mensch und Tier zu einer Gefahr machen.

Ein Naturlehrpfad führt zu den interessantesten Plätzen und gibt Aufschluss über die Tier- und Pflanzenwelt sowie deren Schutzmaßnahmen.

Pfynwald an der „wilden“ Rhone

INFO

Naturpark Pfyn-Finges
Postfach 65
CH-3970 Salgesch
Tel.: +41 (0)27 452 60 60
admin@pfyn-finges.ch
www.pfyn-finges.ch

Val Cama und Val Leggia

Von Ewald Lindner

Cama-Bergsee bei der Alp de Lagh

Das Val Cama liegt südlich des Alpenhauptkammes im italienischsprachigen Misox (Kanton Graubünden) und gehört zu den Gemeinden Verdabbio und Cama. Es ist nur zu Fuß über Wanderwege zu erreichen. Attraktiver Anziehungspunkt ist der Cama-Bergsee, welcher von einem mächtigen Amphitheater von Bergketten umrundet wird.

Am 19. Oktober 2007 beschlossen die Gemeinden Cama, Leggia und Verdabbio den Schutzvertrag für das Waldreservat. Mit einer Fläche von rund 15 Quadratkilometern (1500 Hektar) ist es das größte Waldreservat der Schweiz außerhalb des Nationalparks. Es erstreckt sich auf Höhenlagen zwischen 450 und rund 2200 Metern über N.N.

Beschlossen wurde, dass in den folgenden 50 Jahren auf rund 12 Quadratkilometern kein Holz mehr geschlagen werden darf oder sonstige menschliche Eingriffe erfolgen. Somit wurden die Vorgaben für ein Naturwaldreservat erfüllt. Bleibt zu hoffen, dass in 50 Jahren die Menschen vor Ort der Natur gegenüber immer noch so aufgeschlossen sein werden und diesen Vertrag verlängern oder besser noch das Gebiet ausweiten. Doch ist nun zumindest ein hoffnungsvoller Anfang gemacht. Erfahrungen aus andern Gebieten zeigen, dass sich der größte Teil der Bevölkerung nach einigen Jahren meist mit den Wald- und Naturschutzauflagen arrangieren kann.

Innerhalb des Waldreservates liegt die Alp de Lagh, der man einen Sonderstatus eingeräumt hat, sodass hier die Alpwirtschaft noch möglich ist. In diesem Sonderwaldreservat von etwa drei Quadratkilometern soll die halboffene Kulturlandschaft durch Beweidung gepflegt und bewahrt werden. Ein Kompromiss, der wohl noch erträglich ist, solange die restlichen 1200 Hektar unangetastet bleiben.

Leider bleiben aber die Jagd und das Sammeln von Beeren und Pilzen erlaubt, was die ungestörte Entwicklung des Waldreservates doch sehr fraglich erscheinen lässt. Bleibt nur zu hoffen, dass die verantwortlichen Jäger hier kein Rot- und Rehwild-Schutzgebiet initiieren. Damit wäre dem Wald aus bekannten Gründen nicht gedient. Sinnvoller wäre es, Luchs, Bär und Wolf wieder freilebend anzusiedeln, damit mittelfristig die Jagd der Zweibeiner nur noch zur Reduzierung der Wildüberpopulation erforderlich ist.

Bis nach dem Zweiten Weltkrieg wurden die heute geschützten Wälder intensiv genutzt. In den 1950er-Jahren wurde die Nutzung stark reduziert, woraufhin sich neue naturnahe Waldgesellschaften bildeten. In der Schutzzone sind heute 26 verschiedene Waldtypen zu verzeichnen.

Die Vegetationsunterschiede vom Fuß des Waldreservates bis zu seiner höchsten Erhebung sind sehr unterschiedlich. Ein breiter Streifen von Nadelwäldern findet sich im Val Cama in der hochmontanen und subalpinen Stufe. Dagegen stehen im angrenzenden Val Leggia, in einer untermontanen Stufe, relativ ausgedehnte Buchenwälder. An der Waldgrenze, in alpwirtschaftlich genutzten Gebieten, befinden sich auch viele Lärchenwälder, darunter Lärchen-Tannenwälder und Tannen-Fichtenwälder. In tieferen Lagen trifft man auch auf Kastanienanbau, Eichenwälder, Lindenwälder und einzelne Hopfenbuchen, eine mediterrane Art. An den steilen Hängen,

Blick ins Val Leggia

Blockhalden und in Felsgebieten gibt es zahlreiche, jahrzehntelang nicht mehr genutzte Partien mit relativ viel Totholz. Starke, mehrere hundert Jahre alte Tannen, Buchen, Föhren und Kastanien sowie stehendes Totholz erhöhen den Artenreichtum der Wälder, die durch ungeräumte Windwurfflächen noch bereichert werden. Im Val Cama sind die Buchen zum Teil untervertreten wegen der ehemaligen Holzkohleproduktion.

Überall in den Buchenwäldern ist der Baumnachwuchs nur sehr spärlich, was auch hier auf zu hohe Wildbestände und die frühere Waldbeweidung zurückzuführen ist. Das sollte die Natur aber innerhalb der nächsten hundert Jahre ändern können, sofern man sie lässt.

Wer mit dem Auto vom San Bernardino Pass kommt, fährt an der Autobahnausfahrt „Lostallo“ ab. Von Bellinzona kommend, nimmt man die Autobahnausfahrt „Roveredo“. Danach geht es weiter nach Cama. Mit dem Zug fährt man bis Bellinzona oder Thusis. Von den beiden Ortschaften gehen von 6.00 Uhr bis 19.30 Uhr stündlich Busse nach Cama. Dort zweigt von der Hauptstraße ein Sträßchen nach rechts ab. Die Abzweigung ist nur mit einem kleinen Schild „Val Cama – Lago di Cama“ beschildert und leicht zu übersehen. Die Straße führt dann über die Moesa und die Autobahn hinweg und nach 500 Metern zum Weiler Ogreda. Dort befindet sich am Waldrand ein Parkplatz und hier beginnt der Wanderweg zur Alp de Lagh, für den man gute Wanderschuhe und körperliche Fitness braucht. Der Weg führt im unteren Teil durch einen Kastanienwald, gefolgt von Buchen- und Fichtenwäldern. Nach einem etwa zweieinhalb bis dreistündigen Weg öffnet sich auf 1280 Meter ein imposanter Talkessel. Hier liegt der malerische Cama-Bergsee und an der linken Seeseite die Alp de Lagh. Informationen zu weiteren Wanderungen siehe unten.

INFO

Municipio di Verdabbio
CH-6538 Verdabbio
Tel.: +41 (0)91 827 3144
Fax: +41 (0)91 827 3670
E-Mail: cancelleria.verdabbio@bluewin.ch
www.valcama.ch/anreise_de.html

Weitere Wanderwege unter:
www.alpdelagh.net/htm/Wanderrouten

Von Ewald Lindner

Das Waldreservat „Riserva forestale dell'Onsernone"

Das Waldreservat Onsernone wurde 2002 errichtet. Mit einer Fläche von 781 Hektar ist es eines der größten Waldreservate der Schweiz. Jegliche wirtschaftliche Nutzung des Reservats ist untersagt. Leider mussten auch hier Kompromisse eingegangen werden, und so sind das Pilzesammeln, das Beerenpflücken und die Jagd weiterhin erlaubt. Man trifft leider immer und überall wieder auf uneinsichtige Zeitgenossen, die die Notwendigkeit des totalen Schutzes nicht einsehen.

Gesicherte Zeugnisse über die Wälder belegen, dass diese den einflussreichsten Familien von Locarno gehörten. Seit dem Jahr 1000 begannen die Talgemeinden und die Kirchen nutzbare Waldflächen zu erwerben. Die Wälder brachten Brennholz und Holz für Bauwerke und das Handwerk im Locarnese und im Einzugsgebiet des Langensees. Der Wald wurde einfach kahl geschlagen und das Holz entweder direkt oder über spezielle Kanäle zum Fluss gebracht. An den Sammelplätzen wurde der Fluss mit Stammsperren gestaut und das Transportholz den natürlichen oder durch die Öffnung der Sperren ausgelösten Hochwassern anvertraut, die es zum See beförderten. Diese für Dämme und Pflanzungen schädliche Transportart hörte erst mit dem Inkrafttreten des Waldpolizeigesetzes von 1876 auf. Hier schlug man bis Mitte des zwanzigsten Jahrhunderts Brenn- und Bauholz (Lärche, Fichte und Weißtanne) für die Patrizierfamilien. Der letzte kleinere Einschlag geht auf das Jahr 1988 zurück. Neben der Holzwirtschaft diente das Gebiet des heutigen Reservats als Weide für Ziegen und Schafe, der Alpwirtschaft und der Gewinnung von Waldheu.

Hier findet man die größten Weißtannenwälder des Kantons. Obwohl sich die Weißtannen im Onsernone-Tal äußerlich nicht von denen auf der Alpennordseite unterscheiden, ist die Differenz für den Waldbiologen doch beträchtlich. Sie liegt in der Erbsubstanz. Entstanden ist der genetische Unterschied vor rund 30.000 Jahren, als während der letzten großen Eiszeit die Weißtannen aus der Alpenregion bis nach Süditalien verdrängt wurden. Nach der allmählichen Wiedererwärmung des Kontinents breiteten sie sich wie-

Endlos scheinende Wälder im Naturwaldreservat Onsernone

der nordwärts aus und erreichten vor etwa 10.000 Jahren ihr heutiges Verbreitungsgebiet im Tessin. Der Alpenhauptkamm erwies sich aber als zu hohe Barriere, und so kamen die Weißtannen erst nach einem weiten Umweg über Frankreich in ihr heutiges Verbreitungsgebiet nördlich der Alpen zurück.

Durch seine Lage ist das Onsernone-Tal von der Sonne verwöhnt; sogar im Winter. Die Dörfer liegen nicht im Tal, sondern hoch oben am Südhang, wo die Ost-West-Ausrichtung auch im Winter noch bis zu sieben Stunden Sonne am kürzesten Tag ermöglicht. Bis in die Höhe von etwa 900 Metern über N.N. wachsen hier Palmen, Wein, Mimosen, Feigenkaktus und natürlich Edelkastanien!

Der Onsernone-Wald hat heute eine große Vielfalt von Baumarten und unterschiedlichste Entwicklungsstadien in der Struktur. Die ausgewachsene Waldvegetation ist vorherrschend, aber fast überall gibt es auch Baumnachwuchs. Auch viele abgestorbene Bäume sind zu finden, die durch Blitzschlag, Parasiten oder einfach aufgrund des Alters abgestorben sind. Unübersehbar ist auch das tote Holz auf dem Boden, das in großen Mengen vorkommt und die Nahrung und Lebensgrundlage für viele Jungbäume, Pilze, Insekten und sonstige Kleintiere ist.

Hier findet man auch ausgedehnte Buchenwälder. Die Buche ist hier vorherrschend und bildet Gemeinschaften mit anderen Laub- oder Nadelbäumen. Der Wald ist eine Ansammlung und ein buntes Mosaik von Entwicklungsphasen, evolutionären Neuentwicklungen und nachbarschaftlichen Strukturen in ihrem natürlichen Zustand und wird abgerundet durch die Umgebung von Felsen und Bächen. Offensichtlich sind die Rot- und Rehwildbestände hier nicht so hoch wie anderswo, sodass der Baumnachwuchs gut gedeiht.

INFO

Geführte Waldlehrwanderungen und Wanderwege
Der Forstingenieur Roberto Buffi, Experte des Naturwaldes und Initiator der ersten Waldreservate der Südschweiz, führt durch das Waldreservat Onsernone, das in die großartige Landschaft des oberen, rechten Onsernone-Tals eingebettet ist. Dieses Waldgebiet bietet Einblicke und Ansichten, wie sie in der Schweiz sonst kaum zu finden sind. Wir treffen auf Laubwälder, insbesondere Buchenwälder, und auf einzigartige Weißtannenwälder. Die Weißtannen zeigen eine außergewöhnliche Vitalität, mit urtümlichen und seltenen Ausprägungen. Die Führung erlaubt den Kontakt mit dem unberührten Wald und lehrt ihn mit neuen Augen zu betrachten.

Anfragen und Buchung Waldlehrwanderungen
roberto.buffi@silvaforum.ch oder telefonisch:
+41 (0)91 745 69 36 oder +41 (0)79 365 93 85
Anfragen und Buchung:
info@ info 0041 (0)91 780 60 12
www.valle-onsernone.info

Weitere Wanderwege: Viele weitere Wanderwege in den Bergen der südlichen Alpen kann man ohne Führer erwandern. Auf gut markierten Wegen geht man durch eine wildromantische naturbelassene Landschaft, mit grandioser Aussicht auf Berge, Blumenwiesen und Wälder. Wählen Sie zwischen einfachen Spaziergängen bis zu anspruchsvollen Bergwanderungen. www.valle-onsernone.info/onsernone_014.htm

Urwald Museum:
Museo Onsernonese
CH-6661 Loco
Tel.: +41 (0)91 797 10 70
E-Mail: mus.onsernonese@bluewin.ch
www.onsernone.ch

Von Ewald Lindner

Naturwaldreservat Uaul Prau Nausch

Der Wald von Uaul Prau Nausch

In der Region von Surselva, Val Nalps, in der Gemeinde Tujetsch liegt auf etwa 1500 bis 1850 Metern über N.N. das Naturwaldreservat „Uaul Prau Nausch". Es bedeckt eine Fläche von knapp 66 Hektar, wurde 2007 als Waldreservat installiert und seither forstwirtschaftlich nicht mehr genutzt. Der Wald soll Heimat für seltene Tier- und Pflanzenarten bieten und als Anschauungsobjekt dienen, an dem die natürliche Entwicklung von Gebirgswäldern beobachtet und erforscht werden kann. Den Bewohnern und Besuchern der Region soll das Waldreservat einen einzigartigen Erholungsraum und interessante Einblicke in das Waldleben bieten.

Die Schweizer Umweltorganisation Pro Natura Graubünden ist in diesem Falle der Vertragspartner im Dienstbarkeitsvertrag mit der Gemeinde Tujetsch. Zudem hat Pro Natura Graubünden das Informationsangebot (Infotafeln und Flyer) mitfinanziert. Der Vertrag mit der Gemeinde läuft zunächst über 50 Jahre. Das Waldgebiet genießt den Status eines Naturwaldreservates auf kommunaler Ebene unter Mitwirkung von Pro Natura und dem Kanton Graubünden.

„Uaul" ist das romanische Wort für „Wald". „Prau Nausch" steht für „schlechte Wiese". Die Ortsbezeichnung erzählt noch heute davon, dass dieses Waldgebiet früher beweidet wurde. Allerdings muss es sich um eine armselige Weide gehandelt haben, wo nur noch Ziegen etwas zu fressen fanden.

Das Klima hier ist rau, und die mittlere Jahrestemperatur beträgt 4,6 Grad, bei einem Junimittel von 14 Grad und einem Januarmittel von minus fünf Grad. Die jährliche Niederschlagsmenge liegt bei 1500 bis 2000 Millimetern. In der Talsohle besteht oft Frostgefahr, weil einerseits der Nordwind durch die Seitentäler Strem, Milar und Giuv sowie andererseits der Föhn durch die südlichen Täler Nalps und Curnera freien Zugang zum Tal haben.

Im „Uaul Prau Nausch" dürfen keine Bäume mehr gefällt und kein Holz mehr gesammelt werden. Darüber hinaus ist die Waldbeweidung verboten und der Wald darf nur auf den ausgewiesenen Wegen betreten werden. Hunde sind an der Leine zu führen. Leider ist das Sammeln von Pilzen und Beeren sowie die Jagd noch immer erlaubt, was dem Gedanken der ungestörten Entwicklung des Waldes widerspricht. Grundsätzlich spricht nichts dagegen, die zu hohen Wildbestände zu reduzieren, es ist aber zu befürchten, dass die Jägerschaft ihr Jagdwild (Rot- und Rehwild) zu sehr hegt und die Wildbestände trotzdem zu hoch bleiben, was dem Waldnachwuchs schaden würde. Auch hier könnten Wolf, Luchs und Bär langfristig helfen, aber das Gebiet ist wohl zu klein für eine dauerhafte Ansiedlung der großen Raubtiere. Es müssten weitere Korridor-Schutzgebiete als Verbindung zu anderen Naturwäldern geschaffen werden. Hier ist mehr langfristiges Vertrauen in die Selbstheilungskräfte der Natur und absolute Zurückhaltung des Menschen gefragt.

Bis 2003 wurde der „Uaul Prau Nausch" forstwirtschaftlich genutzt. Aufgrund der fehlenden Waldstraße waren die Holznutzungen aber seit jeher klein und konzentrierten sich auf die Beseitigung von Bäumen, die vom Borkenkäfer befallen waren. In den vergangenen 40 Jahren wurden im ganzen Gebiet des Waldreservats im Durchschnitt lediglich 50 Kubikmeter Holz pro Jahr geschlagen. Der letzte Holzschlag im Jahr 2003 erntete 160 Kubikmeter Holz, die per Helikopter abtransportiert werden mussten. Früher wurde das Holz mit der Reistmethode aus dem Wald gebracht. Dabei ließen die Waldarbeiter die gefällten Stämme im Winter auf dem Schnee in bestimmten Bahnen ins Tal hinunterrutschen. Der Wald hat eine lange Geschichte der menschlichen Nutzung hinter sich. Einem „Urwald" im engeren Sinne entspricht er daher nicht. Wenn die Nutzung des Waldes langfristig unterbleibt, werden sich in einigen Jahrzehnten bis Jahrhunderten aber urwaldähnliche Waldbilder beobachten lassen. Der „Uaul Prau Nausch" ist auf dem Weg zurück zum Urwald.

Die Anreise kann mit der Rhätischen Bahn bis Sedrun erfolgen.

Uaul Prau Nausch, Region Surselva

Der Zugang in das Waldreservat kannn nur zu Fuß erfolgen und befindet sich in der Val Nalps.
Es gibt zwei Eingänge: Sut Seivs (Pkt. 1644) und Stavel sut il Tgom (unterhalb Pkt. 1913).

Folgende Wanderrouten führen Sie zu den beiden Eingängen:

• Von Sedrun: Über Plaun dil Lai bis Uaul Surrein aufsteigend nach Sut Seivs oder über Surrein bis Canadal nach Sut Seivs (beide Routen 1,5 Stunden)

• Von Sedrun mit der Luftseilbahn bis Stavel sut il Tgom bis Abstieg ins Waldreservat (0,5 Stunden)

• Von der Val Nalps: Von Pardatsch da Stiarls aufsteigend über Plaun Palits bis Stavel sut il Tgom – Abstieg ins Waldreservat (1 Stunde)

Die Zugangsrouten erfolgen auf gut begehbaren und markierten Wanderwegen (Markierung gelb und rot-weiß, T1 bis T2 gemäß Bergwanderskala SAC). Trittsicherheit und gute Wanderschuhe sind von Vorteil.

An beiden Eingängen zum Reservat geben Informationstafeln einen Überblick über das Waldreservat „Uaul Prau Nausch". Der Prospekt, der bei den Informationstafeln ausliegt, enthält zu jeder der sechs Stationen weiterführende Informationen. Bitte nehmen Sie diesen auf Ihre Wanderung durch das Waldreservat mit. Im Waldreservat selbst finden Sie den Erlebnispfad „Auf dem Weg zum Urwald" mit sechs markierten Stationen.

INFO

Pro Natura Graubünden
Ottostrasse 6
CH-7000 Chur
Tel.: +41 (0)81 252 40 39
pronatura-gr@pronatura.ch

Von Ewald Lindner

Wildnispark Zürich: Sihlwald und Wildpark Langenberg

Der Sihlwald vor den Toren der Stadt Zürich ist ein Naturwaldreservat, das erst seit 2007 den Schutz eines kantonalen Waldreservats genießt. Er wurde aber schon 1994 durch die Stiftung Naturlandschaft Sihlwald aus der forstwirtschaftlichen Nutzung genommen und erfüllt seither die wichtige Aufgabe des Naherholungsraums für Stadtmenschen aus dem Großraum Zürich. Der Sihlwald ist ein Natur- und Walderlebnis für Erholungssuchende, die sonst keine Möglichkeit haben, die echte Natur zu erleben und ihre Funktion als Lebensraum verstehen zu lernen. Der Sihlwald stellt zusammen mit dem Wildpark Langenberg den Wildnispark Zürich dar. Der Wald ist unterteilt in ein Waldreservat mit Wegegebot und eine Naturerlebniszone, in der Besucher sich frei bewegen dürfen. Hier kann man die natürlichen Waldprozesse des Werdens und Vergehens im Zusammenspiel zwischen Flora und Fauna unmittelbar erleben.

Die Fläche des Sihlwaldes umfasst rund 1100 Hektar. Davon nimmt die Kernzone, bestehend aus einem großen Buchen- und Laubmischwald, etwa 900 Hektar ein. Der Wald, der seit 1999 im Sinne eines Totalreservats weitgehend sich selbst überlassen wird, soll sich im Laufe der nächsten einhundert Jahre zu einem „Urwald" zurückentwickeln. Rund 400 Hektar dürfen besucht, aber die markierten Wege nicht verlassen werden.

Der Sihlwald liegt auf einer Höhe zwischen 470 und 915 Metern über N.N. und befindet sich damit in den sogenannten sub-

Totholzstämme im Sihlwald

montanen bis untermontanen Klimazonen mit durchschnittlich 1300 bis 1400 Millimeter Niederschlag und einer Jahresdurchschnittstemperatur von rund sieben Grad. Hier sind von Natur aus die Laubwälder zu Hause, was sich vor allem in den weitläufigen Buchwäldern zeigt. Aufgrund des recht unterschiedlichen Geländes mit flachen Terrassen, Mulden, Steil- und Schutthängen können sich aber auch andere Waldgesellschaften wie Eschen- und Erlenwälder sowie Föhren-Birken-Bruchwälder behaupten.

Seit 1994 arbeitet die Stiftung Naturlandschaft Sihlwald daran, vor den Toren Zürichs und in Verbindung mit dem seit 1869 bestehenden Wildpark Langenberg einen vom Bund anerkannten Park mit nationalem Schutzstatus zu verwirklichen. Langfristig soll der Park unter dem Namen „Naturerlebnispark" Aufgaben des Naturschutzes, des Naturerlebnisses und der Naturforschung erfüllen.

INFO

Wisent im Wildpark Langenberg

- Im Eingangsbereich steht das Naturzentrum Sihlwald. Es dient als Empfangszentrum und beherbergt eine Dauerausstellung „Vom Nutzwald zum Naturwald", nebst einem Shop mit Café. Ein etwa zwei Kilometer langer Walderlebnispfad führt von hier aus ins Parkgelände und ermöglicht auf kurzweilige Art ein spielerisches Lernen über Belange der Natur.

- In unmittelbarer Nähe zum Naturzentrum befindet sich ein Spielplatz sowie eine weitläufige Biber- und Fischotteranlage, die (bei freiem Eintritt) täglich 24 Stunden geöffnet ist.

- Der Wildpark Langenberg beherbergt auf seinem rund 80 Hektar großen Areal eine Vielzahl von einheimischen beziehungsweise ehemals einheimischen Wildtieren, darunter Wolf, Luchs, Steinbock, Murmeltier, Wildkatze, Braunbär, Wildschwein, Wisent, Reh, Elch, Rothirsch und andere.

- Eine große Besonderheit des Wildparks stellt die Przewalski-Zucht dar: Das äußerst seltene Przewalski-Pferd ist die einzige Unterart des Wildpferds, die bis heute überlebt hat. Przewalski-Pferde (mongolisch Takhi genannt) lebten ursprünglich in den Steppen Asiens, wo sie seit 1969 ausgestorben waren.

- Den Wildnispark erreicht man ab Zürich Hauptbahnhof mit der Sihltalbahn S4 (19 Minuten bis zur Station Wildpark Höfli, respektive 25 Minuten bis zur Station Sihlwald).

Weitere Informationen unter:
Stiftung Wildnispark Zürich-Langenberg
Albisstrasse 4
CH-8135 Langnau am Albis
Tel.: +41 (0)44 722 55 22

Öffnungszeiten: Der Wildpark Langenberg ist 24 Stunden und 365 Tage geöffnet. Einzelne Anlagen sind während der Nacht geschlossen.
Hunde an der Leine sind erlaubt. Der Eintritt ist frei.

Darüber hinaus finden Sie hier:
- Das Restaurant Langenberg mit großer Gartenterrasse und Blick auf die Bärenanlage (Tel.: +41 (0)44 713 31 83)
- Zwei Kinderspielplätze
- Einen Wildparkshop (Samstag-, Sonntag- und Mittwochnachmittags bei schönem Wetter)
- Eine Wildnisparkschule

Homepages:
www.artenschutz.ch/sihlwald.htm
www.stadt-zuerich.ch/ted/de/index/gsz/natur-_und_erlebnisraeume/wildnispark_zuerich.html

Waldreservat Kreisalpen und „NaturErlebnispark Schwägalp/Säntis“

Von Ewald Lindner

Das Waldreservat Kreisalpen im Kanton St. Gallen umfasst etwa 470 Hektar Waldfläche im westlichen Teil des „NaturErlebnisparks Schwägalp/Säntis“. Davon sind rund 60 Hektar Naturwald- und 410 Hektar Sonderwaldreservat. Dieser Lebensraum soll bestmöglich vor Störungen jeder Art verschont werden. Im Naturwaldreservat sollen die natürlichen Prozesse der Entwicklung von Fauna und Flora ungehindert zugelassen werden.

Zu den Bewohnern des Waldreservats Kreisalpen zählt auch der Auerhahn (oder Auerhuhn). Schon optisch ist dieser Bewohner der nördlichen Taiga- und alpinen Bergwälder eine imposante Erscheinung. Der Hahn ist auffälliger gezeichnet als die Henne. Sein Balzgehabe wird von laut klackernden Balzrufen und aufgerichtetem Gefieder begleitet. Die Hähne tragen aggressive und oft blutige Kämpfe um die Gunst der Hennen aus (siehe auch Seite 103). In der ganzen Schweiz gibt heute nur noch 1000 ihrer Art. Trotz umfangreicher Schutzmaßnahmen hat sich der Bestand seit 1970 etwa halbiert. Umso wichtiger ist der Schutz ihrer Lebensräume. Auch Hasel- und Birkhühner sind im Waldreservat Kreisalpen zu Hause. Für diese Großvögel aus der Gattung der Raufußhühner wurde hier ein Sonderwaldreservat eingerichtet, das zu einem Kernlebensraum für diese Vögel werden soll. Die Maßnahme ist jedoch fragwürdig, da zugunsten dieser Vögel der Wald in eine künstliche Taigalandschaft verwandelt und ständig Bäume gefällt und verwertet werden. Weltweit gesehen ist der Auerhahn nicht vom Aussterben bedroht und in seinen ursprünglichen Heimatgebieten reichlich vertreten.

Anders als in anderen Gebieten waren im Raum der Kreisalpen ab der zweiten Hälfte des 19. Jahrhunderts Reh, Rothirsch, Gämse und Steinbock durch starken Jagddruck und Wilderei ausgerottet, woraufhin 1875 ein

INFO

Der NaturErlebnispark Schwägalp/Säntis ist das ganze Jahr zugänglich. Beachten Sie die Angebote der Sommer- und Wintermonate. Bitte informieren Sie sich unter Tel.: +41 (0)71 365 65 65 über den aktuellen Zustand der Wege und die Angebote. Die Öffnungszeiten der einzelnen Restaurants und Gasthäuser sind unterschiedlich. Informieren Sie sich über die Möglichkeiten auf untenstehender Internetseite.
Der Eintritt zum NaturErlebnispark ist kostenlos. Hunde sind willkommen, müssen jedoch überall an der Leine geführt werden.

NaturErlebnispark Schwägalp/Säntis
Bruno Vattioni, Geschäftsleiter
E-Mail: bruno.vattioni@naturerlebnispark.ch
CH-9107 Schwägalp
Tel.: +41 (0)71 365 65 65
www.naturerlebnispark.ch
E-Mail: kontakt@naturerlebnispark.ch

Porträt

Von Ewald Lindner

Das Birkhuhn

Das Birkhuhn ist in Deutschland wie in fast allen europäischen Ländern extrem selten geworden. Geeignete großräumige Lebensräume wie Moore, Heiden und Wiesen müssen gesichert und gestaltet werden, um die Art langfristig zu erhalten. Es gehört zur Familie der Raufußhühner, die ihren Namen den befiederten Füßen verdanken.

Das Weibchen ist mit seiner braunen bis gelbbraunen Tarnfarbe, weißer Flügelbinde und gegabeltem Schwanz perfekt an das Leben in Mooren, Heidelandschaften und lichten Wäldern angepasst. Das Männchen ist größer als das Weibchen und trägt auffälliges blauschwarzes Imponier- und Balzgefieder mit weißen Unterflügel- und Unterschwanzdecken. Über dem Auge hat das Birkhuhn nackte rote Hautstellen, sogenannte Rosen, die beim Männchen während der Balz besonders auffällig und geschwollen sind. Sein lauter, kullernder Ruf und die breit gefächerte Vorwärtspose bei der Balz sind besondere Verhaltenskennzeichen.

Wie alle Raufußhühner ernähren sich Birkhühner vorwiegend von Pflanzen, Knospen, Blüten und Blättern. Im Sommer ergänzen auch kleinere Wirbellose wie Insekten und Spinnen den Speiseplan. Besonders die Jungvögel benötigen sehr viel eiweißhaltige Kost, wie Insekten, Larven und Würmer, damit sie schnell wachsen und Fettreserven anlegen, um den nächsten Winter zu überstehen. Jegliche Störungen der Vögel kosten sie viel Energie, die ihnen besonders im Winter zum Überleben fehlt. Die Vögel sind daher, außer während der Balzzeit, ausgesprochen scheu und brauchen sehr ruhige Rückzugsgebiete.

Das Birkhuhn bewohnt im Tiefland meist große, reich gegliederte Heide- und Moorgebiete sowie stark gelichtete Waldflächen. Im Gebirge bevorzugt es Wald- und Baumgrenzen mit vielgestaltiger Zwergstrauchvegetation und offenen Matten. Es ist also kein ausgesprochener Waldvogel, zieht sich aber gern aus Mangel an ruhigem Lebensraum in die Wälder zurück, wobei es dort oft nicht die ideale Nahrung findet, die es braucht. Das ist wohl auch ein Grund dafür, dass die Bestände der Raufußhühner insgesamt zurückgehen.

Nach der Balz legt die Henne ihre Eier in ein gut verstecktes Nest in einer Bodenmulde im Unterholz oder in einen dichtem Sträucherbestand. Sie legt etwa sieben bis zehn gelbbraune, graue oder dunkelbraun gefleckte Eier. Manche Biologen glauben, dass die Tarnfarbe der Eier je nach Brutgebiet variiert und eine regional bedingte, evolutionsbiologische Anpassung innerhalb weniger Generationen ist. Nach vier Wochen sind die Küken weitgehend selbstständig, bleiben jedoch bis zum September im Familienverband.

Mehr als 90 Prozent der europäischen Population ist auf Russland konzentriert. Das Birkhuhn ist ein Taigabewohner und kommt daher neben Moorgebieten in Hochlagen der Gebirge vor und hat seine größte natürliche Verbreitung in der russischen Taiga. In Mitteleuropa brüten noch etwa 25.000 Weibchen. 80 Prozent davon brüten in der Schweiz und in Österreich. In Deutschland leben noch maximal 1600 Weibchen, verteilt auf letzte, inselartige Vorkommen.

Das Birkhuhn ist in allen Roten Listen Mitteleuropas als gefährdeter beziehungsweise vom Aussterben bedrohter Brutvogel verzeichnet. Der Rückgang der Bestände des Birkhuhns ist hauptsächlich auf den Verlust und die Zerschneidung seiner Lebensräume zurückzuführen. Im Hochgebirge drohen Erschließungen, vor allem für den Wintersport, Lebensräume zu vernichten. In manchen Ländern wird das Birkhuhn leider noch immer gejagt. Ohne die Schaffung geeigneter großräumiger Lebensräume hat das Birkhuhn in Mitteleuropa kaum Überlebenschancen. Verbliebene Heide- und Moorgebiete sowie lichte Wälder müssen als Totalreservate dauerhaft geschützt werden. Die Jagd sollte europaweit verboten werden.

Bundesgesetz zur Errichtung eines Jagdbanngebietes erlassen wurde. Die 26,3 Quadratkilometer große ausgewiesene und zusammenhängende Fläche liegt zu 8,5 Quadratkilometern in Ausserrhoden und zu 17,8 Quadratkilometern in Innerrhoden. Die Wildbestände haben sich seither gut erholt und es scheint so, dass Jäger und Wildhüter in Bezug auf Rehe und Rotwild des Guten bereits zu viel getan haben.

Bergwiese auf der Schwägalp

Reservat Leihubelwald

Von Ewald Lindner

Der Leihubelwald ist mit 23,8 Hektar ein relativ kleines Waldreservat. Er liegt auf dem Gebiet der Bürgergemeinde Giswil nordwestlich des Dorfes Hirtbüel über dem Sarnersee im Kanton Obwalden. Hier werden seit 1920 keine Bäume mehr geschlagen und angeblich auch kein Totholz genutzt. Das Reservat wurde aber erst 1972 gegründet und als solches ausgewiesen. Diese Waldstück ist zwar nicht sehr groß, aber doch sehr beeindruckend aufgrund seiner mächtigen Tannen und des Totholzes am Boden, was sehr urtümlich wirkt. Es sind die in früheren Zeiten aufgeforsteten Fichten, die sehr anfällig für Sturm- und Käferschäden sind und somit heute einen Großteil der Totholznahrung für einen neu entstehenden montanen Tannen-Buchenwald und auf Sturmbruch-Lichtungen auch für Waldfarne und Sträucher bilden. Der vergleichsweise niedrige Totholzanteil lässt den Verdacht aufkommen, dass es vor der Gründung des Reservates (bis 1972) noch immer Totholzentnahmen als Brennholz gegeben hat. Ein Indiz dafür sind fehlende große Totholzbäume, die im Normalfall auch noch nach 50 Jahren als langgezogene Mooshügel mit Jungbaumbestand erkennbar sind.

Blick vom Leihubelwald auf den Sarnersee

Das Klima auf einer obermontanen Höhe zwischen 1100 und 1250 Metern über N.N. ist nass und kühl, bei 1700 mm Niederschlag und einer Temperatur von 5,6 Grad im Jahresdurchschnitt. Der Untergrund besteht aus tiefgründigen, skelettarmen, tonigen und wenig durchlässigen Braunerden. In Muldenlagen gibt es eine deutliche Tendenz zur Vernässung, was den noch vorhandenen Fichten nicht gut bekommt. Vorhandene Pflanzengesellschaften sind Tannen-Buchenwald mit Waldhainsimsen, sogenannter Peitschenmoos-Fichten-Tannenwald, sowie Schachtelhalm-Tannen-Fichtenwald. Besonders auffällig sind der hohe Holzvorrat durch noch immer dichte Fichtenbestände und die faszinierenden mächtigen Tannen. Die Baumartenmischung entspricht dem Naturwald, das in Teilen einförmige Fichtenbestandsgefüge allerdings noch nicht. Die Schäden durch Sturm und Borkenkäfer haben aber die Entwicklung zu einem heterogeneren Bergmischwald eingeleitet.

Der Leihubelwald ist für Wanderer und Touristen nicht erschlossen. Massentourismus ist hier auch nicht erwünscht. Interessierte Naturfreunde erreichen den Wald über zwei schmale Landstraßen, die das Gebiet von Westen und Osten her einschließen, über die Ortschaften Hirtbüel oder Turnegg, wo auch Autos und Fahrräder abgestellt werden können. Der Zutritt ist zwar nicht verboten, aber da das Gebiet nur sehr klein ist, bleiben Sie besser in den Randbereichen, um Flora und Fauna ungestört zu belassen. Wenn Sie Hunde mitführen, so gehören die grundsätzlich an die Leine. Nehmen Sie nichts, gar nichts, aus dem Wald mit und hinterlassen Sie bitte auch nichts.

INFO

Gemeindeverwaltung Giswil
Kirchplatz 1, CH-6074 Giswil
Tel.: +41 (0)676 77 00
Fax: +41 (0)676 77 01
E-Mail: gemeinde@giswil.ow.ch
www.giswil.de

Weitere Informationen für Wanderer und Urlauber unter:
www.giswil-tourismus.ch/
www.wanderparadies.ch/

Riserva forestale Valle di Cresciano

Von Ewald Lindner

Im März 2000 wurde durch den Staatsrat genehmigt, ein Gebiet mit rund 630 Hektar und sehr ursprünglicher und wenig genutzter Waldlandschaft biologisch neu zu begutachten und zu bewerten. Im Frühjahr 2001 hat dann die Patrizier-Versammlung von Cresciano beschlossen, einen Teil ihres Vermögens für die Schaffung eines großen Waldreservats zu investieren.

Dann machte man sich an die Arbeit, das Waldreservat zu organisieren, die bestehenden Wege wieder zugänglich zu machen, das Reservat durch eine Beschilderung zu kennzeichnen und Wegebrücken wieder herzustellen. Der Wald steht größtenteils an sehr steilen Hängen und ist ohne diese Fußwege nicht zugänglich. Im ganzen Gebiet gibt es keine Straßen, nur steinige Wanderwege, die zu einigen kleinen, nicht mehr bewirtschafteten Almen und Berghütten führen und nur noch Wanderern und Bergsteigern als Schutzhütten und einfaches Nachtlager dienen. Angeblich gibt es nur noch eine Familie, die das Recht hat, auf einer winzig kleinen Alm im Reservat ein paar Kühe und Schafe zu weiden. Das Gelände ist aber überwiegend so steil, karg und steinig, dass eine Waldbeweidung für Kühe und Schafe fast unmöglich und der Auf- und Abtrieb der Tiere aufgrund der Steillagen sehr gefährlich ist. Die meisten Berghütten und Alpen sind nicht einmal mit dem Geländewagen erreichbar.

Die meisten Alpen (Almen) waren bis Mitte des 20. Jahrhunderts noch bewirtschaftet, aber die extremen Lagen, die nur zu

Herbstwald im Valle die Cresciano

Fuß auf schmalen Pfaden oder teilweise mit Eseln als Tragetiere erreichbar waren, lohnten dann die Arbeit nicht mehr.

Das Städchen Cresciano liegt rund 12 Kilometer nördlich von Bellinzona und das Waldreservat erstreckt sich direkt angrenzend nordöstlich von Cresciano. Das Valle di Cresciano ist ein enges Seitental, das sich aus dem Haupttal des Flusses Ticino (Tessin) ebenfalls direkt nordöstlich des Städtchens in die Berge hinein erstreckt. Die Stadt befindet sich in der Tallage des Ticino auf einer Höhe von rund 270 Metern über N.N. und das Waldgebiet erstreckt sich aus etwa 350 Metern bis in hochalpine Lagen über 2500 Meter unterhalb des Nordgipfels des Pizzo Claro mit 2727 Meter über N.N. Die Baumgrenze liegt bei rund 2200 Metern.

Die dichten Bergmischwälder von den Tallagen bis auf 2200 Meter über N.N. sind ein Paradies für jeden „Waldläufer“ und lassen einen in eine phantastische Waldwelt eintauchen, die man sich schöner nicht erträumen könnte. Allerdings muss man körperlich fit sein und sehr gutes Schuhwerk tragen, um die steilen Wege auf- und abzusteigen. Es finden sich keine detaillierten Informationen über die frühere Nutzung der Wälder, aber der Zustand und die Zusammensetzung der Baumgemeinschaften lassen darauf schließen, dass es hier schon länger keine intensive Holznutzung mehr gibt. Ein echter Naturschatz.

Das Waldreservat bietet eine reiche Artenvielfalt in einer sehr unterschiedlichen Berglandschaft der Südalpen, etwa 30 Kilometer Luftlinie von der italienischen Grenze entfernt. Das Klima im Waldreservat ist so unterschiedlich wie seine Landschaft – von engen schattigen Tallagen auf 400 Metern Höhe bis hinauf über die Waldgrenze auf rund 2500 Metern. Insgesamt ist das Klima aber schon von der Nähe zum Mittelmeer beeinflusst und im Durchschnitt deutlich wärmer und trockener als in den Nordalpen.

Ebenso unterschiedlich wie die verschiedenen Landschaftszonen sind Fauna und Flora im Reservat. Die Wälder bestehen überwiegend aus Buchen, Tannen, Kiefern und Lärchen. Doch je nach Standort, Untergrund und Feuchtigkeit sind auch viele andere Laubbäume zu finden. In der Fauna des Gebietes sind alle typischen Arten vertreten – vom Schwarzen Alpensalamander bis zur Gämse.

Forschungsstudien haben dazu beigetragen, einen lange Jahre vergessenen und unerforschten Weg wiederherzustellen. Er wird jetzt „Pfad der großen Bäume“ genannt.

INFO

Traumhaft schöne Pfade für Wanderer und Bergsteiger führen durch die verschiedenen Waldzonen hinauf bis zum Gipfel Pizzo di Claro. Allzu schwierig ist der Weg nicht, aber man muss schon gut trainiert und sehr gut ausgerüstet sein, um den Anstieg zum Gipfel zu schaffen. Mit Kindern unter 12 Jahren sollte man diese Wege besser nicht begehen. Hunde sind nicht verboten, aber an der Leine zu führen.

Die Anreise mit Auto und öffentlichen Verkehrsmitteln erfolgt über Bellinzona bis nach Cresciano. Ab hier geht es nur noch zu Fuß oder mit dem Helikopter weiter.

Kontakt:
Patriziato di Cresciano
Tel.: +41 (0)91 863 29 56
E-Mail: patriziato@cresciano.ch

Von Ewald Lindner

Der Aletschwald

Der Aletschgletscher formte über Jahrtausende eine einzigartige Landschaft. Noch heute werden Fels und Gestein unter dem Druck der Eismassen geschliffen und Täler geformt. Durch das Schmelzen des Eises erscheinen dann steinige Moränenflächen, auf denen zunächst nichts zu wachsen scheint. Doch innerhalb weniger Jahre erscheinen erste Moose und andere Pionierpflanzen, die die scheinbar unfruchtbare Steinwüste besiedeln. Später gesellen sich weitere krautige Pflanzen hinzu, bis nach rund 30 Jahren erste Bäume und Sträucher zu finden sind. Der Aletschwald bildet in dieser Abfolge der Pflanzengemeinschaften mit den von Arven dominierten Wäldern ein vorläufiges Endstadium. Inwieweit die stetige Klimaerwärmung diesen Zustand verändern wird, vermag heute noch niemand mit Sicherheit zu sagen.

Extreme Geländeunterschiede prägen das Gebiet. Im Abstand von wenigen Hundert Höhenmetern wechseln trockene, heiße Standorte, bewirtschaftete Weiden, schattig kühle Wälder und karge Gletscherlandschaften.
So entsteht die Artenvielfalt des Aletschgebietes. Jeder dieser Lebensräume weist ganz besondere Eigenheiten und Lebensvoraussetzungen auf. Die Naturkräfte Wind, Sonneneinstrahlung, Feuchtigkeit oder Nährstoffgehalt im Boden sind wichtige Faktoren, denen sich alle Lebewesen anpassen müssen. So führen diese unterschiedlichen Bedingungen zu sehr abwechslungsreichen Lebensräumen, die von einer großen Artenvielfalt besiedelt werden.

Der Aletschwald gehört wohl zu den schönsten Bergwäldern der Schweiz. Mit seinen dichten bis lichten Beständen aus Fichten, Lärchen und Arven, zwischen denen im Sommer blühende Alpenrosen hervorblitzen, ist er immer einen Besuch wert.

Gämse im Arvenwald

Als dominierende Baumart hat sich die Arve hier im Verlauf der Jahrtausende sehr gut an die harten Klimabedingungen am Nordhang oberhalb des Großen Aletschgletschers angepasst. Mit enormer Widerstandsfähigkeit und ihrem langsamen und standhaften Wuchs trotzt sie der Trockenheit, Stürmen, Eis und Schnee und wird dabei bis zu 1000 Jahre alt. Sie zählt zu den ältesten Bäumen der Schweiz. Neben den Arven bietet das Gebiet auch zahlreichen anderen Lebewesen ein Zuhause. So sind neben dem Rothirsch auch Gämse, Tannenhäher und die Rostblättrige Alpenrose zu sehen, und mit etwas Geduld und Glück können auch Birkhühner, Steinadler oder der Sperlingskauz beobachtet werden.

Doch der Wald hat auch schon sehr schlechte Zeiten durchlebt. Zu Beginn des 20. Jahrhunderts setzten Holzeinschlag, das Weidevieh, die Jagd sowie das Sammeln von Beeren und Pilzen dem Aletschwald so stark zu, dass er beinahe dem Untergang geweiht war. Erst 1933 kam es zu einem wirksamen Schutz, als der damalige Schweizer Bund für Naturschutz, die heutige Pro Natura, einen Pachtvertrag über 99 Jahre unterzeichnen konnte. Seither bleibt im Aletschwald totes Holz liegen, vermodert und kehrt in den Kreislauf der Natur zurück. Dabei erfüllt es zahlreiche wichtige ökologische Funktionen. Es beherbergt Moose und Pilze, Spinnen und Käfer, und schon bald dient es wieder der Keimung junger Arven oder Lärchen. So bietet der Aletschwald nicht nur zahlreichen Pflanzen und Tieren ein Zuhause, sondern lädt auch uns Menschen zu einer erholsamen Waldwanderung unter fachlicher Führung ein.

INFO

Eine Fülle von interessanten Freizeitangeboten im Aletschwald finden Sie auf der Homepage www.pronatura-aletsch.ch.

Hierzu gehören allgemeine Informationen und Erlebnisangebote wie zum Beispiel ein Birkhahn-Weekend, ein Murmeltier-Weekend, ein Gletscher-Weekend, eine mehrtägige geführte Wanderung „Aletsch à la carte" nach Ihren Wünschen, ein Workshop Naturfotografie, ein Jugendlager, Ausstellungen, Anreiseinformationen und vieles mehr.

Kontakt:
Pro Natura Zentrum Aletsch
Villa Cassel
CH-3987 Riederalp
Tel.: +41 (0)27 928 62 20
aletsch@pronatura.ch
www.pronatura-aletsch.ch/

Blick vom Aletschwald auf den Gletscher

Die Thurauen

Von Ewald Lindner

Das größte Auengebiet des Schweizer Mittellandes sind die Thurauen zwischen Eggrank und der Thurmündung. Einzigartig ist vor allem die vielfältige Tier- und Pflanzenwelt. Hier wurden große Anstrengungen zur Renaturierung und damit verbunden auch des Hochwasserschutzes unternommen.

In dem Flussauengebiet gibt es eine große Artenvielfalt. Hier leben vor allem Vogel- und Schmetterlingsarten sowie Amphibien wie Laub- und Springfrosch. Auch mehrere Biberfamilien sind hier zu Hause. Bei den Pflanzen sind es vor allem die imposanten Silberweiden, verschiedene Orchideen oder der Gefranste Enzian. Dieser Artenreichtum ist einer Vielzahl von unterschiedlichsten Lebensräumen auf engstem Raum zu verdanken.

Durch die Renaturierung wurde die Eigendynamik der Thur im Mündungsbereich wieder hergestellt. Der Fluss kann wieder mit eigener Kraft die Landschaft gestalten und regelmäßig den Auenwald überschwemmen. Darüber hinaus wurden neue Tümpel und Altarme ausgebaggert. Ein Teil des Waldes wurde als Waldreservat ausgewiesen und bleibt nun sich selbst überlassen. Im lichten Wald hingegen wird die offene Landschaftsstruktur „gepflegt“. Das stört und schädigt den Auenwald; hier wird ein

Biber haben ihre Visitenkarte hinterlassen

typischer Konflikt von zu kleinen Reservaten deutlich: Man möchte möglichst viele gefährdete Landschaftstypen darin unterbringen und schafft somit eher eine Art Zoo als natürliche Landschaft.

Hierdurch werden auch die seltenen Arten gezielt unterstützt, damit sie dauerhaft eine Heimat finden und stabile Populationen bilden können. Auch bereits verschwundene Arten kehren nach und nach in diesen Naturraum zurück, wie zum Beispiel der Flussregenpfeifer. Die Renaturierung schützt auch die umliegenden Ortschaften und Siedlungsgebiete besser vor Hochwasser.

Naturliebhaber erfreuen sich an einem kleinen Stück Wildnis und genießen die neuen Einrichtungen wie den Aussichtsturm oder das Naturzentrum, die ihnen dabei ganz neue Erkundungsmöglichkeiten bieten.

INFO

Geführte Waldlehrwanderungen und Wanderwege

Damit Sie die Thurauen genießen können, ohne die sensiblen Tiere und Pflanzen zu stören, stehen Ihnen verschiedene Einrichtungen zur Verfügung:

- Feuerstellen bei Werdhölzli und Thurbrücke
- Holzsteg und Trampelpfad durch den Auenwald
- Aussichtsplattform am Thurufer
- Beobachtungshütten am Rhein
- Erlebnisweg „Tatort Auenwald"

Das Naturzentrum Thurauen ist ein einzigartiger Lernort mit einer spannenden Ausstellung für Schulklassen, Gruppen und Familien und einem reichhaltigen Angebot an Führungen, Exkursionen und Workshops. Weitere Informationen zu dem umfangreichen Angebot findet man jeweils aktuell auf untenstehender Homepage im Internet.

Anreise:

Das Naturzentrum Thurauen erreichen Sie in einer halben Stunde ab den Bahnhöfen Winterthur oder Rafz mit der Buslinie 670 (Haltestelle Flaach Ziegelhütte). Von der Haltestelle sind es noch rund 300 Meter bis zum Naturzentrum.

Kontakt:

Naturzentrum Thurauen
Steubisallmend 3
CH-8416 Flaach
Tel.: +41 (0)52 355 15 55
E-Mail: info@naturzentrum-thurauen.ch
www.naturzentrum-thurauen.ch

Naturwaldreservat Sunneberg

Von Ewald Lindner

Die Reservatsfläche des Naturwaldreservats Sunneberg beträgt etwa 271 Hektar. Sie verteilt sich auf 192 Hektar Eichenwaldreservat, 48 Hektar Naturwaldreservat, 30 Hektar Sonderwaldreservat und einen Hektar Freizeit- und Erholungszone. Zwei weitere kleine Naturwaldreservate (Altholzinseln), nämlich die Gebiete „Zeiningen“ mit rund acht Hektar und „Maisprach“ mit etwa einem Hektar befinden sich im Raum Schönenberg. Die Waldreservatsfläche des Sunnebergs verteilt sich auf die Ortsbürgergemeinden Möhlin (216 Hektar) und Zeiningen (20 Hektar) im Kanton Aargau und auf die Gemeinde Maisprach (35 Hektar) im Kanton Basel-Landschaft. Die Flächen sind im Kanton Aargau auf 50 Jahre ausgewiesen und im Kanton Basel-Landschaft unbefristet geschützt.

Im Naturwaldreservat Sunneberg stehen heute üppige Buchenmischwälder. Neben der vorherrschenden Buche weisen auch Esche, Ahorn und Eiche bedeutende Anteile in den Baumholzbeständen auf. Über dem harten Kalkgestein bildeten sich flachgründige, skelettreiche Böden. Auf den weichen Kalkgesteinen haben sich tonreiche, tiefgründige Böden entwickelt.

Das Eichenwaldreservat Sunneberg

Mächtige uralte Baumgestalten stehen im Eichenwaldreservat. Eichen werden 1000 Jahre alt und bilden große, breitausladende Kronen und knorrige Äste aus. Über Jahrhunderte wurden Eichen im Mittelwald gefördert und vermehrt. Die Eiche bot mit ihren Früchten, den Eicheln, nicht nur den Hausschweinen köstliches Waldfutter, natürlich haben sich ihre wilden Artgenossen daran ebenso gütlich getan. Darauf warteten dann die zweibeinigen Jäger, um als Zusatznutzen des Eichenwaldes regelmäßig auch einen „Wildschweinbraten zu ernten“. In früheren Zeiten war die Eichenrinde zum Gerben von Leder unentbehrlich und das dauerhafte Hartholz fand Verwendung beim Bau von Häusern, Schiffen und allerlei Gerätschaften. In den weitständigen Eichen gewann man auch wertvolles Brennholz mit hohem Brennwert. Mit der Überführung in einen geschlossenen Hochwald wurde der Wald dunkler und ärmer an Eichen. Heute stehen im Waldreservat noch rund 1000 alte Eichen als Zeugen des früheren Mittelwaldes. Davon sind 925 alte Eichen bis ins Jahr 2050 geschützt und bieten dem bedrohten Mittelspecht sicheren Lebensraum.

Durch die Gründung neuer eichenreicher Jungwaldbestände wird der Eichennachwuchs gefördert. Kritisch anzumerken ist aber, dass nur ein kleiner Teil des Reservats (25 von 191 Hektar) echtes Reservat ist, also ohne Nutzung sich selbst überlassen bleibt. Auf dem Rest wird der Wald genutzt und bepflanzt, also ganz normale Forstwirtschaft betrieben. Das Ergebnis sind Eichenwälder, die von Natur aus auf diesen Standorten kaum vorkommen. Es sind, wie auch die Geschichte des Reservats zeigt, menschlich beeinflusste Kulturlandschaften. Von Natur aus wäre hier ein Buchenurwald, mit einigen Eichen

Porträt

Von Ewald Lindner

Der Hirschkäfer

Die Nahrung des Hirschkäfers besteht aus dem Saft von Eichen, am liebsten von faulenden Ästen. Diese findet der bis etwa acht Zentimeter große Käfer aber in mitteleuropäischen Wäldern immer seltener und steht daher seit vielen Jahren auf der Roten Liste der gefährdeten Arten. Seinen Namen hat er wegen des „Geweihs", das die männlichen Käfer tragen, die aber nur vergrößerte Mundwerkzeuge sind, aber nicht zur Nahrungsaufnahme genutzt werden.

Mit seinem „Geweih" sieht der Hirschkäfer recht gefährlich aus, doch er ist vollkommen harmlos und kann mit seinen Mundwerkzeugen bestenfalls ein wenig zwicken, wenn man ihn in die Hand nimmt. Will das Hirschkäfer-Männchen einen Rivalen vertreiben, versucht es, diesen mit den Geweihzangen vom Baum zu stoßen. Er will den Konkurrenten nicht verletzen oder töten, sondern nur herausfinden, wer der Stärkere ist, um sich dann mit dem Weibchen zu paaren. Das geschieht immer an offenen Baumwunden, wo sich beide Geschlechter, vom Geruch des austretenden Eichensaftes angelockt, treffen.

Die Weibchen suchen nach der Paarung einen geeigneten Ablageplatz für ihre Eier. Da die Larven morsches Holz als Nahrung benötigen, legt das Weibchen seine Eier an die Wurzeln von toten und absterbenden Bäumen. Dort zerkleinern die bis zu zehn Zentimeter langen Käferlarven das morsche Holz zu Mulm. Dieser besteht aus Holzspänen sowie dem Kot der Tiere und ist sehr nährstoffreich.

Ein kurzes Leben im Rausch

Männliche Hirschkäfer tun von Natur aus das, was ihre menschlichen Geschlechtskollegen auch sehr gern tun: Sie trinken, brummen laut und prügeln sich um die Gunst der Frauen. Den erwachsenen Hirschkäfer findet man von Anfang Juni bis etwa Mitte August; seine Lebenserwartung beträgt nur etwa acht Wochen. Bei Anbruch der Dunkelheit machen sich die Hirschkäfer fliegend und laut brummend auf die Suche nach saftenden Baumwunden. Der Saft enthält Quercitin, Eichenzucker, der als Nahrung für den sehr anstrengenden Flug gebraucht wird. Die Saftleckstelle an der Rinde wird oft von Bakterien besiedelt, die den Zucker zu Alkohol vergären. Es ist lustig zu beobachten, wie die Hirschkäfer trinken, raufen und berauscht zu Boden fallen. Die Parallelen zu menschlichem Verhalten sind unübersehbar und bringen einen unwillkürlich zum Lachen.

Auch die weiblichen Käfer laben sich am süßen Saft der Baumwunden, die diese den Eichen mit ihren Beißwerkzeugen zufügen. Die Weibchen haben zwar kein Geweih, können aber mit ihren Beißzangen kräftig zubeißen und nicht nur Bäumen empfindliche Wunden zufügen. Wenn der Saft des Baumes austritt, bleiben sie an diesen „Tankstellen", versprühen ihre Duftlockstoffe (Pheromone) und warten, bis die stärksten der Männchen kommen, um sich mit ihnen zu paaren. Dabei klettert das Männchen auf den Rücken des Weibchens und hält es mit seinen Beißzangen fest. Beide laben sich in dieser Stellung verharrend am Eichensaft. Erst der Genuß des Saftes läßt die Paarungsbereitschaft reifen, bis es dann zur Kopulation kommt. Dann verkriechen sich die Weibchen zur Eiablage ins morsche Totholz und sterben. Die Männchen trinken und raufen weiter, bis sie tot zu Boden fallen, oder vorher von einem Vogel verspeist werden.

Von Ewald Lindner

Mensch und Naturwald

Für den Menschen ist der Naturwald unverzichtbar wegen seiner Funktion als Luftfilter und Produzent von Sauerstoff und frischer Luft. Des Weiteren ist der Waldboden ein unverzichtbarer Speicher und Filter für sauberes Wasser und bildet somit die Lebensgrundlagen für uns Menschen. Bis vor rund 3000 Jahren haben sich die Menschen in Mitteleuropa auch überwiegend von den Früchten des Waldes und seinen Tieren ernährt. Diese Nahrung war vielleicht manchmal kärglich, doch sehr gesund, und verhungert ist im Wald der gemäßigten Klimazonen kaum jemand, wenn nicht extreme Naturereignisse eintraten. Kräuter, Beeren, Wurzeln, Nüsse und Pilze bildeten neben dem einen oder anderen Wildbraten, Fischen, Schnecken, Insekten und auch Würmern eine delikate und ausgewogene Naturkost für unsere Vorfahren, und sie verstanden es auch, Wurzeln, Pilze, Beeren, Nüsse, Fleisch und Fisch als Vorräte haltbar zu machen.

Heute ist natürlich für uns moderne Menschen auch der Erholungswert des Waldes von großer Bedeutung. Wir entspannen und werden ruhig und ausgeglichen, wenn wir die Vielfalt und Schönheit des Waldes genießen können. Doch viele Menschen fürchten sich heute im dunklen „Urwald". Dies liegt daran, dass wir es nicht mehr gewohnt sind, diesen dunklen Wald als unseren „Schutzwald" anzusehen und uns in ihm geborgen zu fühlen. In früheren Zeiten flüchteten die Menschen bei herannahender Gefahr in den dichten Wald und versteckten sich dort. Ein wunderbares Beispiel dafür ist die Legende von Robin Hood, der sich im englischen Sherwood Forest mit seinen Getreuen über Jahre hinweg versteckte. Oder denken wir nur an unsere „wilden" germanischen Vorfahren, die die bereits sehr zivilisierten römischen Söldner in den Teutoburger Wald lockten und ihnen dort eine Niederlage zufügten. Der Wald war ihre Heimat, ihre Festung und ihr Nahrungsspender zugleich. Hier waren sie unbesiegbar. Wir sollten uns wieder darauf besinnen, dass der Wald die ursprüngliche Heimat der mitteleuropäischen Naturvölker, also unserer Vorfahren war, der uns schützt und uns Nahrung, frisches Wasser und Schutz bietet. Das hört sich vielleicht für unsere zivilisierten Ohren verrückt an, entspricht aber absolut den Tatsachen.

Ein negatives Beispiel: Bis vor rund 400 Jahren lebten die Ureinwohner Afrikas und Südamerikas noch überwiegend „unzivilisiert" in ihren Urwäldern und die Natur war noch im Gleichgewicht. Nur selten mussten Menschen in den Urwäldern oder Savannen verhungern oder verdursten. Was hat die Zivilisation den Menschen und der Natur in Afrika und Südamerika also gebracht? Reichtum und Wohlstand für einige wenige „Machtmenschen" und ansonsten viel Hunger, Not und Wüste. Naturlich möchte niemand zurück in den Urwald, doch wir müssen wieder lernen mit der Natur zu leben, nicht gegen sie.

Ein sarkastischer Witz:

Zwei Planeten treffen sich im Weltall und gehen eine Weile miteinander spazieren. Sagt der eine zum anderen: „Mir geht es gar nicht gut, ich bin krank." „So", sagt der andere, „was hast du denn für eine Krankheit?" Darauf der eine wieder: „Ich habe Homo sapiens." „Ach so", sagt der andere, „das hatte ich auch schon. Das vergeht in ein paar Tausend Jahren wieder. Diese Bazillen vermehren sich so lange, bis sie keine Nahrungsgrundlage mehr haben, und fressen sich dann selber auf."

durchsetzt. Und damit dieser Buchenurwald nicht wieder zurückkommt, wird immer wieder „gepflegt". Das Vorkommen des Mittelspechts scheint ein fadenscheiniger Vorwand, um die Kulturlandschaft und die Holzwirtschaft zu schützen. Der Schutz der Alteichen für nur 50 Jahre zeigt, dass es ihnen danach durchaus wieder an den Kragen gehen kann.

Das Naturwaldreservat Sunneberg

Ein rund 48 Hektar großes Naturwaldreservat findet sich im oberen Teil des Sunnebergs, das als Totalwaldreservat ausgewiesen wurde. Hier unterbleiben jegliche Holzernte- und Pflegeeingriffe, um einer natürlichen Waldentwicklung freien Lauf zu lassen. Im Gegensatz zum bewirtschafteten Wald sind im Naturwald die Kreisläufe in sich geschlossen. Hier bilden die am Boden liegenden abgestorbenen und in der Zersetzung befindlichen Altbäume die Nahrung und Wachstumsgrundlage für Baumsamen und junge Sprößlinge, aber auch für viele Insekten, Pilze und Kleintiere, die wiederum eine unverzichtbare Rolle in der Aufschließung und Zersetzung des Altholzes spielen. So sind auch viele Tier- und Pflanzenarten auf Alt- und Totholz angewiesen und erhalten im Naturwaldreservat wertvollen Lebensraum.

Blick über den Sunnebergwald

hohen Anteil von alten Buchen, aber auch Eichen werden ersatzweise genommen. In der Schweiz befinden sich im Raum Basel und im Zürcher Weinland die größten Vorkommen.

Ein klassischer, aber in der Bevölkerung völlig unbekannter Waldbewohner ist die Bechsteinfledermaus. Sie bewohnt Baumhöhlen in alten Buchen oder Eichen. Sie lebt sehr heimlich und wechselt ihren Schlafplatz alle fünf bis acht Tage. Ihre Nahrung jagt sie nicht in der Luft, sondern auf den Blättern der Baumkronen und Rinden der Bäume sowie am Boden.

Der Hirschkäfer ist die größte Käferart der Schweiz. Die holzfressenden Larven entwickeln sich während fünf bis sechs Jahren in morschem Holz alter oder abgestorbener Eichen oder Bäumen in hohem Alter. Die maximal einige Wochen lebenden Käfer ernähren sich von Baumsäften (siehe auch Porträt Seite 211).

Das Sonderwaldreservat Sunneberg

In der Sonderwaldreservatsfläche zur Erhaltung bestimmter Tier- und Pflanzenarten werden spezifische Maßnahmen zur Förderung seltener Arten durchgeführt, wie zum Beispiol Holzeinschläge zur Schaffung von Lichtungen. Waldränder werden stufig, mit dem Wald vorgelagerten Sträuchern und Büschen, „gepflegt" und offene und lichte Flächen wie Steinbrüche und Wegböschungen zugunsten wärmeliebender Tier- und Pflanzenarten erhalten. Somit findet sich auch hier verkappte Forstwirtschaft, angeblich zur Mehrung der Artenvielfalt. Hier werden Waldarten gegen Offenlandarten eingetauscht. „Waldreservat" sollten sich eigentlich nur völlig geschützte Wälder nennen dürfen.

Tiere im Waldreservat

Das Waldreservat Sunneberg beheimatet die sechs Spechtarten Mittelspecht, Kleinspecht, Grauspecht, Grünspecht, Buntspecht und Schwarzspecht sowie den Pirol, die Bechsteinfledermaus, den Baummarder und den Hirschkäfer.

Der seltene und gefährdete Mittelspecht ist auf großflächige Laubmischwälder angewiesen. Er gilt als ausgesprochener Habitatsspezialist und bevorzugt alte Laub- und Auenwälder mit einem

INFO

Der Sunneberg ist ein beliebtes Naherholungsgebiet mit dem bekannten Aussichtsturm auf dem Berggipfel. Die Waldstraßen, Wanderwege und Rastplätze im Waldreservat Sunneberg werden unterhalten und stehen der Freizeit- und Erholungsnutzung zur Verfügung. Das Radfahren und Reiten ist nur auf befestigten Waldstraßen erlaubt.

Erleben Sie das Waldreservat bei einer Wanderung entlang des Naturlehrpfades: Sie starten beim Talmattweiher und durchqueren von dort aus auf gut befestigten Wegen den imposanten Eichenwald. Lauschen Sie bei der Rotenäderich-Hütte oder beim Waldhaus Möhlin dem Gespräch der knorrigen Bäume. Sie erzählen Ihnen Geschichten von weidenden Schweinen oder frierenden Soldaten im Krieg. Von der 5. Weghütte steigt der Weg an und Sie gelangen ins Herzstück des Waldreservates: das 48 Hektar große Naturwaldreservat. Nach einem kurzen Aufstieg erreichen Sie das Ziel Ihrer Wanderung, den Sonnenbergturm. Für Auskünfte oder Reservationen melden Sie sich bitte bei der Gemeinde Möhlin unter Tel.: +41 (0)61 855 33 02.

Die 5. Weghütte ist das Zentrum des Naturlehrpfades. Hier erhalten Sie aktuelle Informationen zum Gebiet. Der originelle Holzunterstand bietet Schutz vor Wind und Regen.

Der Sonnenbergturm ist das ganze Jahr frei begehbar. Die Aussicht in den Schwarzwald und den Faltenjura ist atemberaubend. An Sonntagen und ausgewählten Feiertagen werden Sie von den Naturfreunden Möhlin bewirtet.

Kontakt:
Gemeindekanzlei Magden
Tel.: +41 (0)61 845 89 00
Fax: +41 (0)61 845 89 19
E-Mail: gemeindekanzlei@magden.ch
www.magden.ch/de/freizeit

Weitere Freizeitangebote unter:
www.wellness-regionen.de/Artikel/428.php

Von Ewald Lindner

Das Vallon de Nant

Das Vallon de Nant im Kanton Waadt ist ein Urstromtal oberhalb Les Plans-sur-Bex. Es beginnt am Pont de Nant und endet auf der Dent de Morcles und Swifts Hals. Es beherbergt das Naturschutzgebiet des Muveran seit 29. November 1969. Das Naturschutzgebiet liegt unterhalb der Bergketten Dent de Morcles – Grand Muveran (im Osten) und Pointe des Savolaires – Pointe des Martinets (im Westen). Das Tal zweigt oberhalb des Dorfes Les Plans auf rund 1150 Metern beim Zusammenfluss der beiden Avançon-Flüsse südwärts ab. Über den Col des Martinets (2615 Meter) ist das Tal im Süden mit Morcles verbunden.

Angeblich ist das Tal das niederschlagsreichste im Kanton Waadt. Das Klima ist ähnlich wie im rund 15 Kilometer Luftlinie entfernten Tal von Derborence (siehe Seite 184) und wird durch das trockene heiße Klima des Rhonetals, aber auch durch feuchte atlantische Strömungen beeinflusst. Die jährliche Niederschlagsmenge liegt auch hier zwischen 1200 und 1800 Millimetern und die Jahresdurchschnittstemperatur beträgt etwa sechs Grad. Die Talflanken sind steil, und von allen Seiten stürzen Wildbäche hinab. Die steilen Felswände ragen teilweise senkrecht 1000 Meter hoch in den Himmel.

Trotz des rauen Klimas gedeihen auf nur 14 Quadratkilometern über 600 verschiedene Pflanzenarten. Instabile Geröllhalden und Steinschlag verändern beständig die Landschaft. Eigentlich widerspiegelt die Diversität der Pflanzenwelt nur die Vielfalt der äußeren Bedingungen im Vallon de Nant. Hier können Pflanzen wählen zwischen Kalk- oder Silikatuntergrund sowie den teilweise extremen klimatischen Verhältnissen von der Talsohle (1250 Meter über N.N.) bis zu den Berggipfeln (bis 3000 Meter

Wilder Rhododendron im Valle de Nant

über N.N.) Speziellen Arten, die den nackten Gesteinsschutt bevorzugen, bieten Geröllhalden oder das Gletschervorfeld ideale Standorte. Sogar die von uns als zerstörerisch empfundenen Steinschläge haben das Potenzial der Erneuerung und Erweiterung der Artenvielfalt. Die Steinschläge reißen zwar Lücken in die Vegetation und bleiben auf der Wiese im Tal liegen. Doch Pionierpflanzen erobern bald den offenen Boden, andere Arten mögen die mit Wasser und Staub gefüllten Ritzen und Spalten der Felsbrocken, und wieder andere ducken sich hinter die größten Felsblöcke als Schutz vor dem kalten Gletscherwind. Grundsätzlich prägen Kalkschichten die Geologie des Tals, doch an den Hängen der Savolaires gibt es auch Silikatgestein. Viele Pflanzen und Flechten wachsen ausschließlich auf dem einen oder anderen Untergrund. Der Gegenblättrige Steinbrech zum Beispiel gehört zu den wenigen Pflanzen, die sich in lockerem Gesteinsschutt ohne Bodenschicht behaupten können. Innerhalb der Baumzone finden sich die üblichen Bergwaldgemeinschaften aus Tannen, Fichten und Lärchen, aber auch Bergföhre, Vogelbeere und Bergahorn.

Ein Künstler im Festkrallen: Der Gegenblättrige Steinbrech gehört zu den wenigen Pflanzenarten, die sich in lockerem Gesteinsschutt ohne Bodenschicht behaupten können.

Auch im Vallon de Nant ist die typische Tierwelt der Alpen anzutreffen. Murmeltiere, Gämsen und Steinböcke sind hier zu Hause. Ebenso Steinadler, Schneehühner und Schneehasen sowie Alpensalamander und Eidechsen. Leider sind aber im Sommer auch noch einige freilaufende Rinderherden im Naturschutzgebiet am Pont de Nant unterwegs, die der natürlichen und unbeeinflussten Entwicklung der Natur zumindest in den Tallagen Einhalt gebieten. Es ist sehr bedauerlich, dass man dies nicht verhindern kann.

Besuchen Sie bei Pont de Nant den Alpengarten Thomasia. Die 2000 gezeigten Pflanzen sind mit Namen beschriftet und eine Broschüre begleitet Sie bis auf die anschließende Wanderung. Diese passen Sie im Übrigen am besten Ihren individuellen Möglichkeiten an: Bis zur Alp Nant folgen Sie auf guten Wegen dem Naturlehrpfad. Nicht Schwindelfreie und weniger Trittsichere kehren hier aber besser um; die weitere Wanderung führt durch Steilhänge und über rutschige Geröllhalden.

Blick ins Vallon de Nant

INFO

Beachten Sie bitte, dass Hunde an die Leine zu nehmen sind und die Wege nicht mit Motorfahrzeugen befahren werden dürfen, auch nicht mit Fahrrädern oder Mountainbikes. Jegliche Fahrzeuge sind am Eingang zum Tal bei Pont de Nant abzustellen.

Vom Frühsommer bis zum Herbst können Sie mit der Bahn bis nach Bex und von dort aus mit dem Postauto nach Les Planssur-Bex fahren. Von hier aus geht es dann nur noch zu Fuß weiter. Die große Wanderroute dauert rund sechs Stunden und die kleine etwa vier Stunden.

Weitere Infos unter: www.pronatura-vd.ch

Infos zum Alpengarten Thomasia bei Pont de Nant unter:
www.musees.vd.ch/musee-et-jardins-botaniques/jardin-de-pont-de-nant/accueil/

Von Ewald Lindner

Das Waldreservat Rorwald

Seit langer Zeit schon war der Rorwald bei Giswil im Kanton Obwalden bei den Forstleuten für seine struktur- und artenreichen Waldbestände bekannt. Doch am 2. Weihnachtstag 1999 (wenige Tage vor der Jahrtausendwende) passierte es. Ein gewaltiger Orkan brachte großes Unheil. Aus Westen kommend traf der Sturm „Lothar" vormittags auf den Schwarzwald, die Schweiz und Liechtenstein. Der Sturm zog in etwa zweieinhalb Stunden über die Schweiz hinweg. Er kam vom Jura her und überquerte das Mittelland, die Zentralschweiz sowie die Nordostschweiz. Die Südschweiz und die Südostschweiz wurden verschont. „Lothar", der rund 15 bis 20 Hektar Baumbestand wie Streichhölzer abknickte oder zu Boden warf, war der Auslöser dafür, dass bei den Verantwortlichen dieses 200 Hektar großen Waldgebietes ein Umdenken stattfand. Die Sturmschäden riefen natürlich sofort den Borkenkäfer als natürlichen „Totengräber" auf den Plan. Doch auch Forstleute und politisch Verantwortliche blieben nicht untätig und setzten zügig die Schaffung eines Waldreservates gegen viele Widerstände aus der Bevölkerung und der Forstwirtschaft durch. Seither untersucht die Eidgenössische Forschungsanstalt für Wald, Schnee und Landschaft (WSL), wie sich der Wald auf den Windwurfflächen und im geschlossenen Bestand entwickelt.

Seit dem Jahr 2000 ist der Rorwald also nun ein kantonales Waldreservat. Die Vereinbarung über das 200 Hektar große Waldstück schloss der Kanton Obwalden mit der Waldeigentümerin, der „Teilsame Lungern-Obsee", und der kantonalen Sektion von Pro Natura.

In den Rorwald hoch über dem Sarnersee, rund fünf Kilometer vom auf Seite 202 beschriebenen Leihubelwald entfernt, kommt man nicht eben leicht. Von Giswil schlängelt sich die schmale Straße Richtung Glaubenbüelenpass hoch. Kurz vor der Passhöhe sieht man ihn dann, den Rorwald. Die Sturmschäden sind auch heute noch gut sichtbar und bilden eine große, wilde, auf den ersten Blick undefinierbare Fläche in der Landschaft. Der hauptsächlich aus Fichten und Bergföhren bestehende Wald erstreckt sich auf einem leicht abfallenden Hang und ist durch tiefe Gräben begrenzt. Nordwestlich gegen die Berge ansteigend geht der Rorwald in Alpweiden über.

Durch die „schlechte" Erschließung wurde der Rorwald in der Vergangenheit nur wenig genutzt. Für den Holztransport waren riesige, brückenähnliche Holzkonstruktionen erforderlich, um die tiefen Felsgräben zu überbrücken. Nach 1960 erfolgte im Rorwald – abgesehen von der Borkenkäferbekämpfung – kein Holzeinschlag mehr. Und dies sollte bis zum Jahr 2050 so bleiben. Die Waldeigentümer verzichten auf die Holznutzung und erhalten im Gegenzug dafür eine Entschädigung, die sich an der Höhe des entgangenen Gewinns

EXKURSION

Von Ewald Lindner

Totholz als Lebensgrundlage

Seit Jahren ist die zentrale Bedeutung des Totholzes für die Waldverjüngung bekannt. Eine Analyse der Baumstandorte im Rorwald bestätigt dies: 20 bis 30 Prozent aller jungen Bäumchen keimen auf toten Stämmen und Wurzelstöcken. Ältere Bäume ab 12 Zentimeter Brusthöhendurchmesser wachsen sogar bis zu 50 Prozent auf Totholz. Doch das Totholz spielt nicht nur für die Waldverjüngung eine wichtige Rolle. Es bietet Lebensraum für zahlreiche Insektenarten und in Höhlen brütende Vögel wie Spechte, Kleiber und Meisen. Totholz bewohnende Kleintiere wie Käfer oder Asseln bilden wiederum die Nahrungsgrundlage für zahlreiche weitere Arten. Während Totholz in intensiv bewirtschafteten Wäldern meist nur in Form von Schlagabraum und Wurzelstöcken vorhanden ist, kann in europäischen Urwäldern und Naturwaldreservaten von liegenden und stehenden Totholzvorräten von 100 bis 200 Kubikmeter je Hektar ausgegangen werden.

Im Rorwald hat sich nach der Sturmkatastrophe „Lothar" der Totholzbestand vervielfacht und nach nur 14 Jahren eine üppige und artenreiche Waldverjüngung hervorgerufen, wie der Mensch sie niemals hätte schaffen können.

aus der Holznutzung orientiert. Hoffen wir, dass es 2050 auch wieder weitsichtige und verantwortungsvolle Menschen gibt, die dieses Erbe im Sinne der Natur weiterführen.

Seit 2001 beobachtet die WSL die Waldentwicklung im Rorwald. Untersucht werden unter anderem die Entwicklung des Borkenkäfers, das Vorkommen von Kleinsäugern in den Windwurfflächen sowie der Einfluss des Wildes auf die jungen Bäumchen. Von besonderem Interesse ist jedoch die Frage, wie lange es ohne Zutun der Förster dauert, bis sich die jungen Bäumchen gegen die erdrückende Konkurrenz der Himbeerstauden, Farne und krautigen Pflanzen durchgesetzt haben. Zu diesem Zweck führt die WSL im gesamten Reservat alle zwei Jahre Stichprobenaufnahmen durch.

Das Gebiet liegt praktisch völlig ungestört abseits von Straßen und Wanderwegen und bietet daher nicht nur dem stark gefährdeten Auerwild ein ideales Rückzugsgebiet. Auch die anderen Raufußhühner, Birk- und Haselhuhn, finden hier gute Lebensbedingungen vor. Leider finden hier auch viele (zu viele) Rothirsche, Rehe und Gämsen ein gutes Auskommen, was sich auf den Baumnachwuchs sehr negativ auswirkt.

INFO

Dass der Rorwald für Wanderer und Besucher nicht erschlossen ist, ist für viele ruhebedürftige Tiere wie das Auerwild ein großes Glück. Damit dies so bleibt, geben wir in diesem Falle keine weiteren Informationen für Besucher. Wir bitten um Verständnis.

Allschwiler Wald

Von Ewald Lindner

Der Allschwiler Wald liegt im Südwesten der Gemeinden Allschwil und Binningen unmittelbar bei den beiden Kleinstädten. Diese beiden Städte mit insgesamt rund 35.000 Einwohnern grenzen im Osten direkt an die Stadt Basel mit 172.000 Einwohnern, sie liegen demnach westlich von Basel und etwa zwei bis drei Kilometer vom Zentrum der Stadt Basel entfernt. Der Allschwiler Wald liegt also unmittelbar an einem städtischen Ballungszentrum. Im Süden und Westen stößt das Waldgebiet direkt an die Grenze Frankreichs beziehungsweise an die Gemeinde Schönenbuch. Es gibt an der Grenze zu Frankreich keine Grenzsicherungsanlagen, so dass der Übertritt für Mensch und Tier ungehindert möglich ist.

Das Reservat besteht aus 19 verschiedenen Waldparzellen, die nicht alle direkt miteinander verbunden sind. Es gleicht also eher einem Flickenteppich, und dazwischen liegen immer wieder auch landwirtschaftliche Nutzflächen. Also wirklich keine optimalen Bedingungen für ein „Waldreservat".

Dennoch könnten diesem Waldgebiet zwei wichtige Aufgaben zukommen. Dies wäre zum einen der ernsthafte Schutz der noch vorhandenen kleinen Waldgebiete. Und zum zweiten wäre es die Aufgabe eines Naherholungsgebietes mit umfangreichem Natur-Lehrangebot. Das Waldgebiet kann also einen wichtigen Beitrag zum Naturschutz leisten, indem es dabei hilft, den Menschen die Bedeutung und die Lebensnotwendigkeit von Naturwaldgebieten zu vermitteln. Dieser zweiten Aufgabe sind sich die Verantwortlichen der Bürgergemeinden offensichtlich auch teilweise bewusst.

Was allerdings mehr als ärgerlich ist, ist die Tatsache, dass die Wälder ausnahmslos noch immer forstwirtschaftlich genutzt werden. Wie ein solches Waldgebiet mit insgesamt 200 Hektar bewirtschafteter Waldfläche (verteilt auf 19 kleine Parzellen) auf die offizielle Liste der größten Waldreservate des Schweizerischen Bundesamtes für Umwelt, Wald und Landschaft kommt, ist nicht nachvollziehbar. Wenn man die Ausführungen des zuständigen Forstamtes auf der offiziellen Homepage des Allschwiler Waldes (Stand Juni 2013) liest, fällt man als halbwegs informierter Naturschützer vom Glauben ab. Hier die offizielle Darstellung zur Waldnutzung:

„Kettensäge und Traktor für das Wohl des Waldes ...
Der Wald wird von gut ausgebildetem Forstpersonal des Forstreviers Allschwil/vorderes Leimental (Allschwil, Biel-Benken, Binningen, Bottmingen und Oberwil) bewirtschaftet. Die Waldarbeiter ernten das Holz und pflegen den Lebensraum Wald nachhaltig. Pro Jahr werden im Allschwiler Wald rund 2300 Kubikmeter Holz geschlagen. Durch eine gezielte Holznutzung kommt mehr Sonnenlicht auf den Waldboden. Das ist Wachstumsenergie für Bodenpflanzen und die jungen Bäume. Für die stehen gelassenen Bäume bringt ein Holzschlag mehr Platz, damit sich ihre Kronen besser entfalten können. Das Holz wird unterschiedlich verwendet. Schöne Stämme gehen in die Möbelindustrie oder werden zum Bauen genutzt. Schlechtere Qualität wird zu Brennholz oder Hackschnitzel verarbeitet. Eine nachhaltige Bewirtschaftung sorgt dafür, dass der Wald seine Nutz-, Schutz- und Wohlfahrtsfunktionen dauernd und uneingeschränkt erfüllen kann und zukünftige Generationen ebenso vom Wald profitieren können." (aus: http://www.allschwiler-wald.ch/index.php?ds=58).

Dass dem Wald auf die hier beschriebene Weise geholfen wird, muss stark bezweifelt werden. Vielmehr scheint es um wirtschaftliche Interessen zu gehen. Offensichtlich haben die Forstleute im Allschwiler Wald noch nichts davon gehört, dass die Energie und Kraft eines Waldes in erster Linie aus dem Verbleib des Totholzes als zukünftiger Nährstoffquelle resultiert und im Wald verbleiben sollte (siehe auch Exkurs Totholz auf Seite 216). Die Natur schafft sich selbst durch natürlichen Abgang von Altbäumen die Lichtungen für die Sonneneinstrahlung, die Jungbäume zur Sicherung des Waldes brauchen.

Wenn denn unbedingt die Nutzung des Waldes sein muss, so sollte die nachhaltige und waldschonende Methode der „Plenterwirtschaft" angewendet werden. Diese kann man im „Forêt de l'Envers" in Couvet (Kanton Neuenburg) bestaunen und auch erlernen. Siehe hierzu Seite 221.

INFO

Auf der Internetseite www.allschwiler-wald.ch/ finden Sie ausführliche Informationen zum Naherholungsgebiet Allschwiler Wald. Hier finden Sie alles Wissenswerte zu Waldlehrpfad, Waldspielplätzen, Brunnen, Sandkasten, Rutschbahn, Kletterturm, Aussichtsturm, Seilbahn, Feuerstellen und zur Anreise mit öffentlichen Verkehrsmitteln.

Der Josenwald am Walensee (in der rechten Bildhälfte)

Von Ewald Lindner

Naturwaldreservat Josenwald

Der Josenwald ist 86 Hektar groß und erstreckt sich über das steil abfallende felsige Nordufer des Walensees von 420 bis 1300 Meter über N.N. Die Steillage hat bis zu 81 Prozent Hangneigung. Der Wald lässt sich aber dennoch bequem erwandern, da es einen parallel zum Hang verlaufenden Waldweg gibt.

Das Klima am Walensee ist mit einer Jahresdurchschnittstemperatur von acht Grad und einer Niederschlagsmenge von rund 1800 Millimetern pro Jahr vergleichsweise mild. Hier machen sich der häufige Föhneinfluss und die vor Nordwinden geschützte Südhanglage bemerkbar. Der geologische Untergrund besteht aus Kalkstein, der sich an den Hängen auch als Geröllhalde mit Überlagerungen aus Bergstürzen zeigt.

Der Josenwald ist ein Laubmischwald, der von Buchen dominiert wird, wo aber, durch die sonnige Südhanglage oberhalb des Walensees, auch Linden und Eichen häufig vorkommen. So finden sich hier denn auch viele verschiedene Waldgesellschaften. Die meisten Waldteile sind in der Optimalphase mit durchschnittlich starken Stämmen zwischen 40 und 60 Zentimeter Brusthöhendurchmesser. In den unteren Lagen dominieren Linden und Eichen, in der Mitte Buchen und in den oberen Lagen Buchen und Tannen. Daten von 1880 zeigen, dass der Wald damals nur wenige Bäume im Alter von 20 bis 40 Jahren aufwies. Der Holzvorrat pro Hektar betrug lediglich rund 50 Kubikmeter. Dies deutet darauf hin, dass er im 19. Jahrhundert sehr stark genutzt wurde, obwohl er

schwer zugänglich war. Eigentümerin des Josenwaldes ist die Gemeinde Walenstadt, die den Wald 1976 als Totalreservat ausgewiesen hat.

Seit über 50 Jahren werden Waldreservate in der Schweiz erforscht. Dazu gehört auch der Josenwald, der bis etwa 1950 intensiv genutzt wurde. Seither hat sich ein Wildniswald entwickelt. Dieser ist wesentlich dichter geworden und weist auch viele alte Bäume und etwa 130 Kubikmeter Totholz je Hektar auf. Das ist ein zukunftsweisender Gradmesser für die ökologische Qualität, die Bodenbeschaffenheit und die Artenvielfalt.

Durch die außergewöhnlich milde Südhanglage finden sich an den Lichtinseln zwischen den Bäumen sehr vielschichtige Kräuter und Sträucher, in denen sich eine artenreiche Kleintier- und Vogelweltwelt zu Hause fühlt. Auf den sonnigen Felsplätzen wärmen sich Eidechsen und auch die seltene Kreuzotter. Größere Wildtiere sind in den Steillagen wenige zu finden. Ab und zu lassen sich Gämsen mit ihrem Nachwuchs hier blicken, die vor allem die saftigen Wildkräuter der Waldlichtungen genießen.

Regelmäßige Besucher hingegen sind die Wildschweine, die sich in den etwas weniger steilen Hängen und Wildbachschluchten gerne über allerlei Fressbares unter den teilweise freiliegenden Baumwurzelstöcken und den Totholzstämmen hermachen. Aber auch die Waldfrüchte wie Beeren, Nüsse, Bucheckern und Eicheln sind ihnen ein Leckerbissen.

INFO

Der Wanderweg von Walenstadt nach Quinten (durch den Josenwald) auf der Nordseite des Walensees ist für jeden Naturfreund ein Traum. Weitere Infos gibt es unter www.hikr.org/tour/post62360.html

Weitere Informationen zur Freizeitgestaltung wie Besuch des Geoparks, einer Schiffsfahrt auf dem Walensee sowie Unterkünften finden Sie auf der Homepage vom Walenstadt
www.walenstadt.ch/contento/Home/Tourismus/
oder bei
Heidiland Tourismus
Infostelle Walensee-Unterterzen
Walenseestrasse 18, CH-8882 Unterterzen
Tel.: +41 (0)81 720 17 17
Fax: +41 (0)81 720 17 18
E-Mail: unterterzen@heidiland.com
www.heidiland.com

Porträt

Von Ewald Lindner

Das Wildschwein

Das Wildschwein gehört zur Familie der Paarhufer. Es lebt von alters her in Europa und Asien. Wildschweine sind echte Waldbewohner und seit Urzeiten ein beliebtes Jagdwild. Sie sind Allesfresser und sehr anpassungsfähig. So nimmt seine Verbreitung, seitdem der Mensch großflächig Ackerbau betreibt, in Mitteleuropa ständig zu.

Das Wildschwein ist der Urahne unseres Hausschweins und wurde bereits von den ersten Kulturvölkern Vorderasiens vor etwa 9000 Jahren gezähmt und durch Zucht vermehrt. So wurden im Laufe der Zeit aus der wilden Art verschiedene Unterarten des Hausschweins gezüchtet.

Das Fell der Wildschweine ist im Winter dunkelgrau bis schwarz-braun mit langen borstigen Deckhaaren und einer kurzen feinhaarigen Unterwolle. Im Frühjahr wechseln sie ihr dichtes Winterfell gegen ein leichteres Sommerfell. Junge Wildschweine (Frischlinge) tragen in den ersten Monaten helle Streifen auf dem Rücken, die später verblassen.

Die Paarungszeit von November bis Ende Januar nennt man „Rauschzeit". Vor der Geburt der Jungen im Mai gräbt das Muttertier, genannt „Bache", im Wald eine versteckte Mulde (Kessel) und polstert diese als weiche Kinderstube aus. Im Mai werden in der Regel vier bis acht Junge geboren. Vor allem durch den heute verbreiteten Anbau von Mais haben sich die Tiere stark vermehrt. Viele Wildschweine leben im Sommer oft nicht mehr Wald, sondern bis zur Maisernte in den Feldern. Durch das erhöhte Nahrungsangebot kommt es häufig zu weiteren Geburten außerhalb der normalen Zyklen.

Wildschweine sind eigentlich scheue Waldtiere, die man kaum zu Gesicht bekommt. Wenn eine Bache sich und ihre Jungen bedroht fühlt, kann sie allerdings sehr aggressiv werden und auch Menschen angreifen.

Als „Kulturfolger" gehen die „Schwarzkittel" dorthin, wo das Nahrungsangebot am besten ist. Durch den enormen Zuwachs der Populationen suchen Wildschweine immer öfter auch ihren Lebensraum in der Nähe menschlicher Siedlungen, was zwangsläufig auch zu Problemen führt.

„Forêt de l'Envers" – der Plenterwald von Couvet

Von Peter Wohlleben

Im Val de Travers, Kanton Neuenburg, liegt der kleine Ort Couvet. Er ist ein forstliches Mekka, denn hier befindet sich einer der ältesten ökologisch bewirtschafteten Wälder. Er ist kein Urwald und er soll auch keiner werden, dennoch verdient er eine Erwähnung in diesem Buch. Denn was nützen uns kleine Inseln wilder Wälder, wenn der große Rest von über 95 Prozent radikal und rücksichtslos genutzt und verändert wird? Der Plenterwald von Couvet zeigt, dass eine ertragsstarke Forstwirtschaft sehr sanft sein kann.

Schon seit Jahrhunderten wirtschaftete die Bevölkerung traditionell kahlschlagsfrei. Jedes Jahr wurden hier und da starke, erntereife Bäume gefällt, der Wald ansonsten in Ruhe gelassen. Dies führte zu einem bunten Miteinander von kleinen, mittelalten und mächtigen Tannen, Fichten und einigen wenigen Laubbäumen. Mit Einführung der geregelten Forstwirtschaft sollte zunächst aus Deutschland die Altersklassenwirtschaft übernommen werden: Der Wald wurde in gleich große Parzellen eingeteilt, von denen jährlich eine kahlgeschlagen und anschließend wieder aufgeforstet werden sollte. Dies hätte zu einem Flickenteppich von Waldstücken mit jeweils einer Baumart eines Alters geführt – weiter kann sich ein Wald vom Urwald nicht entfernen. Glücklicherweise wurde das Experiment nach wenigen Jahren gestoppt, und ab 1881 trat ein junger Förster in den Dienst der Gemeinde, der das Ruder herumwarf: Henri Biolley. Er war ein glühender Verfechter der Plentermethode, bei der nur einzelne Stämme genutzt werden. Das Miteinander der verschiedenen Altersstufen auf kleinster Fläche kommt dabei dem Urwald sehr nahe, auch wenn man dicke Stämme nicht absterben lässt und durch die ständige Nutzung die lebende Biomasse pro Hektar deutlich geringer ausfällt.

Große, alte Mutterbäume, die ihren Nachwuchs überschirmen und schützen, Halbwüchsige, die auf ihre Chance (mehr Licht) warten, um weiter nach oben zu kommen: In so einem Plenterwald finden sich alle natürlichen Waldprozesse wieder.

Dieses „Hier-und-da-nutzen“ konnten die Forstbehörden kaum kontrollieren (im Gegensatz zu der Größe eines Kahlschlages), der Grund, warum die Plenterung zu dieser Zeit in Deutschland verboten wurde. Henri Biolley ließ sich aber nicht entmutigen und ersann eine Kontrollmethode, bei der der gesamte Wald mit all seinen Bäumen erfasst und vermessen wurde. In regelmäßigen Abständen wiederholt, ließ sich so mithilfe dieser Inventuren sehr genau sagen, ob zu viel oder zu wenig Holz eingeschlagen wurde oder wie der Anteil der Laubbäume zunahm. Nach seinem Vorbild werden bis heute viele Wälder geplentert, also urwaldnah bewirtschaftet, und immer noch wird auf schonende Holzernte per Handarbeit statt mit großen Erntemaschinen gesetzt. Alle Forstbetriebe, die nach diesem Prinzip arbeiten, erzielen überdurchschnittliche Gewinne!

In einer Kombination von Plenterwirtschaft und Schutzgebieten liegt denn auch die Hoffnung für die Zukunft der Wälder Mitteleuropas: Einerseits kann sich in solchen Wirtschaftswäldern ein Großteil gefährdeter Arten erhalten oder wieder ausbreiten, andererseits finden besonders empfindliche Spezies, die auf absterbende oder tote Bäume angewiesen sind, in unberührten Reservaten ein Refugium.

Couvet zeigt eindrucksvoll, dass ein Wirtschaften mit der Natur für alle Seiten nur Vorteile bringt, nicht zuletzt für Wanderfreunde, die beeindruckende Baumriesen und eine besondere Atmosphäre erleben können.

Der „Forêt de l’Envers“, wie der Wald offiziell heißt, ist über einen Wanderweg von Couvet aus zu erreichen. Dabei folgt man den Wegweisern Richtung „Creux du Van“. Im Plenterwald gibt es einen Lehrpfad mit Hinweisen zu dieser Art der Forstwirtschaft.

INFO

Pro Silva Helvetica
Arthur Sandri, Präsident
c/o BAFU
Sektion Schutzwald
CH-3003 Bern
Tel.: Büro: +41 (0)31 325 51 70
Mobil: 079 448 46 53
www.pro-silva-helvetica.ch

Register

Bildnachweis:

Aachener Zeitung 212 u.; Abschaffung-der-jagd.de 126 o.; aletscharena.ch.jpg 206/207 u.; Allgauerjodler, panoramio.com 176; Amt für Ernährung, Landwirtschaft und Forsten, Nördlingen 14 m.; Andreas Kranz, spiegel.de 40 m.; Anton Theurezbacher, picasa.de 158 o.; Anweber, Fotolia.de 125; Archiv Biosphärenreswervat Schorfheide.tif 30/31; Aussiefan, panoramio.de 131; Axel-d, panoramio.com 114 o.r.; baerlife.de 92 u.; BastiaanP, panoramio.de 185; Bayrische Staatsforsten 73; Beatreactor.de 21; Bergkraxler, wordpress.com 158 u.; bilder.laeden.me 146; Blaubergdackel, flickr.de 115, 116; boppard-tourismus.de; 8 u.; Brechnuss, petruby.com 220 u.r.; Chip Foto Video, fotojo56 41; COMEO Werbung PR Event, comeo.de 104 o.; cresciano.ch 203, 204 o., 204 m.; DamjanVrisk, panoramio.de 166 o., 171 u.; Deutsche Bundesstiftung Umwelt, Norbert Rosing 2; Deutsche Bundesstiftung Umwelt, Osnabrück 50 u.; diepresse.com 170 o., 170 u., 171o., 171 u.; Dieter Beer, panoramio.de 89 o.; dr knox, Flickr.com 64; Dr. C. Fried, naturefund.de 14 o.; E. Zeller, naturpark-hohesvenn-eifel.de 69 o.; Eehrbar, panoramio.com 197; Eidgenössische Technische Hochschule Zürich, fe.ethz.ch 196; Eifel Tourismus GmbH, Nationalpark Eifel 67; Eric Mazur, Flickr.com 214; Eric Mazur, Flickr.com 215 o.; F. Sioghartsleitner 136 u.; Falki, fotowettbewerb.hispeed.ch 189 u.; Fantilein, panoramio.de 122 o.; Fördervereins Grünes Klassenzimmer Grevenbroich 2003 e.V., schneckenhaus-gv.de.tif 35.;

Creative commons license: Aconcagua 153; Aconcagua 154 o.l.; Aconcagua Frank Vassen 154/155 o.; Adam Kumiszcza 85 o.; Adrian Michael 88; Andrzej Otr bski 139; Böhringer Friedrich 149; böhringer friedrich 200; Corradox 47 u.; Damiano Luchetti 20; Demonwhip 111; dewiki 113; dewiki 137; dewiki 138 u.; DKrieger 120; DKrieger; 10; Dumi 86; DynaMoToR 76; FelixReimann 154 m.; Fi15 22; Genealogist 112 u.l.; Genealogist 211 u.; H. Schreiber 84/85 u.; Havelbaude 29 r.; Janericloebe 40 u.; Johannes Löw 184; K4ktus 101; Kuebi 71; Magne Flåten; 13; Matthias Schweigl 124; Metilsteiner 62; Michael Fiegle 205 u.; Michael Fiegle 206 o.; Paul Hermans 187 u.; PaulMuaddib 83; Pedelecs 72 o.; Poschi 188; Raul de Chissota 160/161 o.; Stefan3 205 o.; Willow 90, 100 u., 102 u.r., 96, 100 o., 102 o.;

Fotolia.com: Alexander von Düren 99 o.; Alexander von Düren 99 m.; Amidala, 50 o.; Apart Foto 13 l.; AV 52; Bergringfoto 33; Bomenius 68; crimson 94; dieter76 38; dieter76, 53 u.; foto: XK 103 o.; Friedrich Hartl 92; Henry Czauderna 63; Jens Klingebiel 95; Markus Eckardt 39; noccio81, 99 u.; Perdita Pilarek 98 o.; Petra Kohlstäd, 14 u.; Photohunter 104 u.l.; 1stGallery, 123; Pahusix, 127 o.; Aleksander Bolbot, 199; Jens Klingebiel, 220 u.l.;

Fotoschule.de 26 u.; Frank Biederstaedt, fotocommunity.de 24; Frank Richter 43; Franz Kern 151; Franz Kovacs, bundesforste.at 147, 148, 149, 150, 167, 168, 152, 143, 144, 145, 134,; Franz Pritz, bundesforsten.at 172 o., 172/173 u., 174, 175; franzjosefadrian.com 11,36, 32 o., 32 u.; Fritz Bayerl, austria-forum.org 145; Gabriele Kiesewetter, Beselich 65; Gaetan.herold, flickr.com 215 u.; Gary Fotos, Bernried 15 u.; geolocation.ws 193; Gernot Baur, geolocation.ws 159 o. 159 u.; gipfeltreffen.at 140 u.; H. Sonntag, Verein Alpenpark Karwendel 162 o.; Hanne Goessl; 8 o.; Herfried Marek, Nationalpark Gesäuse GmbH 156; Hessisches Ministerium für Umwelt, Energie, Landwirtschaft 56/57 o.; Holger Ströder, ansichten-und-aussichten.de 109 o.; Hsadmont, Flickr.de 157 o.; Igor Faraday, panoramio.com 191 u.; Iwan Schrackmann, geolocation.ws 183; Jagdschule Alb-Donau, Rudolf Ripper 220 m.r.; Janka Smidtova 51; Jarimakila, Flickr.com 201 u.; Jiri Bohdal, bayerns-ureinwohner.de 211 m.; Josef Jung, Limburg 5 m., 42, 55 o., 70 o., 70 u., 89 u., 96, 97 alle, 98, 117, 118 alle, 119 alle, 132/133, 177, 178 o., 178 u., 179, 182 o., 202, 96; ; JUlijci, panoramio.de 165 u.; Katja Berger, Panoramio.de 80; Klaus Echle 60; krauss-grafik.de 25, 26 o.; Kultur- und Heimatverein Quedlinburg e.V., Arno Schade 48; Luchs, panoramio.de 78 o.; Luchs, panoramio.de 79; M. Ruppen, vogelbilder.ch 55 u.; M. Usadel 69 u.; Markus Mauthe, Gladbeck 5 o., 18/19, 54, 59, 78 u., 109 u., 37, 51, 53 o.l., 77; mein.salzburg.com 160 o., 160 u.; Michaela Walch, naturfotografen-forum.de 103 u.; Mirko Pannach 28 o.; mittelelbe-foerderverein.de.tif 28 u.; monomentaltrees.com 46 o.; Nationalpark Graubünden, graubuenden.ch 5 u.; Nationalpark Kalkalpen, Erich Mayrhofer.jpg 142 o.; Nationalpark Kalkalpen, Wolfgang Simlinger 142 u.; Nationalpark Kellerwald-Edersee 56 o.l.; Nationalpark O.ö. Kalkalpen Ges.m.b.H. 135 o.; Nationalpark O.ö. Kalkalpen Ges.m.b.H. 141 u.; Nationalpark Rügen Südost Jasmund.tif 23; Nationalpark Schweiz, graubuenden.ch 180; nationalpark.ch 189 o.; Nationalparkregion.com 140 o.; Nationalparkverwaltung Bayerischer Wald (Grafik) 93; Nationalparkverwaltung Berchtesgaden 15 o.l.; nationapark berchtesgaden, pressefoto. 127 u.; Naturpark Kellerwald-Edersee 57 u.; Naturpark Wildeshauser Geest, djd 44, 45, 46 u.; Naturparkfotos.de 102 u.l.; Naturschutzzentrum Ruhestein 106/107; neuenburger-urwald.de 47 o.; Nico Bonnani 11; NP KalkalpenGartenvielfalt.eu 136; Ogniw, panoramio.de 81, 82; Oliver Borchert, fotocommunity.de 114 o.l.; Peer van Wahl, Moers 201 o.; PeSchn, panoramio.de 130; Peter Lehndorfer 100 m.; Peter Wohlleben, Hümmel, 6, 7, 9, 10, 12, 17, 122 u.; pfanniblog.blogspot.com 208; pfynfinges.ch 191 o.; Philippe, picasaweb.com 186, 187 o.; Piccolo39, panoramio.com 210/211 o.; Public domain 34, 15 m.r.; pur-wanderlust.com 192; Rainer Lippert, monumentaltrees.com.tif 53 o.r.; Randonature Sàrl 221, 222 o., 222 u.; Reinhard Lässig WSL 202, 216/217 u.; Renedrivers, Flickr.de 161 u.; Roberto Buffi, artenschutz.ch 194, 195; Rudolf Bigler, wordpress.com 72 u.; Rüdiger Biehl, Freistaat Thüringen, Nationalpark Hainich 58, 61; Sandra Gloor 209; Schweitzer Luftwaffe 190 o.; Sigschul, panoramio.de 112 o.; srf-schweizer fernsehen, sf-tv. 182 u.; Stadt-Zürich.ch 198, 198/199 m.; Static, panoramio 112 u.r.; stephanie Schubert, jahrzehnt-der-wälder.de 49; suter79, fotowettbewerb.hispeed.ch 190 u.; Svenne102, panoramio.com 219 o.; Thomas Reich, WSL.bmp.jpg 217 o.; Thomas-Stephan, BUND-Hessen, 16 o.; Tkubovec, Flickr.de 157 u.; tombligo, panoramio.com 212/213 o.; topweg.ch 219 u.; Tourismusverband Großarltal, A-5611 Großarl 16 u.; Tourismusverband Ostbayern e.V., Peter Auerbeck.tif 104 u.; Tourismusverband MV, tange-photo.de 27; Tux, gipfeltreffen.at 137; Ulli J., Flickr.de 29 l., 126; Unser Nordschwarzwald e. V. 108 o.l., 108 o.r.; Verein Alpenpark Karwendel 162, 163 u., 163 o., 164 u., 165 o.; voodooalert.com 66; vronice, flickr.de 129; Waldviertel Tourismus, Reinhard Mandl 155 u; Waldzeit e.V., wildniscamp.org 105; Winfried_ Wisniewski, naturfotografen-forum.de 128; Wolfgang Hermann, Straßenkatalog.def 110; Wolfgang Piepers, fotocommunity.com 74, 75.

Umschlagfotos:

Vorderseite: Dieter76, fotolia.com; *Rückseite:* Großes Bild: Deutsche Bundesstiftung Umwelt, Norbert Rosing; unten links: Jens Klingebiel, fotolia.com; unten 2. von links: Alexander von Düren, fotolia.com; unten 3. von links: Aleksander Bolbot, fotolia.com; unten 4. von links: Amidala, fotolia.com.